京津冀地区发展战略生态影响评价研究

迟妍妍　许开鹏　王夏晖　王晶晶　张丽苹　等 / 编著

中国环境出版集团・北京

图书在版编目（CIP）数据

京津冀地区发展战略生态影响评价研究/迟妍妍等编著. —北京：中国环境出版集团，2021.12
ISBN 978-7-5111-4649-6

Ⅰ. ①京… Ⅱ. ①迟… Ⅲ. ①区域经济发展—影响—区域生态环境—环境生态评价—研究—华北地区 Ⅳ. ①X821.22

中国版本图书馆 CIP 数据核字（2021）第 263774 号

出 版 人 武德凯
责任编辑 葛 莉
责任校对 任 丽
封面设计 宋 瑞

出版发行 中国环境出版集团
（100062 北京市东城区广渠门内大街 16 号）
网 址：http：//www.cesp.com.cn
电子邮箱：bjgl@cesp.com.cn
联系电话：010-67112765（编辑管理部）
发行热线：010-67125803，010-67113405（传真）
印 刷 北京中科印刷有限公司
经 销 各地新华书店
版 次 2021 年 12 月第 1 版
印 次 2021 年 12 月第 1 次印刷
开 本 787×1092 1/16
印 张 14.25
字 数 270 千字
定 价 110.00 元

前 言

京津冀地区位于环渤海地区的中心，是我国北方人居环境的重要保障区，具有重要的防风固沙、水源涵养和水土保持功能，是华北平原和环渤海地区的重要生态屏障区。自党的十八大以来，党中央、国务院高度重视京津冀地区发展战略，2014 年 3 月发布的《国家新型城镇化规划（2014—2020 年）》提出了将京津冀地区建设成为世界级城镇群的发展目标，2015 年 4 月中央政治局会议审议通过了《京津冀协同发展规划纲要》，推动京津冀协同发展、打造世界级城市群成为重大国家战略。2015 年 12 月，国家发展改革委、环境保护部联合印发《京津冀协同发展生态环境保护规划》，明确了京津冀生态环境保护的目标任务，并提出构建“一核四区”生态安全格局，确定了生态建设重点任务，并首次提出“资源环境生态红线”，进一步明确了各类主体功能区的环境功能，提出了更有针对性的生态建设和环境保护措施，建立了考核评价机制。

2015 年，环境保护部启动了京津冀、长三角和珠三角三大地区的战略环境影响评价，要求严守空间红线、总量红线、准入红线“三条铁线”，推动构建确保生态安全、改善环境质量、协调城乡发展的环境保护新格局，促进三大地区率先转型发展。因此，进行京津冀地区的战略生态影响评价，维持京津冀地区生态安全和保障公众健康，既是落实国家发展战略的重要保障，也是维持区域生态功能和改善人居环境的战略需要。

本书主要围绕落实“三条铁线”工作思路开展相关研究，开展生态系统服务功能重要性评价与生态系统敏感性评价，识别出京津冀地区生态空间，进行区域战略生态影响评价，评价未来城镇化、工业化进程中可能带来的生态环境影响与风险，提出生态保护红线建议以及生态空间管控对策，提出重点产业调控的负面清单，落实基于“一市一策”的生态空间管控单元，针对识别出的区域发展与生态保护矛盾突出地区配套有针对性的治理措施，提出京津冀地区生态保护与修复政策建议。

全书共7章，第1章由许开鹏主持撰写，迟妍妍、张丽苹和刘斯洋等参与写作；第2章由张丽苹主持撰写，付乐和张信等参与写作；第3章由王夏晖主持撰写，王晶晶、迟妍妍、付乐等参与写作；第4章由迟妍妍主持撰写，张丽苹和王晶晶、李伟峰等参与写作；第5章由迟妍妍主持撰写，张丽苹、葛荣凤、周伟奇、赵玉杰、丘君、张心昱等参与写作；第6章由王晶晶主持撰写，迟妍妍、刘斯洋、付乐等参与写作；第7章由迟妍妍主持撰写，刘斯洋和张丽苹等参与写作。

本书供从事生态环境影响评价与管理的相关研究者参考。由于时间、水平有限，不妥之处在所难免，恳请同行和广大读者批评指正。

作　者

2018年12月

目　录

1　总　论……1
1.1　项目背景……1
1.2　评价范围与时限……2
1.3　工作思路……3
1.4　工作目标……4
1.5　技术路线……4
1.6　工作重点……6
1.7　关键技术……7

2　区域自然条件与经济社会特征……9
2.1　自然条件……9
2.2　资源状况……18
2.3　经济社会概况……22
2.4　自然资本承载力与区域经济社会发展的关系……26

3　区域生态空间识别与生态功能定位……30
3.1　区域发展定位……30
3.2　区域生态功能定位……33
3.3　生态空间识别……36
3.4　区域生态保护与建设成就……50

4 区域生态现状、变化趋势及主要问题......53
4.1 生态系统格局及其变化......53
4.2 生态系统质量及其变化......62
4.3 区域主要生态问题......68
4.4 区域生态问题的驱动因素......87
4.5 雄安新区生态变化及主要问题......93

5 区域发展的生态影响评价......99
5.1 区域中长期发展情景与生态影响关键因子......99
5.2 城镇化生态影响评价......102
5.3 农业生产的生态影响评价......107
5.4 岸线开发的生态影响评价......114
5.5 工业发展的生态影响评价......118
5.6 矿产资源开发利用的生态影响评价......130
5.7 人工造林的生态影响评价......134
5.8 水生态风险评价......135
5.9 人类活动的生态风险综合评价......139

6 空间管控对策......143
6.1 构建生态安全格局......143
6.2 分区生态管控......144
6.3 产业调控的负面清单......159
6.4 一市一策生态空间管控方案......160

7 区域生态保护对策与建议......170
7.1 区域生态保护战略目标与路径......170
7.2 着重提升水源涵养能力，提高区域生态承载力......172
7.3 区域发展的优化调控对策......175
7.4 分区域生态保护对策建议......180
7.5 积极推进雄安新区生态环境保护建设......183

7.6 强化生态保障机制建设......186

附表 1 京津冀地区生态保护红线地区名录......188
附表 2 产业调控的负面清单......215
附表 3 各地市生态空间管控方案和控制单元对应表......216

1 总 论

1.1 项目背景

《中华人民共和国国民经济与社会发展第十二个五年规划纲要》中明确提出了首都经济圈概念，将京津冀协同发展提升到国家战略。党的十八大以来，党中央、国务院高度重视京津冀地区发展，2014 年 3 月发布的《国家新型城镇化规划（2014—2020 年）》提出了将京津冀地区建设成为世界级城镇群的发展目标，2015 年 4 月中央政治局会议审议通过《京津冀协同发展规划纲要》，提出了要把京津冀地区建设成为“以首都为核心的世界级城市群、区域整体协同发展改革引领区、全国创新驱动经济增长新引擎、生态修复环境改善示范区”。2015 年 10 月国家发展改革委印发的《环渤海地区合作发展纲要》明确提出把环渤海地区打造成为我国经济增长和转型升级新引擎的战略部署。2017 年 4 月 1 日，中共中央、国务院决定在河北设立雄安新区，是继深圳经济特区和上海浦东新区之后又一具有全国意义的新区，是千年大计、国家大事。雄安新区位于京津冀地区核心腹地，由河北省保定市所辖的雄县、容城和安新三县组成。雄安新区规划建设以特定区域为起步区先行开发，起步区面积约 100 km^2，中期发展区面积约 200 km^2，远期控制区面积约 2 000 km^2。设立雄安新区，对于集中疏解北京非首都功能，探索人口经济密集地区优化开发新模式，调整优化京津冀城市布局和空间结构，培育创新驱动发展新引擎，具有重大现实意义和深远历史意义。

京津冀地区位于环渤海地区的中心，是我国北方人居环境的重要保障区，具有重要的防风固沙、水源涵养和水土保持功能，是华北平原和环渤海地区的重要生态屏障区。京津冀地区土地沙漠化敏感性较高，坝上草原、冀北山地土地沙化比较严重，是形成京津冀沙尘天气的主要沙尘源之一，河北平原区沙地面积已超过耕地面积的10%。在《全国主体功能区规划》中，河北省张家口、承德地区是浑善达克沙漠化防治生态功能区的重要组成部分，对维护华北区域生态安全具有重要作用。

维持京津冀地区生态安全和保障公众健康，既是落实国家发展战略的重要保障，也是维持区域生态功能和改善人居环境的战略需要。随着国家一系列开发战略的实施和城镇化、工业化的进一步推进，区域开发规模与强度将进一步加大。处理好城市群发展规模与资源环境承载能力、重点区域开发与生态安全格局之间的矛盾，是实现区域可持续发展的必然要求。京津冀地区发展战略生态影响评价将以促进京津冀地区环境保护共保、共建、共治为核心，从区域生态系统整体性角度出发，统筹考虑地区生态系统的特征与问题，分析评估城镇化发展、农业生产、海岸带开发建设、重点产业发展、资源开发活动等产生的生态影响和可能带来的中长期生态风险，划定生态保护红线和提出空间管控对策，明确城市群发展布局优化、资源开发与产业调整的生态保护对策，提出保障区域生态安全的战略调整方案。促进战略环评研究重点从“指导重点产业与生态环境保护协调发展”扩展到“促进城市群社会经济与生态环境保护协调发展”，促进战略环评成果的空间落地，统筹安排京津冀地区的生产、生活和生态空间，促进区域社会经济与环境保护协调发展。

1.2 评价范围与时限

1.2.1 评价范围

生态影响评价工作范围涵盖京津冀地区，包括北京市、天津市以及河北省的保定市、唐山市、石家庄市、邯郸市、沧州市、秦皇岛市、廊坊市、张家口市、承德市、衡水市、邢台市等11个地市，面积约为21.6万km^2。

根据区域自然地理特征及功能定位，在评价范围内划分不同的子区域，即中部核心功能区、东部滨海发展区、南部功能拓展区、西北部生态涵养区（图1-1）。在评价过程中雄安新区将作为重点区域进行分析评价。

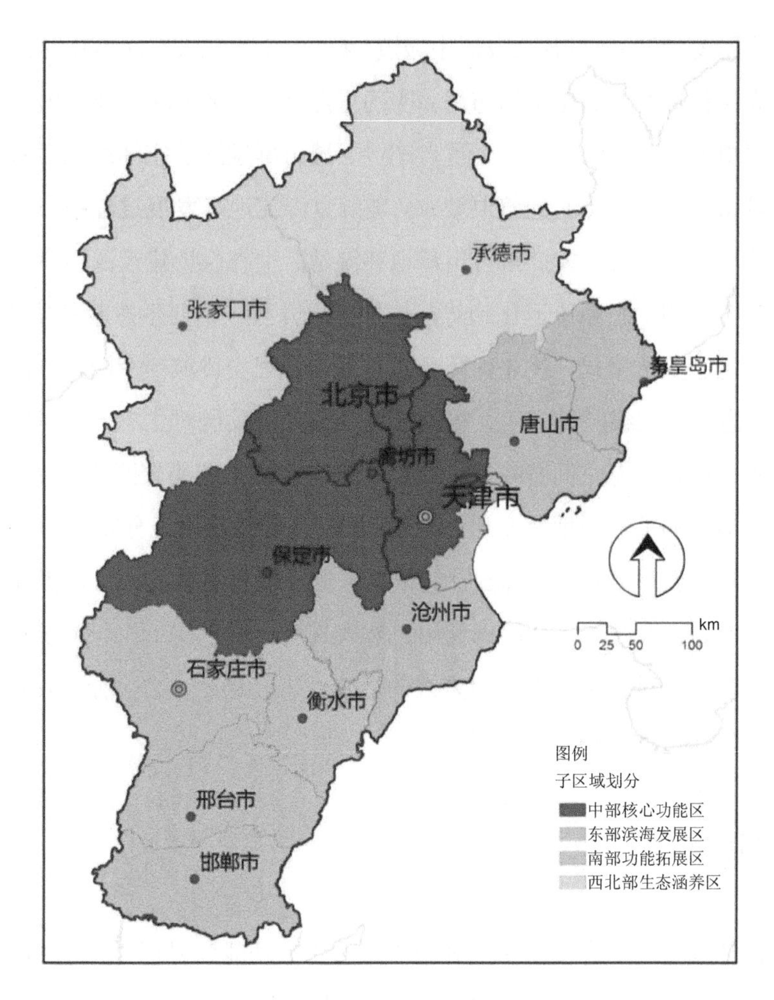

图 1-1 评价范围及子区域划分示意

1.2.2 评价时限

评价以 2015 年为基准年，阶段性评价报告以 2013/2014 年数据为准。近期评价到 2020 年，远期评价到 2035 年。

1.3 工作思路

以保障区域生态安全、优化国土资源空间开发格局为出发点，以保障区域生态系统结构稳定、维护和提升区域生态功能为核心，明确区域发展的空间定位、生态功能定位和准入条件，优化城镇、农业、生态空间布局和划定开发管制界限，提出基于生态保护红线的空间管控线，统筹协调社会发展中城镇、农业、生态三大空间的开发、利用与保护。

严守生态保护红线，优化空间布局。明确重点流域、区域和行业发展过程中需要严格保护的重要单元，明确资源开发、重点产业、城市群发展的空间准入要求，明确城市发展边界和城市开发建设空间的管制要求，破解京津冀地区发展过程中资源无序开发占用生态保护区域、城市大规模扩张占用耕地和湿地、生态保护建设占用耕地等生态空间占用问题，基本遏制生态系统退化趋势，维护并提升区域重要生态服务功能。

构建区域生态安全格局，优先保障生态空间，合理安排城镇空间，严格控制农业空间。一是在生态保护红线基础之上，根据区域社会经济发展对生态产品、服务和环境质量改善的需求，划定生态空间管控线。二是在现有合法工业集聚区或集中区的基础上，根据生态环境适宜的工业用地及交通、仓储等配套基础设施用地分布，划定空间管控线。三是在现有大规模集中居住区的基础上，根据资源环境可承载的人口规模和适宜居住用地分布，划定空间管控线。综合协调利用自然人文地理要素和生态环境要素，根据各项土地利用的生态要求对给定土地利用方式的适宜性程度进行评价和分区，从环保角度完善功能组团划分和优化规划开发布局。

1.4 工作目标

以维护京津冀地区生态安全格局和改善区域生态功能为目标，评价区域生态系统现状及变化趋势，辨识区域主要生态问题，评估区域发展对生态系统的影响，按照“三线一单”的要求，提出维护区域生态安全的空间管控对策，提出优化区域发展的对策建议。

1.5 技术路线

本书具体的技术路线如图 1-2 所示。在区域生态系统现状评价、变化趋势和主要问题分析的基础上，进行生态系统与经济社会耦合关系分析，剖析影响区域生态系统功能的重要驱动因子，在区域中长期发展情景下，评价区域发展对生态系统的影响，分析可能造成的生态风险。基于生态影响和生态风险评价，与区域生态保护红线方案充分衔接，研究提出区域生态空间调控对策及产业调控负面清单，提出区域生态保护对策和优化区域发展的调控建议。

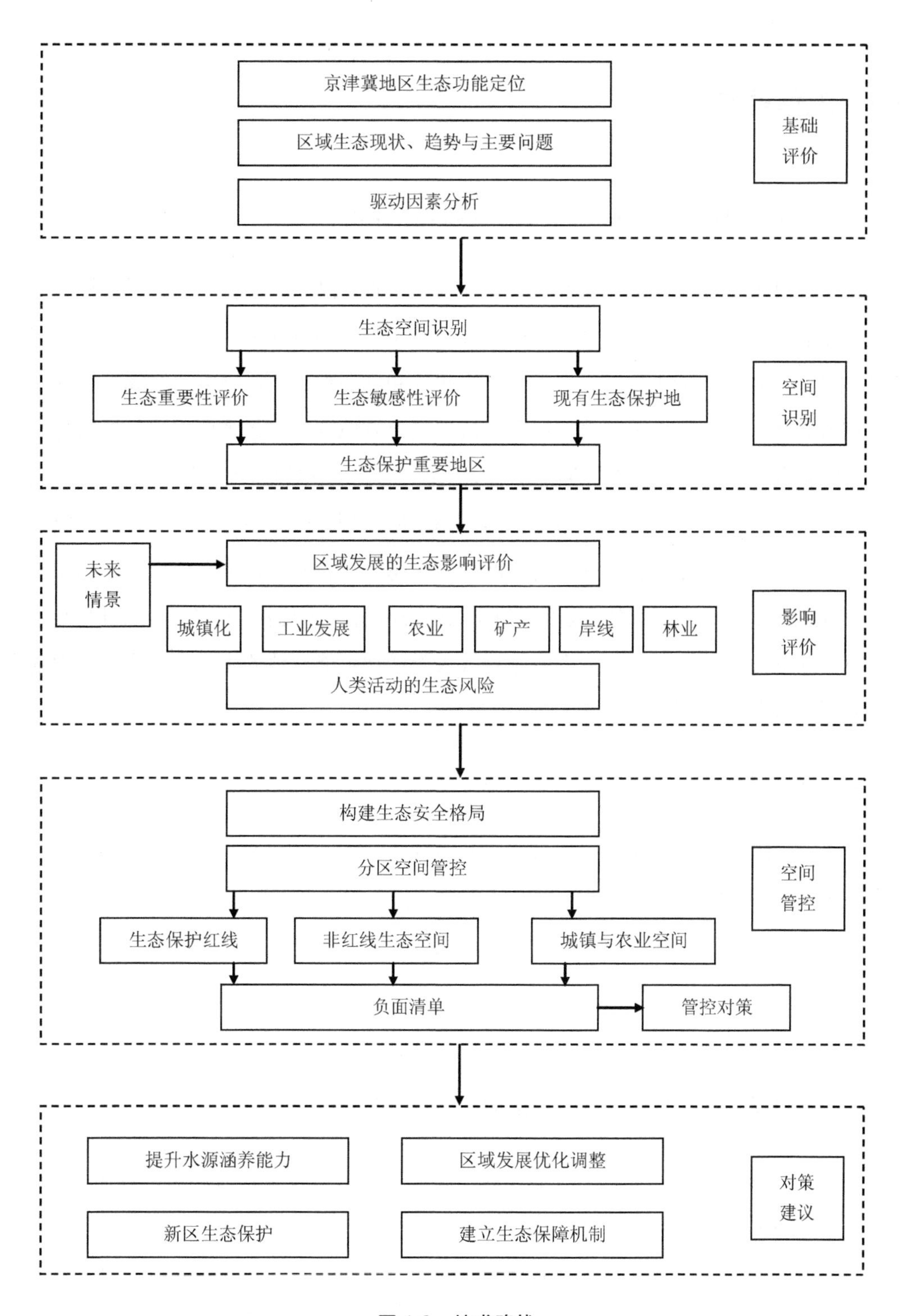
京津冀地区生态功能定位
区域生态现状、趋势与主要问题
驱动因素分析
基础评价
生态空间识别
生态重要性评价
生态敏感性评价
现有生态保护地
生态保护重要地区
空间识别
未来情景
区域发展的生态影响评价
城镇化
工业发展
农业
矿产
岸线
林业
人类活动的生态风险
影响评价
构建生态安全格局
分区空间管控
生态保护红线
非红线生态空间
城镇与农业空间
负面清单
管控对策
空间管控
提升水源涵养能力
区域发展优化调整
新区生态保护
建立生态保障机制
对策建议

图 1-2 技术路线

1.6 工作重点

1.6.1 区域生态功能定位与生态系统特征评价

根据京津冀地区生态系统类型、分布与格局调查，提炼总结自然生态系统特征与生态功能定位，分析京津冀地区生态系统格局和生态系统服务功能变化趋势。结合京津冀地区生态系统服务功能重要性、生态系统敏感性和脆弱性评价，分析京津冀地区的生态安全格局，提出生态保护关注地区清单。梳理京津冀地区生态景观破碎、生态服务功能退化、生态资源减少、生物多样性降低、水土流失与盐渍化等区域性关键生态环境问题，辨识区域典型生态问题及分布。结合全国生态功能区划和区域生态系统格局，判定京津冀地区生态功能的战略定位，分析提出区域性生态保护目标，划定区域重点生态功能保护区和重要生态敏感点/区。分析京津冀地区资源开发、产业发展与生态系统的耦合结果，揭示区域城市建设、资源开发、产业布局等人类活动可能导致的生态环境影响，识别区域发展的生态影响因子。

1.6.2 区域生态空间识别

开展区域生态系统服务功能重要性评价与生态系统敏感性评价，明确识别区域生态系统的重要性和敏感性保护目标。结合《全国主体功能区规划》《全国生态功能区划（修编版）》《中国生物多样性保护战略与行动计划（2011—2030 年）》《中国国际重要湿地名录》《中国国家湿地公园名录》等文件中明确的重点关注区域，识别出京津冀地区生态空间，并将其作为京津冀地区生态影响评价和生态风险评价的重点关注区域。

1.6.3 区域发展的生态影响评价和生态风险评价

在区域发展情景下，分析对生态系统产生严重胁迫的各类人为影响，包括城镇化、资源开发、农业生产、海岸带开发建设、重点产业发展、林业发展布局等对区域生态系统格局与功能的影响。分析城镇化过程对耕地资源与湿地等生态空间占用、城市热岛、土地开发的影响。分析农业生产中污水灌溉、农药化肥施用不当、农产品产地大量地膜残留，化工、焦化、有色、农药、电镀等行业退缩及污染违规排放等造成的土壤污染。分析围填海、港口建设等对滨海湿地与自然岸线退化、生物多样性变化的影响。分析矿产资源开发对重要生态系统功能的影响和可能引发的生态环境问题、风险，以及农业与工业用水中不合理的水资源利用方式对区域水生态功能的压力。分析产业发展格局、产业园区布局、产业转移与承接等对区域生态系统功能的影响。分析在京津冀地区城镇化、产业发展、农业生产、资源开发、海岸带开发建设等过程中可能面临的生态风险，提出防范区域开发生态风险的具体措施。

1.6.4 区域生态空间管控体系

基于区域生态空间的识别，结合区域发展的生态影响评价和生态风险评价结果，围绕落实“三条铁线”工作思路，构建京津冀地区生态空间管控体系，即生态保护红线、生态功能保障区、城镇和农业空间，对不同地区实施差异化的生态保护对策，制定产业调控的负面清单，并将京津冀地区的生态空间管控思路落实到地级市，明确每个地级市的生态空间及控制单元。

1.6.5 区域生态保护对策研究

以京津冀地区社会经济发展和生态保护为出发点，以控制区域性生态影响和累积性生态风险为目标，以重点区域生态保护和重点产业优化调整为切入点，提炼保障区域生态安全的总体思路和生态保护战略性框架。整合区域经济社会发展（城镇化、重点产业、资源开发等）的调控对策和建议，包括区域生态问题治理对策、重要生态系统及其服务功能保护对策、生物多样性保护对策、区域生态安全保障对策、经济社会可持续发展的调控对策、人居环境改善对策、滨海湿地保护对策、土地资源保护与利用对策、农田农产品供给功能保护对策等，促进区域经济社会与生态环境协调发展。

1.7 关键技术

（1）生态系统格局及变化趋势评价方法。按照《全国生态环境十年变化（2000—2010年）遥感调查与评估》技术要求进行生态系统格局评价。评价自然生态系统类型、分布、比例与空间格局，分析各类型生态系统相互转化特征。具体内容为：①生态系统类型与分布；②各类型生态系统构成与比例变化；③生态系统类型转换特征分析与评价；④生态系统格局特征分析与评价。

（2）生态系统服务功能重要性评价方法。采用原国家环保总局发布的《生态功能区划暂行规程》中有关生态系统服务功能重要性评价方法，结合生态系统服务功能的综合特征，分析生态系统服务功能的区域分异规律，明确生态系统服务功能的重要区域。

（3）生态系统敏感性评价方法。采用原国家环保总局发布的《生态功能区划暂行规程》中有关生态系统敏感性评价方法，应用定性与定量相结合的方法进行研究，利用遥感数据、地理信息系统及空间模拟等先进的方法与技术手段来绘制区域生态环境敏感性空间分布图。

（4）生态系统功能及变化趋势评价方法。按照《全国生态环境十年变化（2000—2010年）遥感调查与评估》技术要求进行生态系统功能及变化趋势评价。以遥感和地面调查数据为基础，结合国家生态系统观测研究网络的长期监测数据，应用生态系统服务功能评估模型评估生态系统的生物多样性、土壤保持、水源涵养、防风固沙、碳固定和产品提供等服务功能状况及其空间特征，判断生态系统服务功能变化趋势。

（5）敏感区域生态影响评价方法。分析人类活动可能产生的生态环境影响，探讨生态系统影响因子和驱动力，选取能够表征生态系统服务功能和生态安全的评价指标，建立可操作的生态影响评价指标体系，筛选关键特征性指标，开展情景分析与影响评价预测。

（6）区域生态影响预测评价与累积效应分析技术。总结生态影响评价技术体系，为生态影响识别、情景分析和优化模拟提供理论和技术基础。总结区域多目标战略和多要素影响叠加的生态影响评价分析技术。

（7）空间分析方法。拟用 GIS 技术作为空间优化方案调整的手段，通过 GIS 空间叠加，将输入的多个数据平面，经过空间分析、函数测算，最终分析出区域发展与生态保护矛盾冲突较激烈的热点区域。主要应用软件是 ArcGIS10.1，用到的具体功能包括数据显示功能、叠加分析功能、缓冲区分析功能等。

2

区域自然条件与经济社会特征

本章梳理了京津冀地区的地理位置、地形地貌、气候条件、水系情况、土壤类型、植被类型等自然特征，以及水资源、土地资源、矿产资源、海洋资源、生物资源等资源状况，分析了区域经济社会发展特征。

2.1 自然条件

2.1.1 地理位置

京津冀地区位于环渤海心脏地带，地理坐标为东经 113°27′～119°50′、北纬 36°3′～42°37′，是中国北方经济规模最大、最具活力的地区。包括北京市、天津市以及河北省的保定市、唐山市、石家庄市、邯郸市、沧州市、秦皇岛市、廊坊市、张家口市、承德市、衡水市、邢台市等 11 个地市，面积约为 21.6 万 km^2，占全国总面积的 2%左右。

北京市位于华北平原北部，毗邻渤海湾，北靠辽东半岛，南临山东半岛。北京市与天津市相邻，并与天津市一起被河北省环绕，总面积为 16 410.54 km^2。下辖东城区、西城区、朝阳区、海淀区、丰台区、石景山区、门头沟区、房山区、大兴区、通州区、顺义区、昌平区、平谷区、怀柔区、密云区、延庆区共 16 个区。

天津市地处华北平原东北部，海河流域最下游，东临渤海，北依燕山，素有“九河下梢”之称。全市南北长 189 km，东西宽 117 km，市域面积 11 917 km^2。陆界长 1 137 km，海岸线长 153.67 km，传统海域面积约 3 000 km^2。唯一的海岛——三河岛，位于永定新河河口。对内腹地辽阔，辐射华北、东北、西北 13 个省（区、市），对外面向东北亚，是中国北方最大的沿海开放城市。天津市辖 16 个区，包括滨海新区、和平区、河北区、河东区、河西区、南开区、红桥区、东丽区、西青区、津南区、北辰区、武清区、宝坻区、蓟州区、静海区、宁河区等。

河北省位于华北地区东部，东与天津市毗连并紧傍渤海，东南部、南部接山东省、河南省，西倚太行山，与山西省为邻，西北部、北部与内蒙古自治区交界，东北部与辽宁省接壤。全省土地总面积 187 693 km^2，海岸线长 487 km，海域面积 7 227 km^2，其中海岛总面积 71.41 km^2，海域浅海面积 6 138.54 km^2，潮间带面积 1 017 km^2。

2.1.2 地形地貌

京津冀地区处于内蒙古高原、太行山脉向华北平原的过渡地带，位于森林向草原的过渡带，整体地形特征是西北高、东南低（图 2-1）。地形差异显著，地貌类型复杂多样，高原、山地、丘陵、平原、盆地、湖泊、海滨等地貌类型齐全。主要地貌单元可以分为：坝上高原、燕山山区、冀西北山间盆地、太行山山区、滦河海河下游冲积平原等。

北京市山区面积 10 200 km^2，约占总面积的 62%，平原区面积为 6 200 km^2，约占总面积的 38%。北京市的地形西北高、东南低。西部为西山，属太行山脉；北部和东北部为军都山，属燕山山脉；东南是一片缓缓向渤海倾斜的平原。北京市平均海拔为 43.5 m。北京市平原的海拔为 20～60 m，山地海拔为 1 000～1 500 m。最高峰为位于西部门头沟区的东灵山，海拔为 2 303 m。平原最低处在通州区东南边界，海拔约 8 m。

天津市地质构造复杂，大部分被新生代沉积物覆盖。地势以平原和洼地为主，北部有低山丘陵，海拔由北向南逐渐下降。北部最高，海拔为 1 052 m；东南部最低，海拔为 3.5 m。全市最高峰为九山顶，海拔为 1 078.5 m。地貌总轮廓为西北高、东南低，地貌主要有山地、丘陵、平原、洼地、滩涂等。平原约占 93%。除北部与燕山南侧接壤之处多为山地外，其余均属冲积平原，蓟州区北部山地为海拔 1 千米以下的低山丘陵。靠近山地是由洪积冲积扇组成的倾斜平原。倾斜平原往南是冲积平原，东南是滨海平原。天津市沿海地势平坦，属冲积海积低平原，海岸为典型的粉砂淤泥质海岸。

河北省地势西北高、东南低，呈现出典型的半环状阶梯形地貌特征。岸线类型齐全，基岩海岸、砂质海岸和粉砂淤泥质海岸地貌发育典型。地貌复杂多样，山地、高原、丘陵、盆地、平原、草原、森林、湿地、海洋、海岛等地貌类型较齐全，高原面积 24 343 km^2、山地面积 70 194 km^2、丘陵面积 9 068 km^2、盆地面积 22 709 km^2、平原面积 57 223 km^2、湖泊面积 4 156 km^2，分别占全省总面积的 12.97%、37.40%、4.83%、12.10%、30.49%、2.21%。

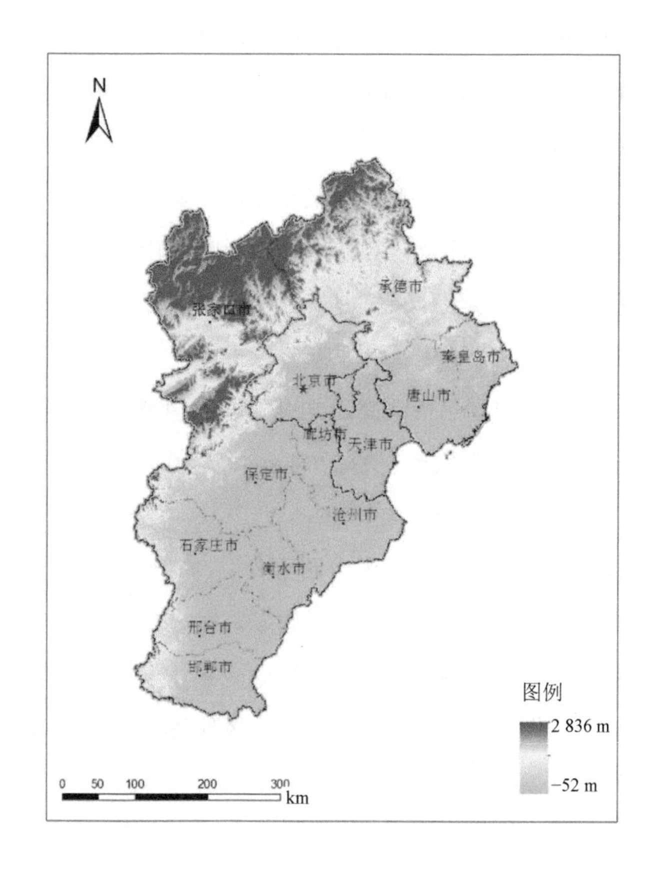

图 2-1 京津冀地区数字高程图

雄安新区位于河北平原西北部，为南拒马河、瀑河冲洪积扇扇缘的交汇地带，是由近代河流冲积和湖沼沉积形成的，地势低缓，地面海拔为 7～15 m，地面坡降为 0.2‰～1‰。

2.1.3 气候条件

京津冀地区气候属暖温带向寒温带、半湿润向半干旱过渡气候。年气温 0～12℃，北部高原区平均气温低于 4℃。无霜期为 90～120 d，局部山区无霜期为 87 d。年平均降水量为 410 mm。坝西地区平均降水量低于 400 mm。降水年际年内变化大。降雨年内分配不均，7 月、8 月、9 月三个月降水总量约占全年的 70%；冬春季节干旱。大风天数为 15～60 d，沙尘暴天数一般为 3.3 d，最多为 11 d。

北京市的气候为典型的北温带半湿润大陆性季风气候，四季分明，夏季高温多雨，冬季寒冷干燥，春、秋季较短。1 月较冷，月均气温为−4.7℃，7 月最热，月均气温为 26.1℃。降水年内分配很不均匀，全年降水的 80%集中在 6 月、7 月、8 月三个月，7 月、8 月有大雨。年均降水量为 650 mm，无霜期为 180 d。常年风向以偏北风、偏西北风为主。最大冻土深度为 85 cm。

天津市地处北温带，位于中纬度亚欧大陆东岸，主要受季风环流的支配，是东亚季风盛行的地区，临近渤海湾，海洋气候对天津市的影响比较明显，属暖温带半湿润大陆与海洋过渡型季风气候区。主要气候特征是：四季分明，春季多风，干旱少雨；夏季炎热，雨水集中；秋高气爽，冷暖适中；冬季寒冷，干燥少雪。冬半年多西北风，气温较低，降水也少；夏半年太平洋副热带暖高压加强，以偏南风为主，气温高，降水较多。年平均气温为 11.4～12.9℃。年平均风速为 2～4 m/s，多为西南风。年平均降水量为 520～660 mm，7 月、8 月降水总量约占全年的 70%。

河北省属中纬度温带大陆性季风气候，四季分明，类型多样。坝上高原区气温低，降水稀少，属干旱半干旱气候；冀北山区雨量较多，属湿润半湿润气候；太行山区和冀东低山丘陵区夏季暴雨多，属半湿润气候；平原地区热量丰富，冬春季少雨，夏季降水集中，属半干旱半湿润气候；滨海地区日照充足，风能资源丰富，降水量较大，兼有大陆性季风气候和海洋性气候特点。

雄安新区属暖温带半湿润大陆性季风气候，受季风环流的影响，具有春季干旱多风、夏季炎热多雨、秋季天高气爽、冬季寒冷干燥的特点。从热量条件来讲，热量资源丰富，雨热同季有利于生物生长。年平均温度 11.5℃，区域多年平均降水量为 562.5 mm，多年平均蒸发量为 1 369 mm。降水具有明显的季节性，80%的降水集中于 6—9 月，且多以大雨或暴雨的形式出现，往往形成洪涝灾害。降水年际变化同样悬殊，如 1988 年白洋淀降水量为 924.1 mm，1962 年降水量仅为 210.0 mm。有时出现连丰、连枯的现象，如 20 世纪 80 年代中期出现连续 5 年干淀，是历史上干淀时间最长的一次。

2.1.4 水系情况

水系以闪电河和坝头为界，分为内流和外流两大区系。西坝为内流区，东坝、坝下及其他地区属外流区。主要内流河有安固里河和大清沟。外流区分永定河、潮白河、滦河、辽河和海河五大水系。主要水库有密云水库、官厅水库、怀柔水库、北大港水库、于桥水库、东七里海水库、团泊洼水库、白洋淀、潘家口水库、岗南水库、黄壁庄水库、西大洋水库等。京津冀地区水系分布见图 2-2。

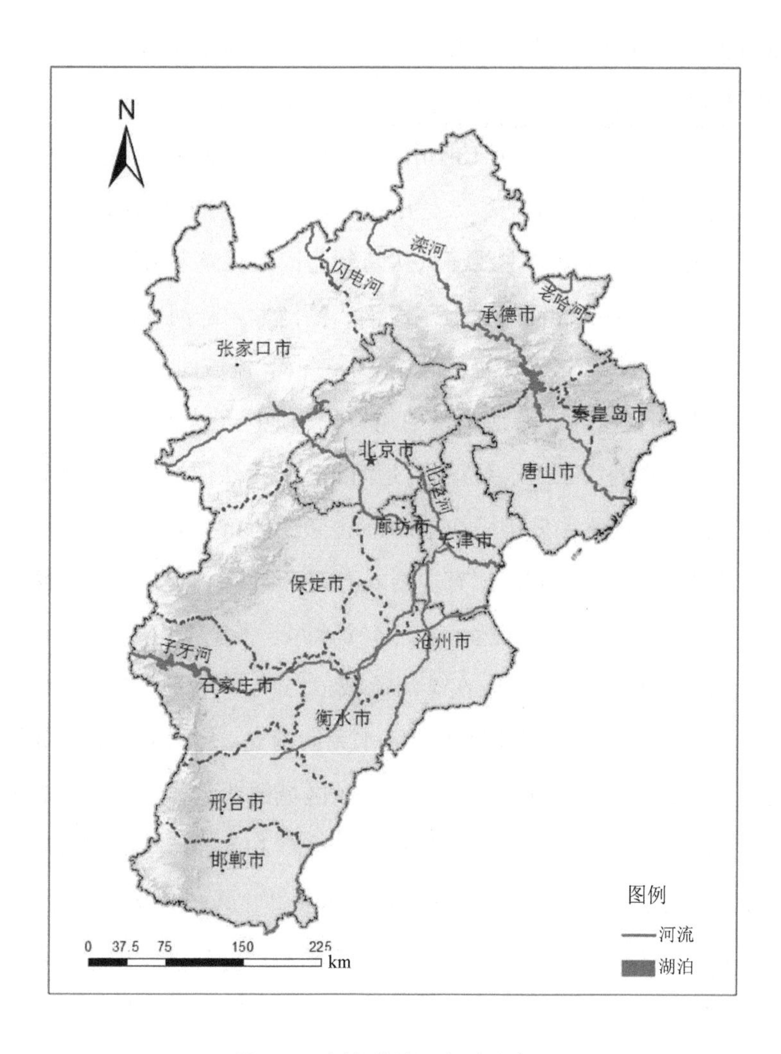

图 2-2 京津冀地区水系分布

北京市天然河道自西向东贯穿五大水系，包括拒马河水系、永定河水系、北运河水系、潮白河水系、蓟运河水系。多由西北部山地发源，向东南蜿蜒流经平原地区，最后分别汇入渤海。北京市有水库 82 座，其中大型水库有密云水库、官厅水库、怀柔水库、海子水库等。北京市地下水多年平均年补给量约为 29.21 亿 m^3，年可开采量为 24 亿～25 亿 m^3。一次性天然水资源年平均总量为 55.21 亿 m^3。

天津市地跨海河两岸，而海河是华北最大的河流，上游长度在 10 km 以上的支流有 300 多条，天津市是海河水系和蓟运河水系的入海口，自北向南汇集 9 个河口及渠口，境内 19 条一级河道承泄了海河流域 70%以上的洪水入海；109 条二级河道则承担了灌溉、排水等重要任务；此外，大黄堡洼、黄庄洼、七里海、北大港等多个湿地遍布其间，各类水域面积达到 1 345 km^2，占全市总面积的 11.3%。附近海域的潮汐为不规则半日潮，潮流通常为回转流，海浪以风浪为主，海水交换能力较弱。

河北省中小河流众多，长度在 18 km 以上 1 000 km 以下的就达 300 多条。境内河流大都发源或流经燕山、冀北山地和太行山山区，其下游有的合流入海，有的单独入海，还有因地形流入湖泊不外流者。主要河流从南到北依次有漳卫南运河、子牙河、大清河、永定河、潮白河、蓟运河、滦河等，分属海河、滦河、内陆河、辽河 4 个水系。海河水系是河北省最大的水系，多年平均径流量为 76 亿 m^3，流域面积达 26 万 km^2，其中在河北省的流域面积为 14 万 km^2。海河水系中还有华北地区最大的内陆淡水湖——白洋淀。滦河水系是流经河北省的第二大水系，滦河是河北省国家级旅游城市承德和全省重要工业基地唐山的母亲河。滦河水系多年平均年径流量 50.3 亿 m^3，流域面积达 5 万多 km^2，其中在河北省 4.58 万 km^2。河北省沿岸有主要入海河流 52 条，分属滦河、滦东沿海独流入海河流、滦西沿海独流入海河流和运东诸河 4 个水系。多年平均入海水量为 40.41 亿 m^3，入海沙量为 1 568.92 万 t，主要集中在滦河流域。

雄安新区内河流主要属海河流域大清河水系的南支，较大支流有潴龙河、唐河、清水河、府河、漕河、瀑河、萍河。白洋淀位于该区域的西北部、保定市域东部，由白洋淀、烧车淀、捞王淀等大小 99 个淀泊组成，东西长 39.5 km，南北宽 28.5 km，总面积 366 km^2。东淀位于大清河的中下游、文安洼的东北部，其在文安县境内面积为 72 km^2。排沥河道有鲍丘河、龙河、凤河、天堂河、雄固霸新河、任文干渠、黑龙港河西支等，河道总长 230.58 km。白洋淀为浅碟形的湖泊，汛期水位与干淀水位相差很小，其汛限水位为 8.3 m，汛后最高水位为 8.8 m，周边农业停用水位为 7.3 m，水位低于 6.5 m 即认为干淀。

2.1.5 土壤类型

土壤类型以潮土、棕壤、褐土为主，还有部分风沙土，潮土中以典型潮土、碱化潮土为主，棕壤以典型棕壤、潮棕壤为主，褐土以潮褐土为主。

北京市成土因素复杂，形成了多种多样的土壤类型，可划分为 9 个土类、20 个亚类、64 个土属，全市土壤随着海拔由高到低表现出明显的垂直分布规律，各土壤亚类之间反映了较明显的过渡性。土壤类型分布从中山、低山丘陵到平原，依次为山地草甸土、山地棕壤、山地褐土、潮土、沼泽土、水稻土、风沙土。地带性植被为暖温带落叶阔叶林并间有温性针叶林。

天津市土壤分布从山地、丘陵、平原到滨海，依次为棕壤、褐土、潮土、湿土和盐土。

河北省土壤类型多样，分布较广、面积较大的主要有 7 个土类，即褐土、潮土、棕壤、栗钙土、风沙土、草甸土、灰色森林土等。其中褐土主要分布在太行山麓的京广铁路两侧，燕山南麓的通州至唐山一线以北，是河北省分布面积最大的一个土类，约占全省总面积的 34.64%。

雄安新区土壤复杂多样，土壤母质主要是第四纪冲积物，土壤共分为 4 个土类，即褐土、潮土、沼泽土、水稻土，淀区以沼泽土为主，土质肥沃，分布于地势低洼、常年积水的地区。

京津冀地区土壤类型分布见图 2-3。

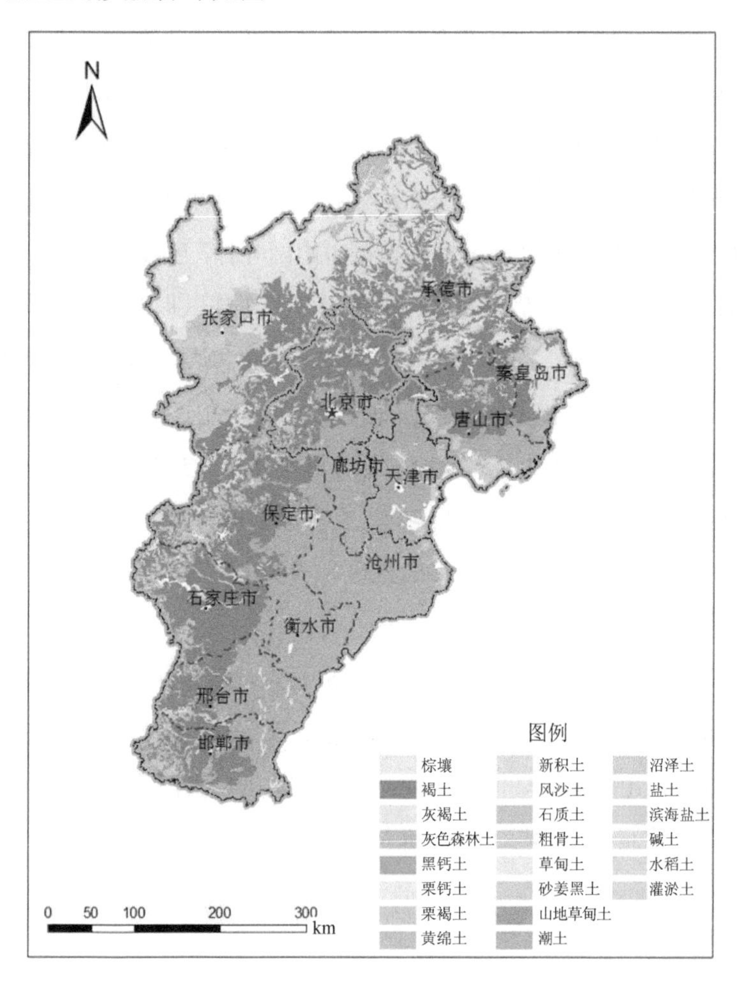

图 2-3 京津冀地区土壤类型分布

2.1.6 植被类型

2.1.6.1 现有植被类型

天然植被为高原植被和山地植被两种类型。高原植被以草本植物为主，地带性植被为温带草原。坝西地区为干草原，以禾本科草类为主，局部地区有沼泽植被分布，坝东地区以森林草原和草甸草原为主。坝下山地地带性植被为落叶阔叶林。北京市地带性植被是暖温带落叶阔叶林并间有温性针叶林。天津市植被类型有山地自然次生植被、滨海盐生植被、沼泽水生植被、农业栽培植被 4 种。河北省的主要植被类型大致可以分为 10 类，为亚高山草甸、针叶林、针阔叶混交林、阔叶林、落叶灌丛、山地干性灌草丛、草原、盐生草甸、沼泽及水生植被和栽培植被。从北到南植被的纬向分布为温带植被带和暖温带植被带，每个植被带又包括两个亚带，前者包括温带干草原亚带和温带干性灌木草原带，后者包括北暖温带阔叶林亚带和南暖温带阔叶林亚带。河北省南部植被具有喜温的特点，如漆树的大量出现。从东向西，随地势升高和水热条件的变化，植被分布呈明显的经度地带性，同时也表明垂直分布的规律性。滨海洼地及平原低洼地带分布有盐生草甸和沼泽草甸。平原大部分地区原始植被中的阔叶林，已被破坏殆尽，开垦为农田。低山丘陵地带阔叶林被破坏以后发育着旱生灌草丛，东部以荆条、黄背草为主，西北部较耐寒的酸枣、白羊草增多，同时混入一些草原的旱生种类，如针茅属。太行山中、北段的东麓位于迎风坡，降水较多，植被随气候带、地形等因素变化而具有垂直分布的特点，1 200 m 以下多为落叶栎林，局部地带栎林可分布至 2 500 m，1 200～1 600 m 以桦木、山杨林为主，1 600 m 以上为山地阔叶混交林或山地针叶林，1 700 m 或 2 500 m 以上的高山地区发育着亚高山草甸。京津冀地区植被类型分布见图 2-4。

2.1.6.2 原生植被类型

根据《中国植被》中的植被区划图（图 2-5），京津冀地区有 6 个植被区，分别为：①暖温带落叶阔叶林区域的冀辽山地、丘陵油松、辽东栎、槲栎林区；②冀北间山盆地灌丛草原区；③冀西山地落叶阔叶林、灌丛区；④黄河、海河平原栽培植被区；⑤温带草原区域的辽西、冀北山地油松，蒙古栎林，禾草草原区；⑥围场坝上白桦、白杆林，杂类草草原区。

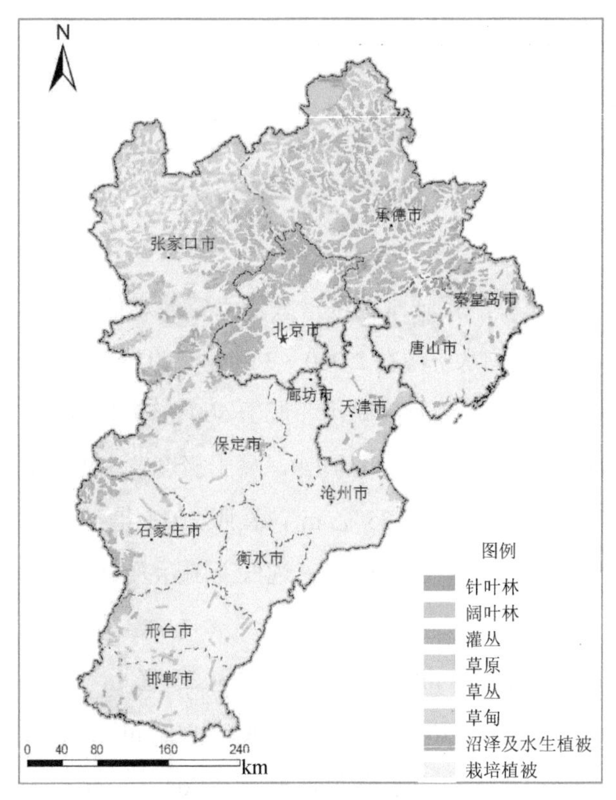

图 2-4 京津冀地区植被类型分布

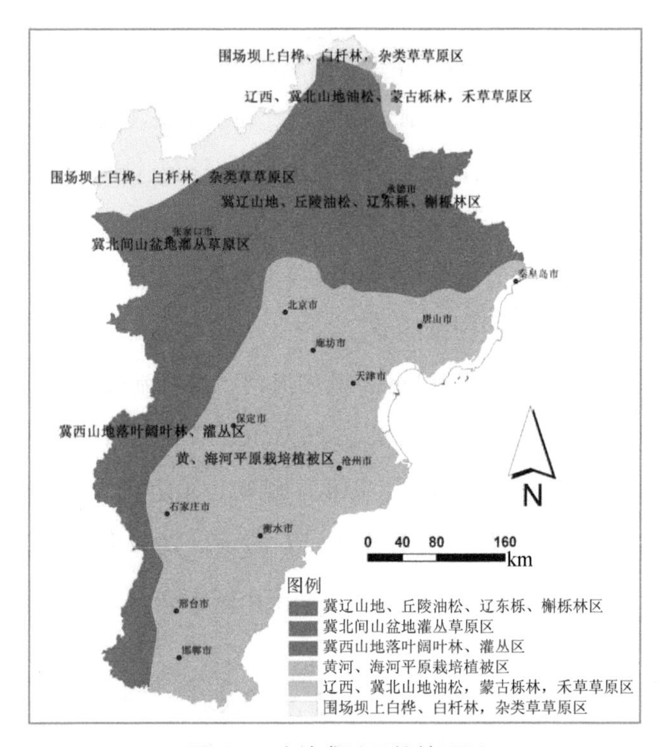

图 2-5 京津冀地区植被区划

2.2 资源状况

2.2.1 水资源

京津冀地区属于资源型严重缺水地区，人均水资源远低于国际公认的严重缺水标准。按照国际公认标准，人均水资源在 2 000～3 000 m^3 为轻度缺水，在 1 000～2 000 m^3 为中度缺水，在 500～1 000 m^3 为重度缺水，低于 500 m^3 为极度缺水。京津冀地区人均水资源量仅为 239 m^3，是全国平均水平的 1/9，属于极度缺水地区。

2014 年北京市水资源总量为 20.25 亿 m^3，按照 2014 年年末常住人口 2 151.6 万人计算，北京市人均水资源占有量仅为 94 m^3，远低于国际人均水资源占有量 500 m^3 的极度缺水标准。

天津市多年平均降水量 575 mm，全市供水总量 23 亿 m^3。按水源划分，当地及入境地表水 7.86 亿 m^3，外调水 8.13 亿 m^3，地下水 5.49 亿 m^3，再生水 1.37 亿 m^3，淡化海水 0.28 亿 m^3。2013 年天津市水资源总量为 14.64 亿 m^3，人均水资源占有量为 145.82 m^3。

河北省水资源严重不足，全省多年平均水资源总量为 205 亿 m^3，人均水资源量为 307 m^3，约为全国平均水平的 1/7。部分山区自产地表水资源已专供北京、天津两市使用。河北省水资源地域分布不均，山区多平原少。山区控制性水利工程较多，地表水开发利用率高达 60%以上；平原地区绝大多数河流干涸断流，部分陆域自然湿地消失。地下水超采严重，年均超采 40 亿 m^3，太行山山前平原浅层水严重超采，沧州、衡水等低平原地区已形成大面积深层地下水漏斗区。

河北省自产地表水面积 187 693 km^2，其中海河、滦河流域面积 171 624 km^2，占全省面积的 91.4%；内陆河、辽河流域面积 16 069 km^2，仅占全省面积的 8.6%。全省地表水资源量为 152 亿 m^3。外来入境水量主要源于滦河、永定河、大清河、子牙河及漳卫河水系的上游各支流，多年平均入境水量为 61.6 亿 m^3。2007 年河北省地下水资源量为 107.24 亿 m^3，比多年平均值少 15.33 亿 m^3，其中山区 55.99 亿 m^3、平原区 62.32 亿 m^3（山区平原重复计算量为 11.07 亿 m^3）。

雄安新区多年平均水资源总量为 29.78 亿 m^3，人均水资源量仅为全国人均的 1/7，属极度缺水地区。新区位于白洋淀水域区域，白洋淀多年平均水资源量为 31.18 亿 m^3，其中地下水为 20.3 亿 m^3、地表水为 10.88 亿 m^3，人均水资源量为 297 m^3，耕地面积亩[①]均水资源量为 261 m^3，地表水的开发程度已达 90%以上。白洋淀水域多年平均径流量为 22.3 亿 m^3，平均径流深 715 mm，其中 85%产自山区。山区多年平均径流深为 115 mm，平原多年平均径流深为 23 mm。当水位高于 8.8 m（大沽高程，下同）时，85.6%的水域分布于安新县境内；当水位低于 6.5 m 时，白洋淀为干淀；当水位低于 5.5 m 时，整个湿地生态系统将退化为陆地生态系统。20 世纪 80 年代出现降水量连续偏少年份，1994 年出现峰值之后降水量急剧减少，1997—2004 年再一次出现降水量连续偏少年份。20 世纪 80 年代干淀现象也频繁发生，出现连续 5 年干淀，是历史上干淀时间最长的一次。

2.2.2 土地资源

从土地资源生态环境承载力、经济承载力、社会承载力、开发建设承载力等方面综合来看，京津冀地区土地资源综合承载力总体水平不高且不平衡，其中北京市最高，天津市及河北省环京津城市偏低；土地资源生态环境承载力具有外围区域向核心区降低、北部高于南部的空间分异特征。土地资源经济承载力除核心区外，具有由东向西降低的空间分布特征；土地资源社会承载力除首都核心区外，南部地区高于北部地区；土地资源开发建设承载力由核心区向外围增大，开发潜力比较有限。

随着京津冀地区建设用地规模的增长，剩余空间已严重不足。京津两市土地开发强度已分别达到 21.39%和 33.56%，耕地后备资源接近枯竭，占补平衡难以为继。根据天津市 2014 年土地变更调查结果，市级城乡建设用地已经突破“天花板”，其中滨海新区、东丽区城乡建设用地规模大幅超出控制目标。河北省用地总体粗放，在产业转型升级、土地利用方式和发展方式转变过程中，仍有较多的新增建设用地需求。

2.2.3 矿产资源

京津冀矿产资源丰富，北京市已发现的矿种共 67 种，矿床、矿点产地 476 处，列入国家储量表的矿种有 44 种。共有产地 300 处，其中黑色金属产地 49 处，有色金属产地 35 处，冶金辅助原料非金属产地 43 处，化工原料非金属产地 68 处，建材及其他非金属产地 75 处，煤炭产地 30 处。北京市矿产资源具有分布广泛、矿种相对集中，以远郊区为主的特点。煤炭 80%以上的查明资源储量分布于门头沟区和房山区；铁矿 90%以上的查明资源储量分布于密云区；化工、冶金及建筑用各类石灰岩、白云岩等矿产主要分

① 1 亩=1/15 hm^2。

布于山区与平原交界的西部与北部山前地带；地热资源主要分布在平原地区及延庆盆地。

天津市能源矿产主要有煤、石油、天然气、地热、煤层气。煤炭基础储量 2.79 亿 t，迄今没有开采，渤海湾海域石油储量 98 亿 t，天然气储量 1 900 亿 m^3。已发现地热异常区 10 个，面积 8 700 km^2，埋藏深度 1 000～3 000 m，温度 25～103℃，各类矿产 35 种，已探明储量矿产 18 种。

河北省矿产资源丰富，截至 2013 年已发现各类矿种 151 种，查明资源储量的有 120 种，排在全国前 5 位的矿产有 34 种。截至 2013 年已探明储量的矿产地 1 005 处，其中大中型矿产地 439 处，占总量的 43.7%。河北省已开发利用矿产地 786 处，现有各类矿山 6 290 家，从业人数 40.8 万人，年开采矿石总量近 5.0 亿 t，采掘业年产值达 362 亿元，形成了以冶金、煤炭、建材、石化为主的矿业经济体系。河北省的冀中煤炭基地是国家确定的 13 个煤炭基地之一。包括：开滦、峰峰、邢台、井陉、蔚县、邯郸、宣化下花园、张家口北部 8 个大矿区和隆尧、大城平原含煤区，涵盖了除承德兴隆矿区以外的所有矿区。煤炭探明储量 147.1 亿 t。河北省境内有华北、冀东、大港三大油田，累计探明储量 27 亿 t，天然气储量 1 800 亿 m^3。

2.2.4 海洋资源

京津冀地区区位条件优越，环绕渤海、连接海陆，海洋资源丰富，产业基础雄厚。天津市海岸线全长 153.67 km，传统海域面积约 3 000 km^2，海洋资源丰富，优势资源包括港口资源、油气资源、盐业资源、旅游资源和生物资源。拥有我国最大的人工港天津港，目前拥有万吨级以上泊位 124 个，综合经济效益居全国沿海港口前列。附近海域石油天然气资源丰富，已探明石油储量超过 1.9 亿 t，天然气储量 638 亿 m^3，其中大港油田和渤海油田是我国重要的沿海平原潮间带和海上油气开发区。盐田面积 338 km^2，海盐年产量 240 多万 t，是我国最大的海盐产区之一。滨海旅游资源丰富，拥有滨海旅游景点 26 处，是距北京市最近的海滨景区。邻近的渤海湾海域曾是重要的海洋经济水产物种的繁育区，渔业资源种类有 80 多种，主要渔获种类 30 多种，天津市沿海各种水产生物资源主要有斑鰶、梅童鱼、青鳞鱼、梭鱼、海鲶鱼、毛虾、口虾蛄、梭子蟹、青蟹等。

河北省沿海港址、海盐、油气资源优良，滨海旅游、海洋生物资源丰富。港址资源有岬角式港湾港址资源 3 处、潟湖沙坝港址资源 2 处，河口港址资源 31 处。滨海有单体旅游资源 151 处，已开发的山海关风景区、北戴河风景区、南戴河风景区、黄金海岸风景区、乐亭海岛风景区等享誉全国。河北省海岸线长 487 km；海域面积 7 227 km^2；

有深水岸线 44.5 km，其中可建 25 万 t 级超深水泊位岸线 8 km。河北省沿海滩涂总面积为 1 167.9 km^2，是重要的土地后备资源。20 m 等深线以内海域面积为 7 623.5 km^2。河北省沿海有海岛 132 个，岛屿岸线长 178 km。河北省的海岛具有数量多、面积小、海拔低、离岸近、冲淤变化大等特点。河北省海域是鱼虾的主要产卵地和索饵场，共有海洋生物 660 余种，占全国海洋生物总数的 3.2%，其中，有较高经济价值的种类 30 余种。在游泳生物中，鱼类资源产量约有 4.55 万 t，全年无脊椎动物资源量约为 6 825 t，最大可持续产量 3 400 t；潮间带生物中，具有经济价值的主要贝类有 7 种，资源量为 5.63 万 t。沿海有秦皇岛港、唐山港、黄骅港三大港口，目前拥有泊位 163 个，其中万吨级泊位 121 个；设计吞吐能力 56 036 万 t。沿海地区日照强、蒸发量大、降水量小，近岸海域海水盐度高，唐山、沧州有 2 131 km^2 的地下苦卤资源。河北省海盐产量约占全国海盐产量的 21.2%，居沿海第 2 位。渤海沿岸和海域蕴藏着丰富的油气资源，冀东、大港和渤海三大油田主要分布在河北省海域。探明石油储量 8.4 亿 t，天然气储量 97.1 亿 m^3。沿海地区是全省风能资源集中分布区之一。

2.2.5 生物资源

京津冀地区多种类型的土地资源与光、热、水等条件相结合，繁衍出丰富的生物资源。其中北京市地带性植被为暖温带落叶阔叶林并间有温性针叶林。北京的动物区系有属于蒙新区东部草原、长白山地、松辽平原的区系成分，也有东洋界季风区系成分、长江南北的动物区系成分，故北京的动物区系有由古北界向东洋界过渡的动物区系特征。此动物区系中有兽类约 40 种，鸟类约 220 种，爬行动物 16 种，两栖动物 7 种，鱼类 60 种。

天津市植被大致可分为针叶林、针阔叶混交林、落叶阔叶林、灌草丛、草甸、盐生植被、沼泽植被、水生植被、沙生植被、人工林、农田种植植物 11 种。截至 2006 年 9 月，天津市野生动物共有 497 种，其中有国家重点保护动物 73 种。全市的野生动物中，有兽类 41 种，鸟类 389 种，两栖类 7 种，爬行类 19 种，鱼类 41 种。

河北省植物种类繁多，全省有 204 科、940 属、2 800 多种，其中蕨类植物 21 科，占全国总数的 40.4%；裸子植物 7 科，占全国总数的 70%；被子植物 144 科，占全国总数的 49.5%；其中，国家重点保护植物有野大豆、水曲柳、黄檗、紫椴、珊瑚菜等。据不完全统计，河北省共有陆生脊椎动物 530 余种，约占全国总数的 1/4。其中，以鸟类居多，约 420 种，占全国总数的 36.1%；兽类次之，约 80 种，占全国总数的 20.3%；两栖类和爬行类较少，分别为 8 种和 23 种。有国家重点保护动物 91 种，其中国家一级保护动物 18 种（兽类 1 种，鸟类 17 种），二级保护动物 73 种（兽类 11 种，鸟类 62 种）。另外，还有国家保护的有益的或者有重要经济、科学研究价值的陆生野生动物 79 种，其中有两栖类 3 种，爬行类 5 种，鸟类 71 种。有珍稀雉类褐马鸡，仅分布于河北小五台山及附近山区。

雄安新区位于白洋淀区域，白洋淀生物资源丰富，淡水藻类植物多达 9 门，11 纲，26 目，55 科，142 属，406 种，27 变种。水生植被中常见高等植物有 47 种，隶属于 2 门 21 科 3 属。浮游动物有原生动物 13 属，轮虫 21 属，枝角类 7 属，桡足类 8 种。底栖生物 38 种。白洋淀鱼类资源丰富，约有 54 种，主要以鲤、乌鳢、黄颡为主。白洋淀有鸟类 192 种，其中，在白洋淀繁殖的鸟类共 97 种。白洋淀不仅是许多鸟类的繁殖地、珍稀鸟类的栖息地，还是许多鸟类迁徙的重要驿站。

2.3 经济社会概况

2015 年，京津冀地区总人口达 11 142.37 万人，占全国总人口的 8.11%；地区生产总值达 69 312.89 亿元，占全国生产总值的 10.24%；社会消费品零售总额达 28 518.39 亿元，占全国零售总额的 9.48%；进出口总额达 4 854.17 亿美元，占全国进出口总额的 1.98%，是国家发展的重要区域之一。

2.3.1 地区生产总值（GDP）

河北省虽然在三个省（市）中 GDP 总量最大（图 2-6），但从人均 GDP 来看，其与北京市、天津市存在显著差距（图 2-7）。2015 年北京市和天津市人均 GDP 均已超过 10 万元，按照世界银行划分标准，已经步入中高等收入地区，而河北省仅为 4 万多元，不足京津区域的一半。同时由于京津地区巨大的集聚力，环首都周边形成了贫困带。

2.3.2 产业结构分析

北京市作为首都，是我国政治、文化、教育和国际交流中心，同时也是中国经济金融的决策中心和管理中心，第三产业发达，其产业结构基本处于后工业化阶段，而天津市和河北省仍然以工业为主。

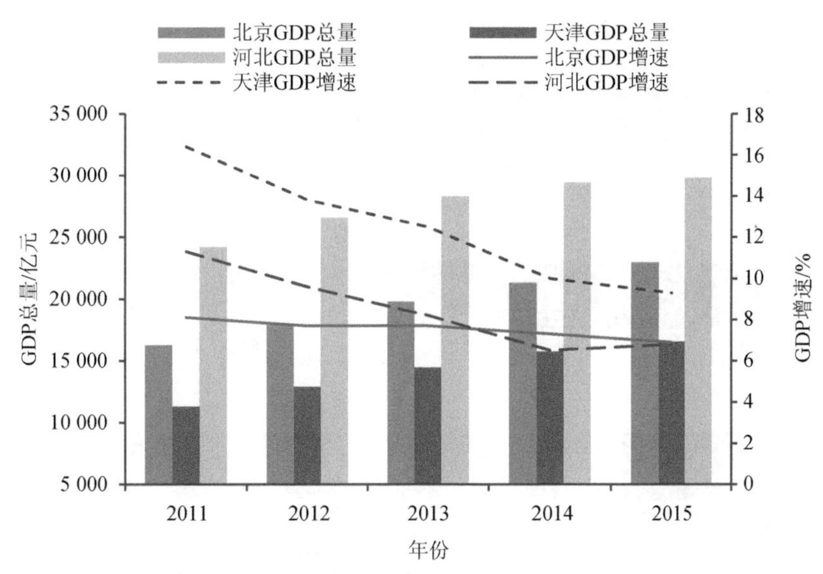

图 2-6 2011—2015 年京津冀地区 GDP 总量及增速比较

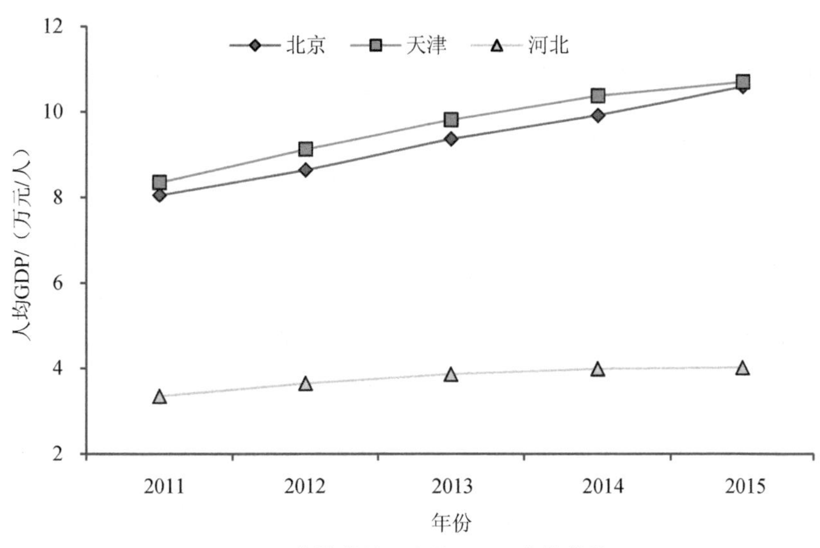

图 2-7 京津冀地区人均 GDP 变化趋势

北京市 2015 年三次产业比为 0.6∶19.7∶79.7（图 2-8），从“三产”经济结构来看，北京市第三产业最为发达，同比增长 8.1%。现代服务业表现依旧强劲，金融业，信息传输、软件和信息技术服务业，租赁和商务服务业，科学研究和技术服务业总量均超过千亿元。其中，金融业同比增长 18.1%，信息传输、软件和信息技术服务业同比增长 12.0%，科学研究和技术服务业同比增长 14.1%，均高于全市经济增速水平。

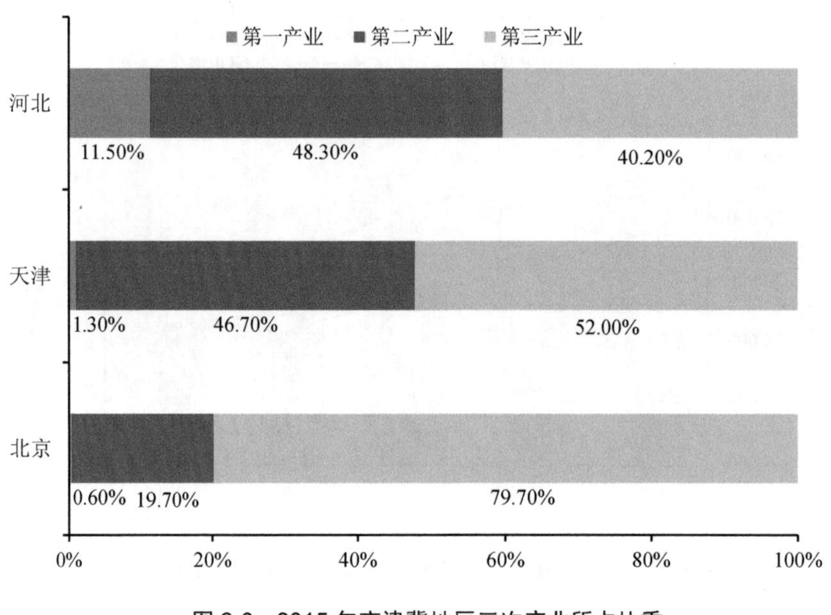

图 2-8 2015 年京津冀地区三次产业所占比重

天津市 2015 年三次产业比为 1.3∶46.7∶52.0。第一产业增加值为 210.51 亿元，同比增长 2.5%；第二产业增加值为 7 723.60 亿元，同比增长 9.2%；第三产业增加值为 8 604.08 亿元，同比增长 9.6%。其中，第三产业增加值比重首次超过 50%。

河北省 2015 年三次产业比为 11.5∶48.3∶40.2。规模以上工业中，装备制造业增加值比上年增长 7.0%，占规模以上工业的比重为 23.7%；钢铁工业增加值增长 5.0%，占规模以上工业的比重为 26.0%。六大高耗能行业增加值比上年增长 3.2%，增速比上年提高 0.4 个百分点。其中，煤炭开采和洗选业下降 5.3%，石油加工、炼焦及核燃料加工业增长 9.1%，化学原料及化学制品制造业增长 7.0%，非金属矿物制品业增长 0.5%，黑色金属冶炼及压延加工业增长 4.8%，电力、热力的生产和供应业下降 2.1%。

2.3.3 人口与城市化

截至 2015 年年底，京津冀地区常住人口为 11 142.37 万人。区域城镇常住人口达到 6 967.31 万人，占全国总人口的 5.09%，人口密度为 503 人/km^2，是全国平均水平的 3 倍以上。与 2000 年相比，北京市、天津市总人口密度增幅超过 45%，河北省增加 15.3%。从城市化进程来看，北京市和天津市作为直辖市，城镇化率均已超过 80%，2015 年北京市和天津市城镇化率分别为 86.50%和 82.60%，处于城市化进程后期；相比之下，河北省城镇人口呈加速增长趋势，2015 年城镇化率为 51.33%，处于城镇化中期阶段（表 2-1，图 2-9）。

表 2-1　2015 年京津冀人口现状　　单位：万人

省（市）	常住人口	城镇人口	乡村人口
北京	2 170.5	1 877.7	292.8
天津	1 546.95	1 278.40	268.55
河北	7 424.92	3 811.21	3 613.71
合计	11 142.37	6 967.31	4 175.06

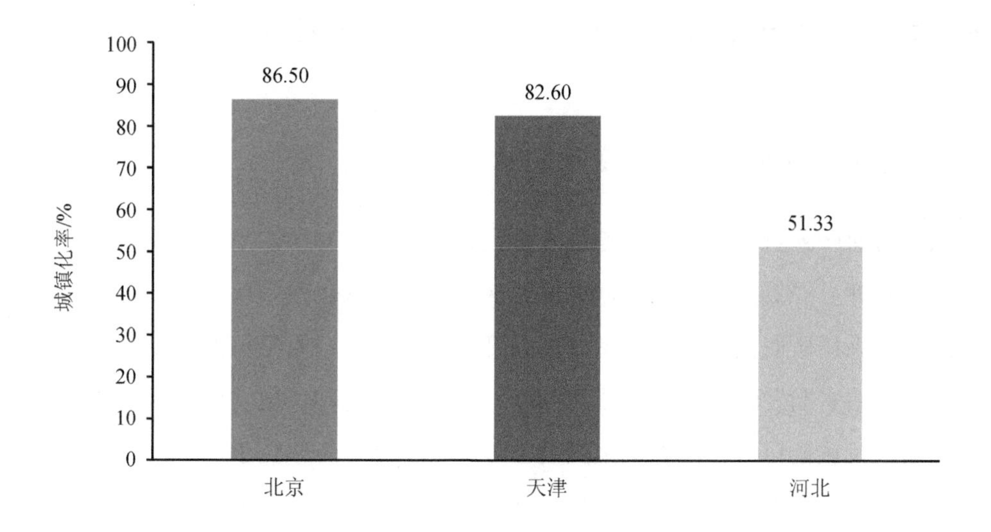

图 2-9　2015 年京津冀地区城镇化率水平比较

2.3.4　用水结构特征

从全区来看，京津冀地区工业、农业、生活和生态 4 个用水部门中，农业用水占比最高，2015 年农业用水占比高达 62%，远超过当年本区工业用水占比（12%）和生活用水占比（19%）。

京津冀地区因产业结构不同，用水结构也有所差异。北京市生活用水占比最重，2015 年北京市用水总量为 38.2 亿 m^3，比上年增加 1.89%。其中生活用水 17.47 亿 m^3，占总用水量的 45.7%，比上年增加 2.9%；生态环境补水 10.43 亿 m^3，占总用水量的 27.3%，比上年增加 43.86%；工业用水 3.85 亿 m^3，占总用水量的 10.1%，比上年下降 24.37%；

农业用水 6.45 亿 m^3，占总用水量的 16.9%，比上年下降 21.08%。

天津市农业用水为主要用途，生活用水与工业用水相当。2015 年全市总用水量 25.68 亿 m^3。其中，农业用水 12.53 亿 m^3，约占 48.8%。

河北省农业用水比重大、刚性强，现状农业用水占全部用水量的 70%左右，农田水利基础设施落后，水资源浪费严重。2015 年，河北全省总用水量为 187.1 亿 m^3，其中，农林牧渔业用水 135.23 亿 m^3，约占总用水量的 72.3%，远超过当年工业用水（占比 12%）、城镇公共用水（占比 2.6%）、居民生活用水（占比 10.4%）、生态环境用水（占比 2.7%）。

2.4 自然资本承载力与区域经济社会发展的关系

2.4.1 长时间序列自然环境变迁启示

从长时间序列自然环境演变趋势来看，京津冀地区的原始生态环境是栎树、枫树森林，在汉朝已经被开垦为农田，栎树、枫树森林被砍伐殆尽，森林等自然生态系统被农田生态系统所取代，长期高密度高强度开发导致区域原生植被难以恢复。这个最先开发出来的文明发源地之一，公元 300—1300 年环境和历史发生了重大转变，一方面北方游牧民族南侵，中国人口集聚的中心地带从北方转移到了南方；另一方面蓬勃发展的铁器锻铸业彻底摧毁了华北的森林，华北平原过度开发使生态已经难以恢复。黄河泛滥和改道过程也加速了华北平原环境退化，华北平原上很多曾经肥沃的土地变成了沙地。

平原地区的湖泊洼地主要形成于距今 7 500～2 500 年，气候温暖湿润，降水量丰沛，永定河、潮白河等水系水量较多，旧河道型湖泊广为发育，扇缘沼泽洼地面积大、数量多。北京市平原地区的湖泊洼地主要形成在这个时期，如永定河、潮白河、洵河旧河道型湖泊、昌平地区的扇缘型沼泽。后来平原地区降水显著减少，干燥度增加，北京市平原地区湖泊逐渐萎缩，有的甚至消亡，如旧河道型、扇缘型湖沼大多萎缩为沼泽和低湿洼地。而后部分沼泽和低湿洼地又被洪积物、冲积物覆盖，厚达 2～3 m 以上，飞放泊、延芳淀则完全消亡。随着人类的大规模建设、人口迅速增长和现代工业发展，对湖沼洼地改造利用加大，地下水过量开采导致低湿洼地趋于干化，1970 年以来北京市平原地区由于过量开采地下水，截至 20 世纪 80 年代地下水位普遍下降 10～20 m，西郊潜水区年平均下降 1～1.5 m，东郊承压水区年平均下降 1.5～2.0 m，影响到地表水与地下水自然循环补给关系。地下水位大幅下降，湖泊储水的下渗速度加快，加之水源不足，市区湖泊常年水位很不稳定，20 世纪 80 年代龙潭湖曾一度出现干涸。位于旧河道型湖沼洼地带中的低湿洼地，除种植季节外基本处于干化状态。海淀南部的万泉庄曾是海淀湖沼发育的重要水源，20 世纪 60 年代末该地带管井还能自流，20 世纪 80 年代灌溉农业用水早已全部抽取地下水。位于大兴地区的河间洼地，自 20 世纪 80 年代以来常年处于干涸状态。

相较长江三角洲和珠江三角洲的富庶，京津冀地区自然资源匮乏、生态环境脆弱，长期以来的资源匮乏和生态退化是华北地区尤其是首都周边市县贫困的根源之一。中华人民共和国成立后，当地的生态资源远远不能够支撑首都发展需求，必须依赖社会力量对周边资源进行逆生态过程的调配，这导致周边生态资源进一步枯竭。结果出现大城市大农村不合理的城镇体系结构，中心城市北京一枝独大，缺乏次中心城市。物流、人流、城镇及交通用地为低效率的中心辐射式结构，不及长三角、珠三角的多中心网络结构效率更高。为确保首都地区稳定发展，只能更大尺度调配生态资源。因此，京津冀区域在自然资源匮乏、生态环境脆弱的背景下建设世界级城市群，亟须疏解非首都核心功能、减轻生态压力。

2.4.2 水资源量历史变化

据相关数据与文献，京津冀地区水资源总量从 20 世纪 50 年代起呈下降趋势，1956—1979 年水资源平均值为 292.3 亿 m^3，1979—2003 年下降至 207.5 亿 m^3，2003—2015 年下降至 164.7 亿 m^3，相比 20 世纪五六十年代减少了将近一半。其中，水资源总量变化最明显的是河北省，河北省 1956—1979 年水资源平均值为 236.9 亿 m^3，1979—2003 年下降至 166.6 亿 m^3，2003—2015 年下降至 118.3 亿 m^3，相比 20 世纪五六十年代减少了一半以上。水资源短缺是区域生态安全的制约因素，严重制约了其他生态功能，导致区域自然资本承载力低。

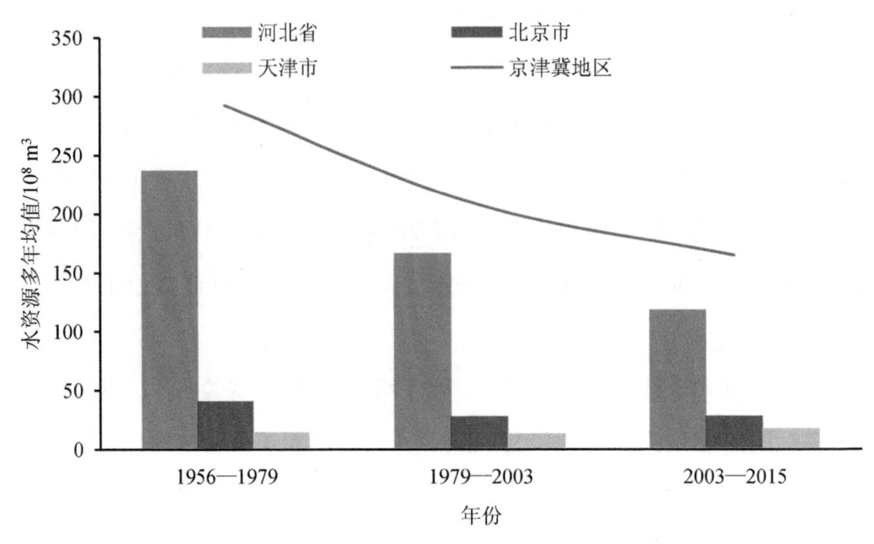

图 2-10 京津冀水资源多年均值变化情况

2.4.3 自然资本承载力低与区域经济社会发展之间存在严重冲突

京津冀地区人均水资源量为 239 m^3，是全国平均水平的 1/9，严重低于国际公认的极度缺水水平（人均水资源 500 m^3），属于资源型极度缺水地区。近年来，京津冀所有监测站点降水量逐年减少，北京及周边降水量减少得最快，降水量持续下降进一步加剧了京津冀地区的水资源短缺问题。华北平原在古代有过数以百计的湖泊和沼泽，但到 20 世纪 80 年代时只剩下了 20 个，位于北京南面的皇家围场在乾隆时期还有 117 处泉水和 5 个大湖，如今已经全部消失。原本“河道密如织网、湖沼星罗棋布”的海河水系，大部分河流早已干涸，名存实亡，有些河流已经十几年、二十几年没有水流流过了。河北 95%以上的平原河道干涸，90%的湿地消失，最大的两个湿地白洋淀和衡水湖也是靠人工调水维持一定的水面，“有河皆干”已经成为海河流域平原地区水资源和水环境状况的真实写照。地表水缺失迫使对地下水掠夺性开采，进而导致地下水位不断下降，河北因地下水超采形成的地下水降落漏斗 26 个，其中 7 个漏斗面积超过 1 000 km^2。地下漏斗的存在加速了地表河流的干涸和湿地的枯萎，引起地面沉降、海水倒灌，加重土地盐碱化，降低自然资本承载能力。

然而，京津冀地区人口总量大、密度高，多年来人口密度均呈上升趋势，从 2000 年的 483.45 人/km^2 上升到了 2015 年的 516 人/km^2，尤其是京津两大核心城市人口集聚化程度高，2005—2015 年，北京市、天津市总人口密度增幅超过 41%，水资源和土地资源的压力巨大，远超出区域水资源和土地资源承载能力，脆弱的自然生态本底与经济社会发展的矛盾冲突激烈。因此，仅依靠当地的自然资本条件将难以支撑京津冀地区建设世界级城市群的战略目标，需要外来水资源补给，并通过大量生态修复工程提高京津冀地区水源涵养功能和生态承载能力，建设节水型经济示范区，推广全社会节约用水，以此保障京津冀地区建设世界级城市群战略目标的实现。

3

区域生态空间识别与生态功能定位

依据《京津冀协同发展规划纲要》《全国主体功能区规划》《国家新型城镇化规划（2014—2020年）》《环渤海地区合作发展纲要》《全国生态功能区划（修编版）》《京津冀协同发展生态环境保护规划》等，明确区域发展定位与生态功能定位，结合区域生态系统服务功能重要性评价和生态系统敏感性评价，识别区域生态空间，总结区域生态保护与建设成就，以及不断探索区域生态建设一体化的生态保护合作。

3.1 区域发展定位

2015年4月中央政治局会议审议通过了《京津冀协同发展规划纲要》（简称“规划纲要”），推动京津冀协同发展正式成为重大国家战略。战略核心是有序疏解北京非首都功能，调整经济结构和空间结构，走出一条内涵集约发展的新发展道路，探索人口经济密集地区的优化开发模式，促进区域协调发展，形成新的增长极。

规划纲要明确了两市一省的定位，北京市是“全国政治中心、文化中心、国际交往中心、科技创新中心”，天津市是“全国先进制造研发基地、北方国际航运核心区、金融创新运营示范区、改革开放先行区”，河北省是“全国现代商贸物流重要基地、产业转型升级试验区、新型城镇化与城乡统筹示范区、京津冀生态环境支撑区”。区域整体定位体现了两市一省“一盘棋”的思想，突出了功能互补、错位发展、相辅相成；两市一省定位服从和服务于区域整体定位，增强整体性，符合京津冀协同发展的战略需要。

空间布局实现“一核、双城、三轴、四区、多节点”。“一核”即指北京。把有序疏解北京非首都功能、优化提升首都核心功能、解决北京“大城市病”问题作为京津冀协同发展的首要任务。“双城”是指北京、天津，这是京津冀协同发展的主要引擎，要进一步强化京津联动，全方位拓展合作广度和深度，加快实现同城化发展，共同发挥高端引领和辐射带动作用。“三轴”指的是京津、京保石、京唐秦三个产业发展带和城镇聚集轴，这是支撑京津冀协同发展的主体框架。“四区”分别是中部核心功能区、东部滨海发展区、南部功能拓展区和西北部生态涵养区，每个功能区都有明确的空间范围和发展重点。“多节点”包括石家庄、唐山、保定、邯郸等区域性中心城市和张家口、承德、廊坊、秦皇岛、沧州、邢台、衡水等节点城市，重点是提高其城市综合承载能力和服务能力，有序推动产业和人口聚集。

3.1.1 我国参与全球化和国际竞争的重要门户

京津冀地区以北京为龙头，在充分发挥首都政治中心、文化中心和国际国内交往和信息交流中心的基础上，已培育出其作为全国科技和高新技术产业化龙头、国内国际交通通信枢纽、国内外金融机构中心的核心职能，具有吸引国外先进制造业和高新技术产业、大型跨国公司总部的优势，从而成为中国北方地区积极参与全球生产联系的重要窗口和枢纽。同时，随着国家“一带一路”倡议的实施，京津冀地区作为全国政治文化中心，是推进丝绸之路经济带建设的重要核心和战略支点。

3.1.2 我国区域经济发展的重要增长极和创新驱动新引擎

京津冀地区以不到5%的国土面积集聚了全国近8%的人口，创造了近10%的GDP，单位面积的GDP产出为2 881.0万元/km^2，是全国平均水平的4倍以上。《2010中国城市群发展报告》指出，京津冀城市群是仅次于长三角和珠三角城市群的全国第三大超级城市群，是带动我国经济快速增长的重要引擎。作为国家政治、文化、国际交往和科技创新中心，是中国与世界经济主要接合部之一，是推进丝绸之路经济带建设的重要中心地，是推进21世纪海上丝绸之路建设的重要战略支点，也是拉动环渤海经济圈，辐射带动中国北方地区和东北亚经济的“第三增长极”。同时，京津冀地区位于环渤海地区的中心，既是北方地区最重要的核心区，是有效协调东中西、平衡南北方的中心地；也是我国北方地区的经济中心和对外开放的门户，是我国参与经济全球化的主体区域。

同时，京津冀地区产业基础雄厚，是中国北方经济最发达的地区。京津冀地区拥有全国最多的高等院校、国家一流的科研院所、现代产业集聚区等创新资源。其中，北京的产业已具有服务主导和创新主导的服务经济、总部经济、知识经济和绿色经济等首都经济鲜明特征，北京是我国现代制造业的研发中心、创新中心、营销中心及管理控制中心，也是承载京津冀城市群研发创新、高端制造与国际对接的重要平台。天津市已进入工业化后期阶段，具有技术集约型和产业高端化特点，航空航天、石油化工、装备制造、电子信息等八大优势产业产值已占工业总产值的九成，高新技术产业与重化工业并重、现代制造业与现代服务业并举，是我国北方地区重要的现代制造研发转化基地、北方国际航运中心和国际物流中心。河北省已进入工业化中期阶段，产业具有资源加工型、资本密集型的突出特征，是我国重要的钢铁、石化和装备制造基地。因此，在经济新常态格局下，通过京津冀协同发展促进产业在区域内的合理分工，建设区域创新网络，促进地区产业转型升级，实现京津的科技创新优势与河北的加工转化优势的高效链接和整合，将使该地区成为我国创新驱动经济增长的重要引擎。

3.1.3 全国区域整体协同发展改革引领区与生态修复环境改善示范区

京津冀地区是我国经济最具活力、开放程度最高、创新能力最强、吸纳人口最多的地区之一，也是拉动我国经济发展的重要引擎。但是三省（市）各自为政地进行区域产业与生产要素布局，导致京津冀地区区域经济发展不均衡，北京集聚过多的非首都功能，“大城市病”问题突出；河北省未能受到京津的有效经济辐射，产业结构和层次相对较低；地区资源环境超载矛盾突出，生态联防联治需求最为迫切。因此，促进京津冀地区的一体化协同发展成为该地区可持续发展的必然选择。京津冀协同发展战略是以有序疏解北京非首都功能、打破地区藩篱为核心，立足地区优势和产业分工要求，以地区资源环境承载力为基础、以京津冀城市群建设为载体，以优化区域分工和产业布局为重点，以资源要素空间统筹规划利用为主线，通过调整经济结构和空间结构，构建现代化交通网络系统、扩大环境容量、推进产业升级转移、推动公共服务一体化，来促进京津冀地区之间的协同发展。京津冀地区将通过在行政、产业、环保和交通治理体系、破除行政分割共促协同发展方面的改革措施在区域整体协同发展和生态环境问题治理方面进行先行先试，从而成为我国区域整体协同发展改革引领区和生态修复环境改善示范区。

3.1.4 国家新型城镇化的重要承载地

根据《全国主体功能区规划》以及《国家新型城镇化规划（2014—2020 年）》，京津冀城市群是我国经济最具活力、开放程度最高、创新能力最强、吸纳外来人口最多的地区，要以建设世界级城市群为目标，继续在制度创新、科技进步、产业升级、绿色发展等方面走在全国前列，加快形成国际竞争新优势，在更高层次参与国际合作和竞争，发挥其对全国经济社会发展的重要支撑和引领作用。同时，作为我国北方经济社会发展的引擎，在产业规模不断壮大、经济结构不断优化调整、新兴城市地区不断涌现的过程中，将构筑多元化的产业体系和城镇体系，拉动劳动就业，为本地和外来人员提供更多的居住和就业机会，促进人口的进一步集聚，为推动我国新型城镇化进程起到重要作用。

3.1.5 全国重要的现代综合交通枢纽

京津冀地区位于全国“两横三纵”城市化战略格局中沿海通道纵轴和京哈、京广通道纵轴的交汇处的中心，是环渤海地区的中心，也是“三北”地区的重要枢纽和出海通道。①京津冀都市圈的港口密集，沿“C”字形的渤海湾海岸线密集分布着大中小型各具特色的现代化港口群，主要有秦皇岛港、唐山港、天津港和黄骅港四大港口，密集的港口群使京津冀地区成为连接中国“大陆经济”与“海洋经济”的重要枢纽。②京津冀都市圈还是全国重要陆路交通枢纽和航空港。以北京、天津和石家庄为综合交通枢纽，在陆路交通中基本形成了6条跨省（直辖市）的综合运输大通道；河北环绕北京、天津两大都市，境内有15条主要干线铁路和17条国家干线公路通过。京津冀都市圈铁路货运年周转量占全国的比重大于30%，是全国公路最稠密的地区。在航空方面，北京市、天津市等城市是著名的国际航空港，形成以北京市、天津市等几大城市为中心、联系国内外的密集航空网络，对外航空通道十分便捷。

3.2 区域生态功能定位

京津冀地区位于我国北方农牧交错带前缘，地处内蒙古高原、太行山脉向华北平原的过渡地带，是华北平原的关键区域，在华北平原生态安全格局中具有重要地位。坝上地区、燕山、太行山是区域水源的主要发源地，是京津及华北平原的主要生态屏障，其水源保护、土壤保持和防风固沙功能直接影响京津冀地区甚至华北平原生态系统安全。

3.2.1 生态功能总体定位

（1）重要的防风固沙区

京津冀地区沙尘天气频发，荒漠化土地面积 44 167.2 km^2，约占地区总面积的 20%。地区内沙漠化敏感性较高，约一半面积的荒漠化敏感性在敏感以上，重点地区是河北省北部张家口和承德地区，华北平原上较易发生荒漠化的土地为永定河、潮白河下游等干涸河道地区。冀北地区对京津风沙天气影响比较大，最为直接的是三大沙区、六大风口、五大沙滩和九条风沙通道。河北省北部的张家口和承德的 2 个市 6 个县位于浑善达克沙漠化防治生态功能区，该区长期以来对草地资源的不合理开发利用造成草原生态系统严重退化，表现为土地沙化严重、耕地土壤贫瘠化、干旱缺水，沙漠化敏感性程度极高，是北京市乃至华北地区主要的沙尘暴源区。该地区的防风固沙功能对维护华北区域生态安全具有重要意义。

（2）重要水源涵养与土壤保持功能区

京津冀地区处于内蒙古高原、太行山脉向华北平原的过渡地带，地貌类型复杂多样，高原、山地、丘陵、平原、盆地、湖泊等地貌类型齐全。主要地貌单元可以分为坝上高原、燕山山区、冀西北山间盆地、太行山山区、滦河海河下游冲积平原等。土壤保持与水源涵养功能是山地丘陵地区生态系统的重要服务功能。

京津冀地区水土流失面积 5.8 万 km^2，占全区总土地面积的 26.9%，水土流失严重的地区多为贫困人口集中的西部和北部的太行山东坡、燕山山地，区域水土流失进一步引发生态与贫困的恶性循环，对官厅和密云两大水库行洪和供水产生巨大压力。北京市密云、延庆、怀柔 3 个区，天津市蓟州区，河北省承德、张家口 2 个市位于京津水源地水源涵养重要区内，该区内植被类型主要为温带落叶阔叶林，天然林主要分布在海拔 600～700 m 的山区，树种主要有栎类、山杨、桦树和椴树等，水源涵养功能对京津冀地区的供水安全具有重要作用。河北省的保定、石家庄、邢台、邯郸 4 个市位于太行山地土壤保持重要区内。太行山是黄土高原与华北平原的分水岭，是海河及其他诸多河流的发源地，其土壤保持功能对保障区域生态安全极其重要，有以暖温带落叶阔叶林为基带的植被垂直带谱，森林植被类型较为多样，在防止土壤侵蚀、保持水土功能方面起着重要作用。

（3）国家重点人居生态安全功能保障区

京津冀地区人口总量大，密度高，受关注度高，以全国 2.3%的国土面积承载了 8.0%

的人口和 10.9%的地区生产总值，城市生态系统的人居保障功能极为重要。2015 年京津冀人口密度为 503 人/km^2，是全国平均水平的 3 倍以上。从城市化进程来看，北京和天津作为直辖市，城镇化率基本达到或超过 80%，处于城市化进程后期，2015 年河北城镇化率仅为 51.33%，正处于城镇化中期阶段。京津冀地区是《全国主体功能区规划》中明确的优化开发区域，在发展过程中，出现了生态空间不足、优质耕地丧失、地下水超采、地面沉降、城市热岛、城市灰霾、城市内涝等一系列生态环境问题，优化城市生态系统的生产、生活、生态空间，对强化人居保障功能具有重要意义，其中包括农田生态保护和人居生态空间保障等方面。

（4）国家重要海洋生态功能保护区

京津冀地区处于环渤海的心脏地带，拥有一个国家级海洋特别保护区——天津大神堂牡蛎礁国家级海洋特别保护区和两个国家级自然保护区——河北昌黎黄金海岸国家级自然保护区、天津古海岸与湿地国家级自然保护区。渤海是我国黄海、东海及渤海渔业生物的重要产卵场，在我国四个海区中单位面积渔获量渤海最高，渔业资源量所占的比重最高的海区也是渤海，因此渤海是我国渔业资源的重要补充基地。渤海主要有三大湿地分布，分别为辽河三角洲湿地、海河三角洲湿地和黄河三角洲湿地，其中，海河三角洲湿地位于天津市滨海地区，总面积 2.77×10^4 hm^2，主要为贝壳堤、牡蛎滩古海岸遗迹和滨海湿地，具有蓄水调洪、补给地下水、去除和转化营养物质、沉降悬浮物、净化水质等重要生态功能，区内的七里海湿地还栖息和生长着多种珍稀野生动植物，是海洋动物在湿地内产卵、孵化及栖息的场所，对渤海持续其生态服务功能具有极为重要的作用。

3.2.2 不同地区生态功能定位

依据《京津冀协同发展生态环境保护规划》中生态屏障建设总体布局（分为京津保地区、坝上高原生态防护区、燕山—太行山水源涵养区、低平原生态修复区和沿海生态防护区），京津保地区的主体生态功能是为城市发展提供生态空间保障，包括北京市、天津市和河北省保定市、廊坊市的 52 个县（市、区）；坝上高原生态防护区的主体生态功能是防风固沙和涵养水源，包括河北省张家口市的 4 个县；燕山—太行山水源涵养区的主体生态功能是涵养水源、保持水土和生态休闲，包括北京市、天津市和河北省张家口市、承德市、秦皇岛市、唐山市、保定市、石家庄市、邢台市、邯郸市的 65 个县（市、区）；低平原生态修复区的主体生态功能是农田生态保护和农村宜居，包括河北省石家庄市、沧州市、衡水市、邢台市和邯郸市5市的73个平原县（市、区）；沿海生态防护区的主体生态功能是维护海洋生态服务功能，保障海洋生态安全，包括天津市滨海新区和河北省秦皇岛市、唐山市、沧州市的沿海区县。

基于以上地区的主导生态功能，结合京津冀地区的主要生态问题和发展定位，将区域生态功能定位落到地市层级上，详见表3-1。

表3-1 不同地区生态功能定位

地市及直辖市	所在的功能区	所在功能区的生态定位	总体生态定位
张家口	坝上高原生态防护区	防风固沙和水源涵养	防风固沙、水源涵养、水土保持
	燕山—太行山水源涵养区	水源涵养、保持水土	
承德	燕山—太行山水源涵养区	水源涵养、保持水土	防风固沙、水源涵养、水土保持
秦皇岛	燕山—太行山水源涵养区	水源涵养、保持水土	水源涵养、维护海洋生态服务功能
	沿海生态防护区	维护海洋生态服务功能	
唐山	燕山—太行山水源涵养区	水源涵养、保持水土	水源涵养、维护海洋生态服务功能
	沿海生态防护区	维护海洋生态服务功能	
沧州	低平原生态修复区	农田生态保护	农田生态保护、维护海洋生态服务功能
	沿海生态防护区	维护海洋生态服务功能	
衡水	低平原生态修复区	农田生态保护	农田生态保护
邢台	燕山—太行山水源涵养区	水源涵养、保持水土	农田生态保护、水源涵养、水土保持
	低平原生态修复区	农田生态保护	
邯郸	燕山—太行山水源涵养区	水源涵养、保持水土	农田生态保护、水源涵养、水土保持
	低平原生态修复区	农田生态保护	
石家庄	燕山—太行山水源涵养区	水源涵养、保持水土	农田生态保护、水源涵养、水土保持
	低平原生态修复区	农田生态保护	
保定	燕山—太行山水源涵养区	水源涵养、保持水土	人居生态空间保障、水源涵养、水土保持
	京津保地区（雄安新区）	人居生态空间保障	
廊坊	京津保地区	人居生态空间保障	人居生态空间保障
天津	京津保地区	人居生态空间保障	人居生态空间保障、维护海洋生态服务功能
	沿海生态防护区	维护海洋生态服务功能	
北京	京津保地区	人居生态空间保障	人居生态空间保障、水源涵养、水土保持
	燕山—太行山水源涵养区	水源涵养、保持水土	

3.3 生态空间识别

在区域生态系统服务功能重要性评价、生态系统敏感性评价的基础上，结合《全国主体功能区规划》《全国生态功能区划（修编版）》《中国生物多样性保护战略与行动计划（2011—2030年）》《中国国际重要湿地名录》《中国国家湿地公园名录》等文件中明确的重点关注区域，识别出京津冀地区的生态空间。

3.3.1 生态系统服务功能重要性评价

生态系统服务功能是指生态系统与生态过程所形成及所维持的人类赖以生存的自然环境条件与效用。生态系统服务功能重要性评价的目的是要明确回答区域各类生态系统的服务功能及其对区域可持续发展的作用与重要性，并依据其重要性分级，明确其空间分布。生态系统服务功能重要性评价是针对区域典型生态系统，评价生态系统服务功能的综合特征，以及区域典型生态系统服务功能的能力。

（1）水源涵养重要性评价

京津冀地区水源涵养重要性评价结果见图 3-1，区域较重要的水源涵养区分布在密云水库上游潮白河流域、官厅水库上游的永定河流域、潘家口水库上游的滦河流域以及西大洋水库、王快水库、黄壁庄水库、岗南水库的汇水区域。

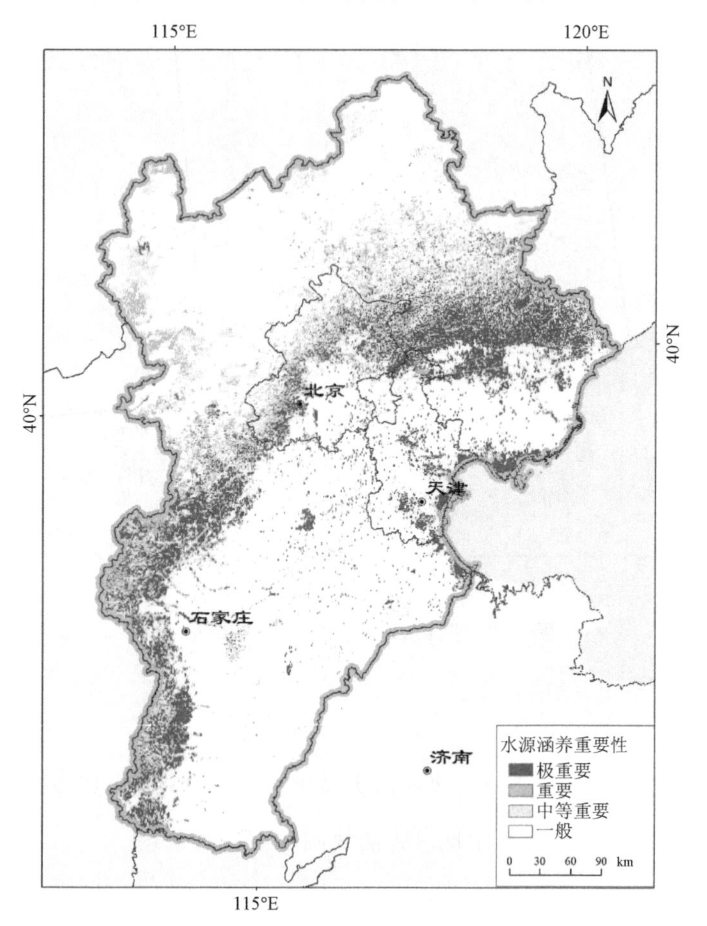

图 3-1 京津冀地区水源涵养重要性评价

（2）土壤保持重要性评价

京津冀地区土壤保持重要性评价结果见图 3-2，京津冀地区重要的土壤保持区分布在张家口的坝上高原、永定河上游的山间盆地地区、官厅水库和密云水库上游河谷地区、滦河水系上游山川河谷地区以及保定、石家庄西部太行山山区等地区。

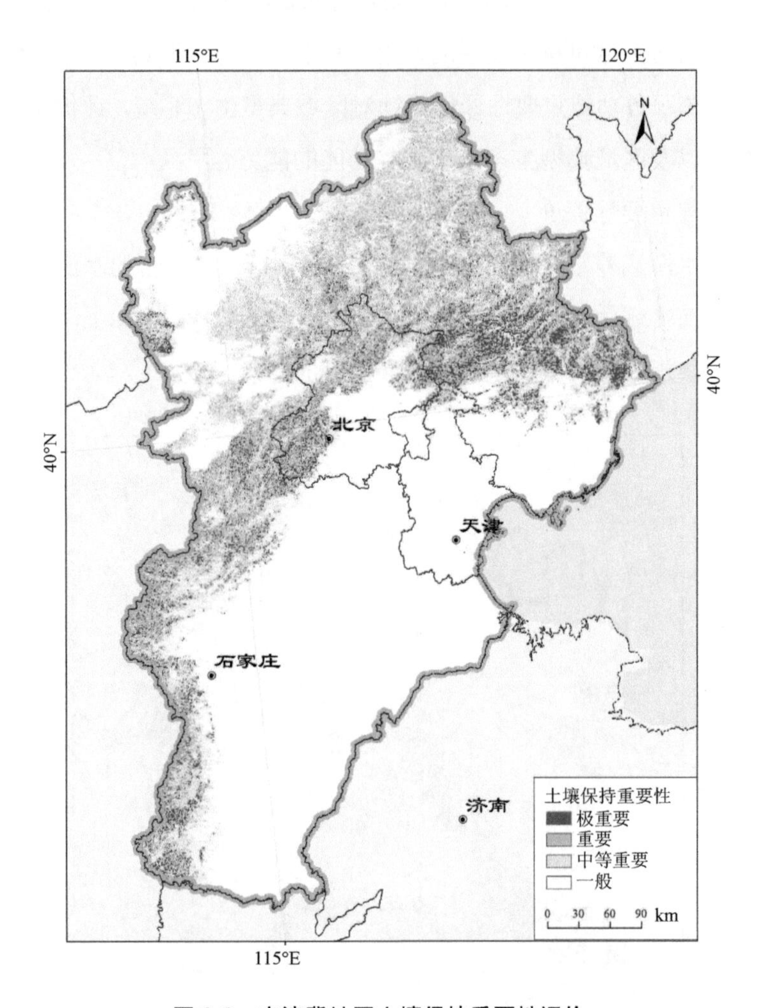

图 3-2 京津冀地区土壤保持重要性评价

（3）防风固沙重要性评价

防风固沙重要性评价主要反映风沙对大城市等的影响程度，京津冀地区防风固沙重要性评价结果见图 3-3。北部张承地区为防风固沙重要区域。

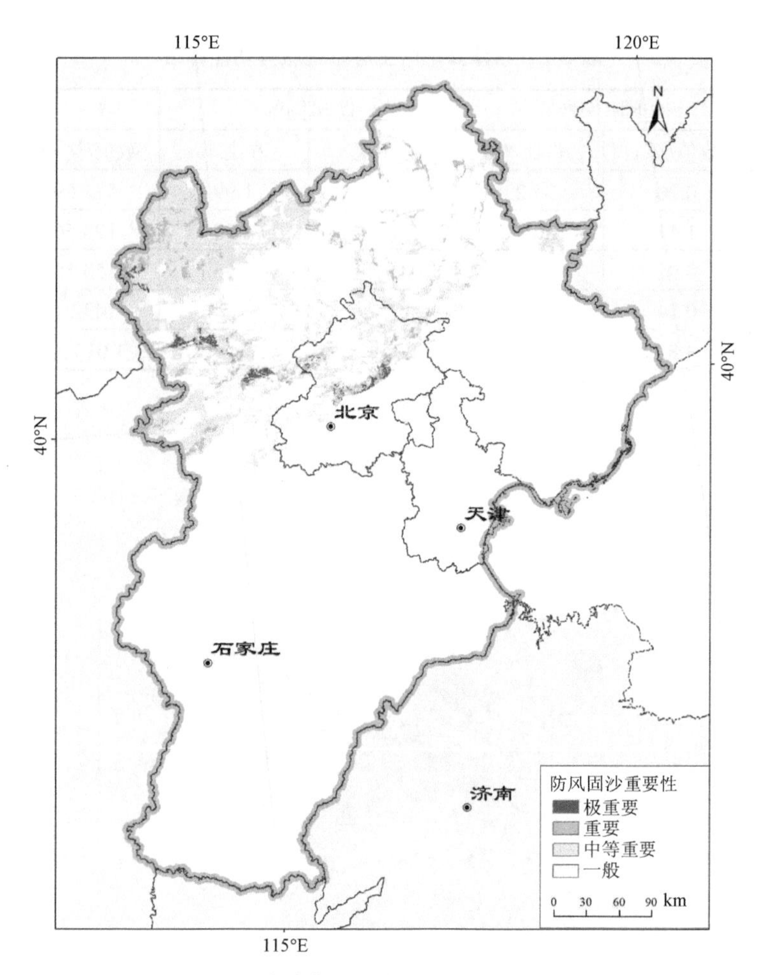

图 3-3 京津冀地区防风固沙重要性评价

（4）区域生态系统服务功能综合评价

根据区域土壤保持、水源涵养、防风固沙等生态系统服务功能重要性评价结果，土壤保持功能极重要区和重要区分别占区域总面积的 25.22%和 36.89%，主要分布在承德、北京、唐山、秦皇岛和保定等地。防风固沙功能极重要区和重要区分别占区域总面积的 1.99%和 2.58%，主要分布在张家口与承德的坝上地区。水源涵养功能极重要区和重要区分别占区域总面积的 51.48%和 19.56%，主要分布在承德、张家口、北京、唐山、秦皇岛和保定等地（表 3-2、图 3-4）。

综合土壤保持、水源涵养、防风固沙三项生态系统服务功能，京津冀地区生态系统服务功能“极重要—重要”区域面积约为 6.35 万 km^2，约占全区总土地面积的 29.4%，主要分布在西部、北部山区；人工表面覆盖比例为 10%，主要分布在西南平原区、中部地区和沿海地区。

表 3-2 京津冀地区生态系统服务功能评估

京津冀	土壤保持		防风固沙		水源涵养	
	数值/亿 t	占比/%	数值/亿 t	占比/%	数值/亿 m^3	占比/%
极重要	0.96	25.22	2.47	1.99	522.69	51.48
重要	1.41	36.89	3.19	2.58	198.56	19.56
中等重要	0.91	23.80	10.72	8.66	150.18	14.79
一般	0.54	14.10	107.47	86.78	143.91	14.17
总量	3.81		123.81		1 015.33	

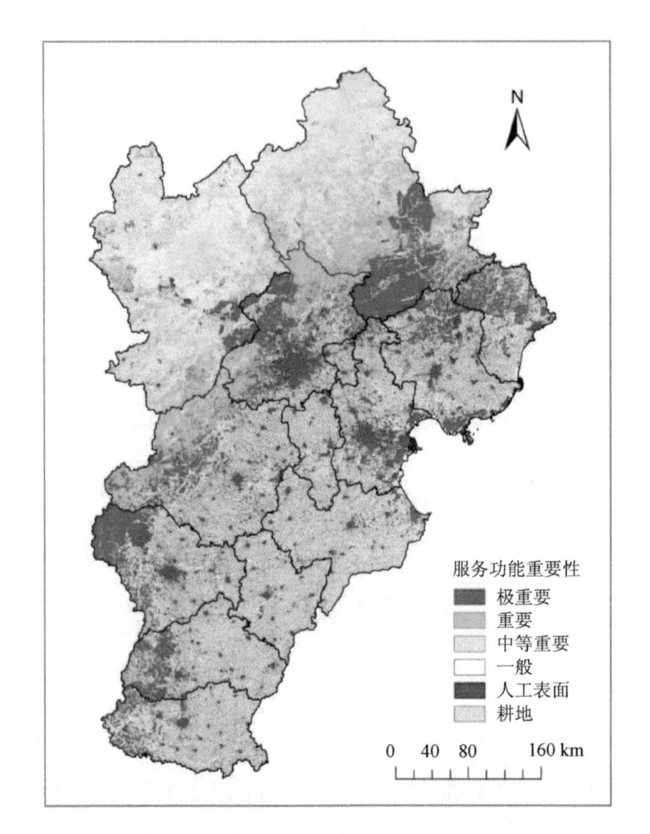

图 3-4 京津冀地区生态系统服务功能重要性布局

3.3.2 区域生态系统敏感性评价

（1）水土流失敏感性评价

京津冀地区水土流失敏感性评价结果见图 3-5，水土流失极敏感区域分布在西部和北部的太行山东坡、燕山山地、冀西北山间盆地的局部区域，占到区域总面积的 4%左右。

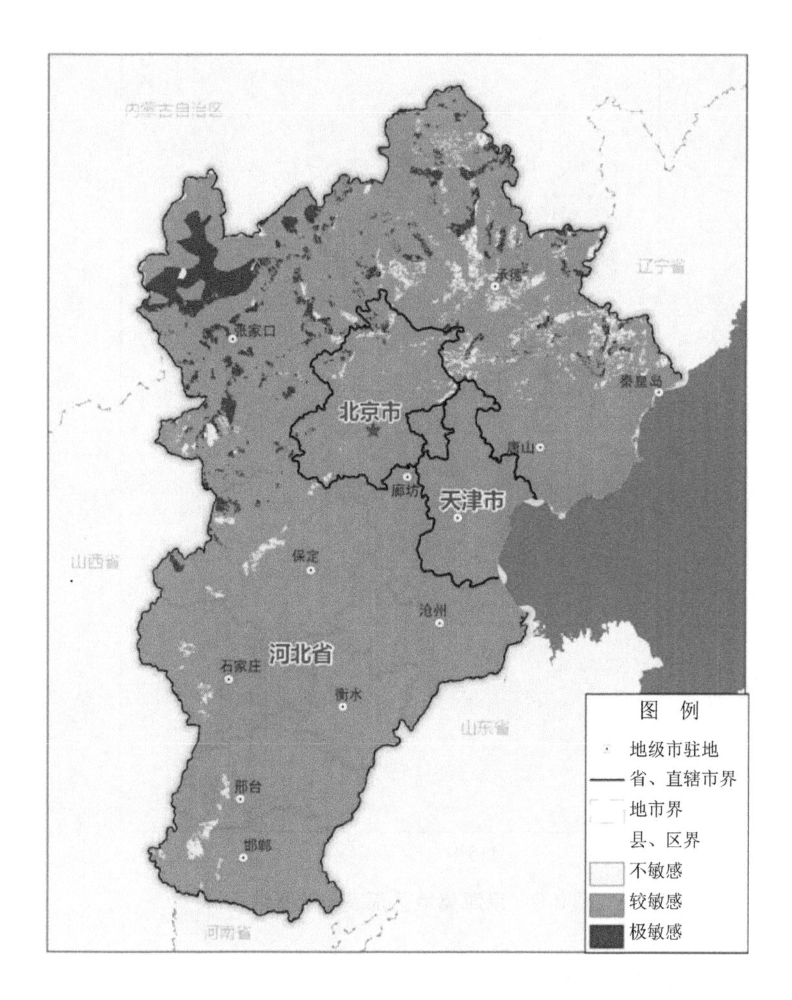

图 3-5 京津冀地区水土流失敏感性评价

（2）荒漠化敏感性评价

京津冀地区荒漠化敏感性评价结果见图 3-6，区域荒漠化敏感性较高，重点地区在河北省北部张承地区，华北平原上较易发生荒漠化的土地为永定河、潮白河下游等干涸河道地区。

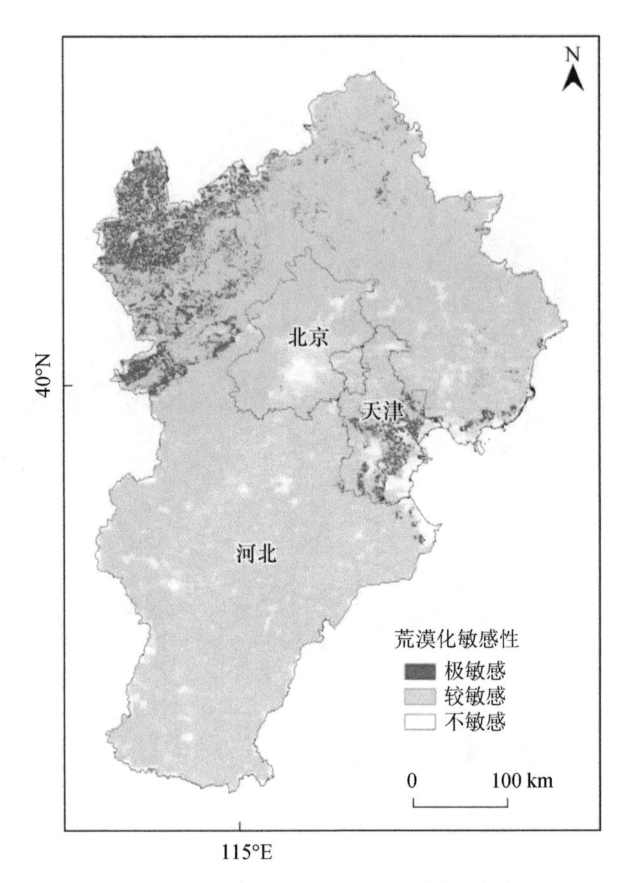

图 3-6　京津冀地区荒漠化敏感性评价

3.3.3　区域生态保护重点关注区域

（1）重点生态功能区

根据《全国主体功能区规划》，京津冀地区共有一处国家重点生态功能区，即浑善达克沙漠化防治生态功能区。河北省的坝上高原风沙防治区位于此区内，包括张家口市张北县、沽源县、康保县、尚义县，承德市丰宁满族自治县、围场满族蒙古族自治县，生态功能重要性较高，对维护华北区域生态安全具有重要作用。

根据《北京市主体功能区规划》《天津市主体功能区规划》《河北省主体功能区规划》，河北省共有两处省级重点生态功能区（包括冀北燕山山区和冀西太行山山区）和一处国家级重点生态功能区，区域总面积 90 786 km^2，人口 940.24 万人，分别占全省总面积的 48.37%和全省总人口的 12.98%。该区域关系京津冀地区水资源和生态安全，是京津冀地区生态安全的重要屏障。北京市生态涵养发展区、天津市生态涵养发展区纳入重点生态功能区统计范围（表 3-3、图 3-7）。

表 3-3 京津冀地区重点生态功能区

地区	名称	类型	级别	面积/km^2	范围
北京市	生态涵养发展区	水源涵养	省级	11 259.3	门头沟区、平谷区、怀柔区、密云区、延庆区，以及昌平区和房山区的山区部分
天津市	生态涵养发展区	—	省级	3 021.6	蓟州区、宁河区
河北省	浑善达克沙漠化防治生态功能区	防风固沙	国家级	31 591	张家口市张北、沽源、康保、尚义；承德市丰宁、围场
	冀北燕山山区	水源涵养、水土保持、生物多样性	省级	37 453	唐山市迁西；秦皇岛市富宁、青龙满族自治区；承德市承德、滦平、兴隆、宽城；张家口市赤城、崇礼、阳原、蔚县、涿鹿、怀安、怀来、宣化、万全
	冀西太行山山区	水源涵养、水土保持	省级	21 742	石家庄市平山、井陉、赞皇、灵寿；保定市涞源、阜平、涞水、易县、唐县、曲阳、顺平；邢台市、临城、内丘；邯郸市涉县

注：天津市生态涵养发展区域是指具有较好的农业生产条件，并对全市生态安全起着重要作用的区域，是保障本市生态安全和农产品供给的重要区域，也是未来城市空间拓展的后备区域。

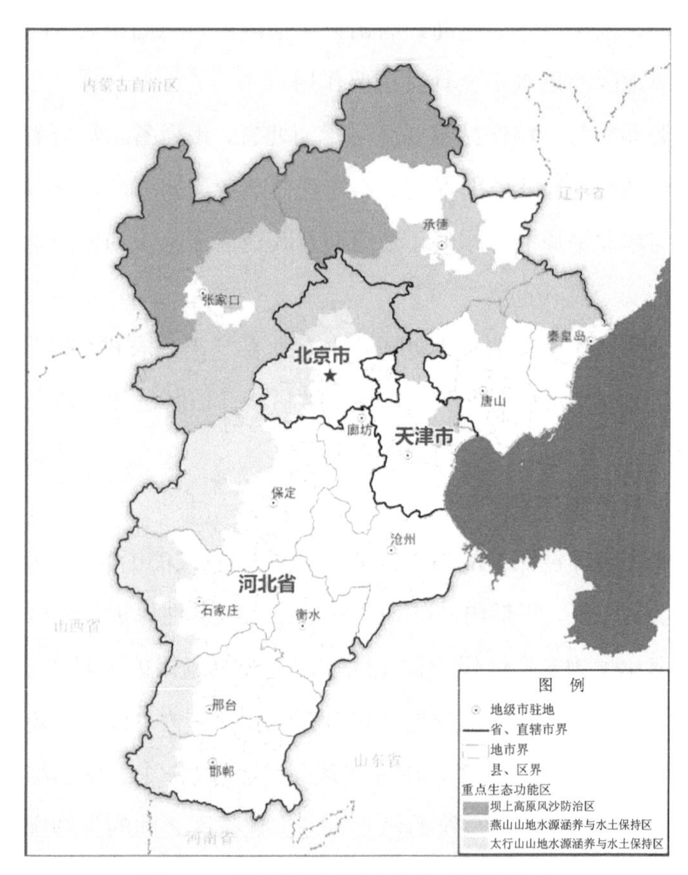

图 3-7 京津冀地区重点生态功能区分布

（2）重要生态功能区

根据《全国生态功能区划（修编版）》，京津冀地区共有 3 处重要生态功能区，包括京津冀北部水源涵养重要区、太行山区水源涵养与土壤保持重要区以及浑善达克沙地防风固沙重要区（表 3-4）。

表 3-4 京津冀地区重要生态功能区

名称	类型	范围
京津冀北部水源涵养重要区	水源涵养	北京市密云、延庆、怀柔、昌平、平谷，天津市蓟州，河北省承德、张家口、秦皇岛、唐山
太行山区水源涵养与土壤保持重要区	水源涵养、土壤保持	河北省的保定、石家庄、邢台、邯郸、张家口
浑善达克沙地防风固沙重要区	防风固沙	河北省承德

京津冀北部水源涵养重要区包括密云水库、官厅水库、于桥水库、潘家口水库等重要水源地，以及滦河、潮河上游源头。北京市密云、延庆、怀柔、昌平、平谷，天津市蓟州，河北省承德、张家口、秦皇岛、唐山位于该区内，总面积为 51 129 km^2。该区的水源涵养对京津冀地区的供水安全具有重要作用。

太行山区水源涵养与土壤保持重要区位于河北省、山西省与河南省交界处。北京市的房山、门头沟和昌平，河北省的保定、石家庄、邢台、邯郸、张家口位于该区内。太行山是黄土高原与华北平原的分水岭，是海河及其他诸多河流的发源地，其水源涵养功能对保障区域生态安全极其重要。

浑善达克沙地防风固沙重要区地处阴山北麓东部半干旱农牧交错带、燕山山地、坝上高原。河北省北部承德市位于此防风固沙重要区内。该区是北京市乃至华北地区主要沙尘暴源区。

（3）生物多样性保护优先区

根据《中国生物多样性保护战略与行动计划（2011—2030 年）》，京津冀地区共有 2 个生物多样性保护优先区，包括内陆陆地和水域生物多样性保护优先区域中的太行山区（部分）、海洋与海岸生物多样性保护优先区域中的黄渤海保护区域（部分）（表 3-5）。

北京市、天津市以及河北省部分地区包含在太行山区内。该区已建立国家级自然保护区 18 个、国家级森林公园 43 个、国家级风景名胜区 13 个、国家级水产种质资源保护区 12 个。要加强该地区生态系统的修复，建立保护区之间的生物廊道，恢复优先区内已退化的环境。

表 3-5 京津冀地区生物多样性保护优先区

类别	名称	范围
内陆陆地和水域生物多样性保护优先区域	太行山区	北京市、天津市以及河北省部分地区
海洋与海岸生物多样性保护优先区域	黄渤海保护区域	河北省唐海、黄骅滨海湿地和天津市的汉沽、塘沽、大港盐田湿地

河北省唐海、黄骅滨海湿地和天津市的汉沽、塘沽、大港盐田湿地在黄渤海保护区域内，该区海洋资源丰富，海洋沿岸湿地是鸟类的重要栖息地，也是海洋生物的产卵场、索饵场和越冬场，要加强对该区域内湿地的恢复与保护。

（4）各类禁止开发区

自然保护区：如表 3-6 所示，京津冀地区自然保护区共有 59 处，总面积 8 594.03 km^2，占全地区面积的 3.94%。其中，国家级自然保护区 18 处，面积 3 222.26 km^2；省（市）级自然保护区 41 处，面积 5 371.77 km^2。

表 3-6 京津冀地区自然保护区情况

地区	总数/个	总面积/km^2	国家级		省（市）级	
			数量/个	面积/km^2	数量/个	面积/km^2
北京市	14	963	2	264	12	699
天津市	7	947.16	3	421.73	4	525.43
河北省	38	6 683.87	13	2 536.53	25	4 147.34
总计	59	8 594.03	18	3 222.26	41	5 371.77

风景名胜区：如表 3-7 所示，京津冀地区风景名胜区共有 59 处，总面积 9 359.33 km^2，占全地区面积的 4.29%。其中，国家级风景名胜区 13 处，面积 4 744.21 km^2；省（市）级风景名胜区 46 处，面积 4 615.12 km^2。

表 3-7 京津冀地区风景名胜区情况

地区	总数/个	总面积/km^2	国家级		省（市）级	
			数量/个	面积/km^2	数量/个	面积/km^2
北京市	10	1 895	2	371	8	1 524
天津市	1	106	1	106	0	0
河北省	48	7 358.33	10	4 267.21	38	3 091.12
总计	59	9 359.33	13	4 744.21	46	4 615.12

森林公园：如表 3-8 所示，京津冀地区森林公园共有 118 处，总面积 5 886.95 km^2，占全地区面积比重的 2.7%。其中，国家级森林公园 43 处，面积 3 695.18 km^2；省（市）级森林公园 75 处，面积 2 191.76 km^2。

表 3-8 京津冀地区森林公园情况

地区	总数/个	总面积/km^2	国家级		省（市）级	
			数量/个	面积/km^2	数量/个	面积/km^2
北京市	24	781	15	685	9	96
天津市	1	21.26	1	21.26	0	0
河北省	93	5 084.69	27	2 988.92	66	2 095.76
总计	118	5 886.95	43	3 695.18	75	2 191.76

地质公园：如表 3-9 所示，京津冀地区地质公园共有 21 处，总面积 4 604.1 km^2，占全地区面积比重的 2.11%。其中，世界地质公园 2 处，面积 322 km^2；国家地质公园 15 处，面积 3 586.2 km^2；省（市）地质公园 4 处，面积 695.9 km^2。

表 3-9 京津冀地区地质公园情况

地区	总数/个	总面积/km^2	国际级		国家级		省（市）级	
			数量/个	面积/km^2	数量/个	面积/km^2	数量/个	面积/km^2
北京市	6	936	0	0	5	908	1	28
天津市	1	342	0	0	1	342	0	0
河北省	14	3 326.1	2	322	9	2 336.2	3	667.9
总计	21	4 604.1	2	322	15	3 586.2	4	695.9

湿地公园：如表 3-10 所示，依据《国家湿地公园名录》，京津冀地区湿地公园共有 20 处，总面积 511.79 km^2，占全地区面积比重的 0.23%。其中，国家级湿地公园 9 处，面积 239.09 km^2；省（市）级自然保护区 11 处，面积 272.7 km^2。

表 3-10 京津冀地区湿地公园情况

地区	总数/个	总面积/km^2	国家级		省（市）级	
			数量/个	面积/km^2	数量/个	面积/km^2
北京市	1	68.73	1	68.73	0	0
河北省	19	443.06	8	170.36	11	272.7
总计	20	511.79	9	239.09	11	272.7

自然文化遗产：如表 3-11 所示，京津冀地区共有自然文化遗产 500 处，其中国际级自然文化遗产 7 处，国家级自然遗产 134 处，省（市）级自然遗产 359 处。

表 3-11 京津冀地区自然文化遗产情况

地区	总数/个	世界级/个	国家级/个	省（市）级/个
北京市	6	6	0	0
天津市	0	0	0	0
河北省	494	1	134	359
总计	500	7	134	359

水产种质资源保护区：京津冀地区国家级水产种质资源保护区共有 17 处，均位于河北省，总面积 712.22 km^2，占全地区面积比重的 0.33%。

（5）其他重要地区

①重要湿地。依据 2000 年中国国务院 17 部委联合发布的《中国湿地保护行动计划》及其附录《中国重要湿地名录》，京津冀地区共有 10 处国家级重要湿地，分别位于河北省、天津市和北京市（表 3-12）。

表 3-12 京津冀地区重要湿地

编号	名称	所在地	级别
1	北戴河沿海湿地	秦皇岛市北戴河	国家级
2	沧州南大港湿地	沧州市南大港	国家级
3	白洋淀湿地	保定市安新、雄县、容城、高阳，沧州市任丘	国家级
4	滦河河口湿地	唐山市乐亭、秦皇岛市昌黎	国家级
5	昌黎黄金海岸湿地	秦皇岛市昌黎	国家级
6	张家口坝上湿地	张家口市沽源、康保、尚义、张北	国家级
7	衡水湖湿地	衡水市桃城、冀州	国家级
8	天津古海岸湿地	天津市宁河	国家级
9	天津北大港湿地	天津市滨海新区	国家级
10	密云水库湿地	北京市密云	国家级

②海洋特别保护区。京津冀地区共有 1 个国家级海洋特别保护区，即天津大神堂牡蛎礁国家级海洋特别保护区，位于渤海湾西北部，天津滨海新区汉沽大神堂东南部浅海区域。总面积 3 400 hm^2，其中重点保护区 1 630 hm^2，生态与资源恢复区 870 hm^2，适度利用区 900 hm^2。保护区作为渤海湾比较典型的底栖生物生态区，贝类生物资源丰富，主要包括大连湾牡蛎、长牡蛎、密鳞牡蛎、平濑掌扇贝、毛蚶、日本镜蛤、脉红螺等，曾是渤海三大毛蚶渔场之一，丰富的海洋生物资源和独特的地理环境共同构成了北方高纬度海域独特的活牡蛎礁生态系。该区域现存的牡蛎礁是迄今发现的我国北方纬度最高的现代活体牡蛎礁。

3.3.4 生态空间

（1）陆域生态空间

依据京津冀地区生态系统服务功能重要性评价、生态系统敏感性评价，结合生态保护重点关注区域等，总结得出京津冀地区生态空间（表 3-13、图 3-8）。包括生态功能极重要区、生态环境极敏感/脆弱区、重点（要）生态功能区、生物多样性保护优先区、禁止开发区、其他重要地区等。京津冀生态保护地区面积占区域面积的比例为 51.7%，其中，北京市生态空间占其市域面积的比例为 70.2%，天津市生态空间占其市域面积的比例为 37.8%、河北省生态空间占其省域面积的比例为 51.0%，这些区域是需要严格保护的地区，作为区域生态保护红线方案调整的依据。

表 3-13 京津冀地区陆域生态空间分布表

类型	北京		天津		河北		合计	
	面积/km^2	占比/%	面积/km^2	占比/%	面积/km^2	占比/%	面积/km^2	占比/%
生态功能极重要区	5 619	34.2	2 434	20.4	45 145	24.1	53 198	24.6
生态环境敏感/脆弱区	4 262	26.0	255	2.1	39 056	20.8	43 573	20.2
重点（要）生态功能区	11 259	68.6	3 022	25.3	90 786	48.4	105 067	48.6
生物多样性保护优先区	9 044	55.1	554	4.6	17 290	9.2	26 888	12.4
禁止开发区	3 023	18.4	1 492	12.4	18 488	9.9	23 003	10.6
其他重要地区	145	0.9	228	1.9	555	0.3	928	0.4
合计（不计重复）	11 526	70.2	4 499	37.8	95 721	51.0	111 746	51.7

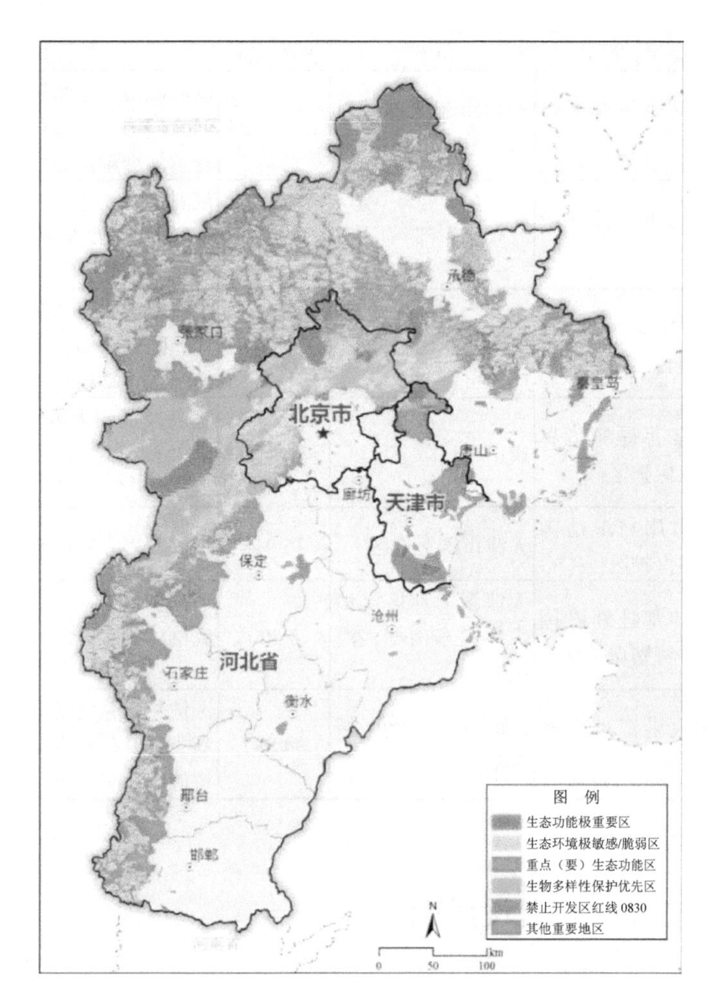

图 3-8 京津冀地区陆域生态空间分布

（2）海域生态保护地区

京津冀地区海域生态空间主要包括区内现存自然岸线、各类海洋和海岸保护区，各类保护区详见表 3-14。

表 3-14 京津冀地区海洋和海岸保护区

区域	各类保护区	位置	面积/hm^2	保护对象
河北省	河北昌黎黄金海岸国家级自然保护区	河北省昌黎县沿海	30 000	海岸沙丘、沙堤、潟湖、林带和海洋生物等构成的沙质海岸自然景观，文昌鱼栖息地，黑嘴鸥等鸟类栖息地
	北戴河海滨鸟类自然保护区	赤土山以东，海滨林场西部的赤土河下游河口地区	172.8	生境类型包括海滩湿地、河流（口）湿地、滨岸沼泽湿地、海岸防护林等，保护对象为迁徙候鸟

区域	各类保护区	位置	面积/hm^2	保护对象
河北省	南大港湿地和鸟类自然保护区	沧州市东北部，以南大港水库为中心	13 380.24	滨海湿地生态系统，包括水库湿地、河流湿地、滨岸沼泽湿地、盐田湿地、养殖池塘湿地等生境和水生动植物
	海兴湿地和鸟类省级自然保护区	海兴县东部	26 000	滨海湿地生态系统，包括水库、滨岸沼泽、盐田、养殖池塘湿地等生境和水生动植物
	唐海（曹妃甸）湿地和鸟类省级自然保护区	唐海县西南部	11 064	滨海湿地生态系统，包括滨岸沼泽湿地、稻田、水库、养殖池塘湿地等生境和水生动植物
	河北乐亭菩提岛诸岛省级自然保护区	唐山市	3 774.7	海岛及周边海域自然生态环境、岛陆及海洋生物共同组成的海岛生态系统
天津市	天津古海岸与湿地国家级自然保护区	天津市滨海地区	35 913	古贝壳堤、牡蛎滩及七里海湿地
	天津大神堂牡蛎礁国家级海洋特别保护区	天津滨海新区汉沽大神堂东南部浅海区域	3 400	底栖生物生态区，活牡蛎礁
	天津北大港湿地自然保护区	滨海新区大港区域南部	34 887	湿地生态系统及其生物多样性，包括鸟类和其他野生动物、珍稀濒危物种资源

3.4 区域生态保护与建设成就

自改革开放以来，京津冀地区高度重视生态环境保护工作，不断加快推进生态保护与建设，取得积极成效。

3.4.1 各地生态保护与建设成就

京津冀地区在造林绿化、治理水土流失、防风固沙等生态环境建设方面取得了巨大成就。

北京市先后实施了京津风沙源治理、重点通道绿化、城市绿化隔离带建设、郊野公园、新城万亩滨河森林公园、废弃矿山植被恢复、重点湿地和自然保护区建设等多项重点建设工程，自然保护区达到 20 个（国家级 2 个）；基本建成了三道绿色生态屏障，平原地区百万亩大造林基本完成，全市林木绿化率达到 59%；建成 2 个国家生态县、11 个国家级生态示范区，以及一批环境优美乡镇和生态文明村。

天津市开展了渤海湾生态监控区监视监察工作，长期跟踪监测评估渤海湾生态系统健康状况，将汉沽、塘沽和大港油田湿地和汉沽浅海区纳入生物多样性国家级优先区域，目前共建成 2 个国家级海洋保护区，面积约 393.13 km^2。积极开展近岸海域生态环境重建工作，先后在北塘、汉沽等近岸海域开展人工鱼礁建设活动。林地、水源地、湿地、滩涂绿地得到切实保护，林木覆盖率提高到 25%。生态创建示范工作不断取得进展，全市共有 21 个镇获得国家生态示范镇命名。恢复建设鹦鹉洲、白鹭洲两处鸟类栖息地及永定洲生境演替区，初步形成了湖水、河流、湿地、绿地有机结合的复合生态系统。

河北省实施了生态建设，打造绿色屏障，持续实施“三北”防护林、京津风沙源治理、退耕还林、绿色矿山和近岸海域保护等工程建设。近年来，水利基础设施和民生水利建设取得重大进展，防洪减灾体系进一步完善，耕地与基本农田得到有效保护，全省基本农田面积为 58 700 km^2，占全省面积的 31.27%。河北省海洋局组织开展了河北近岸海域海水环境监测、海洋生物多样性监测、赤潮监控区监测以及赤潮、溢油应急监测工作，布设了 30 个海水环境监测站位，近岸海域功能区达标率保持在 100%。山水林田湖海生态功能得到改善，水土流失和风沙区得到治理，森林覆盖率达到 28%，湿地保护率达到 38.0%。河北省现有自然保护区 46 处，面积为 7 023 km^2。

3.4.2 区域生态保护合作

根据资料[①]，针对冀北地区（张家口和承德）长期以来作为京津两大直辖市的重要生态屏障和主要水源地，在经济发展上做出重大牺牲的事实，京、津、冀三地不断探索在生态建设一体化上的体制机制。这一探索最初是采用三地省级政府协商或合作备忘的模式。2005 年，北京市通过实施京承水资源环境治理合作项目，为承德市每年提供一定金额的补偿资金；2006 年 10 月和 2008 年 12 月，北京市政府与河北省政府两次召开经济与社会发展合作座谈会，北京市人民政府和河北省人民政府签署了《关于加强经济与社会发展合作备忘录》和《关于进一步深化经济社会发展合作的会谈纪要》，就如何开展水资源环境治理合作达成了一系列共识。2005—2009 年，北京市安排水资源环境治理合作资金 1 亿元支持密云和官厅水库上游承德和张家口地区治理水污染，发展节水产业；2009—2011 年，北京市安排资金 1 亿元支持河北省丰宁、滦平、赤城、怀来四县营造生态水源保护林 20 万亩。2006 年，北京市和河北省合作在张家口黑河流域实施“稻改旱”工程，并逐步扩大到承德等地区，北京市对进行“稻改旱”的农民进行补偿，补偿资金逐步由开始的每年 450 元/亩提高到 550 元/亩；2007 年，北京市启动了以承德、张家口

① 肖金成，马燕坤. 京津冀空间布局优化与河北的着力点[J]. 全球化，2015（12）：17-31，33.

为主要区域的支持周边欠发达地区发展基金；2009 年，北京市政府与河北省政府合作开展了生态水源保护林建设。同时，北京市通过产业转移和异地发展方式支持上游地区经济发展，北京农产品加工企业进入承德，合作涉及种植、养殖、农业循环经济等。此外，京张两地政府围绕旅游开发、农产品基地建设、产业结构升级中的转移和承接等签约多项合作项目。

在津冀生态合作上，2008 年，津冀签署了《关于加强经济与社会发展合作备忘录》，其中包括两省市加强水资源和生态环境保护合作事宜，确定天津市财政在 2009—2012 年每年安排 2 000 万元专项资金支持河北省境内对维护引滦水源水质有直接作用的生态治理项目。天津市和河北省将共同加强水源地保护，共同推动潘家口、大黑汀水库水源地的保护规划实施工作，加大天津市在河北省境内实施的“引滦水源保护工程”的合作力度；2011—2014 年，天津市每年安排专项资金 3 000 万元，用于河北省境内引滦水源保护工程。

4

区域生态现状、变化趋势及主要问题

依据资料统计、生态环境监测数据、土地利用数据等，分析区域生态系统类型与分布、生态系统质量、生态系统服务功能的现状与变化，识别区域生态系统重大生态问题，分析生态问题的驱动因素。

4.1 生态系统格局及其变化

4.1.1 生态系统构成与分布

（1）生态系统类型以农田和森林生态系统为主

如图 4-1 所示，京津冀地区生态系统类型以农田和森林生态系统为主，2015 年，京津冀地区农田生态系统和森林生态系统面积分别为 94 676 km^2 和 71 085 km^2，分别占京津冀地区面积的 43.8%和 32.8%，两者面积比例达到 76.6%。京津冀地区森林生态系统主要涵盖常绿阔叶林、落叶阔叶林、常绿针叶林、落叶针叶林和针阔混交林五种森林类型，其中以落叶阔叶林为主，占整个森林生态系统的 93%以上。

如图 4-2 所示，北京市以森林生态系统为主，森林生态系统面积占比为 55.20%，农田（对应于耕地）和城镇生态系统（对应于人工表面）所占面积相当，均为 18%左右，湿地面积相对较少，仅占 1.84%。天津市以农田生态系统为主，面积占比为 50.30%，城镇生态系统和湿地生态系统面积相对较高，分别占区域总面积的 26.83%和 15.95%，森林生态系统面积较少，仅占 4.69%。河北省以农田生态系统和森林生态系统为主，面积占比分别为 45.52%和 32.73%，城镇生态系统面积相对很少，仅占 9.68%。雄安新区以农田生态系统为主，农田生态系统面积占比为 68.97%，湿地和城镇生态系统面积分别占区域总面积的 12.69%和 16.89%（图 4-3）。

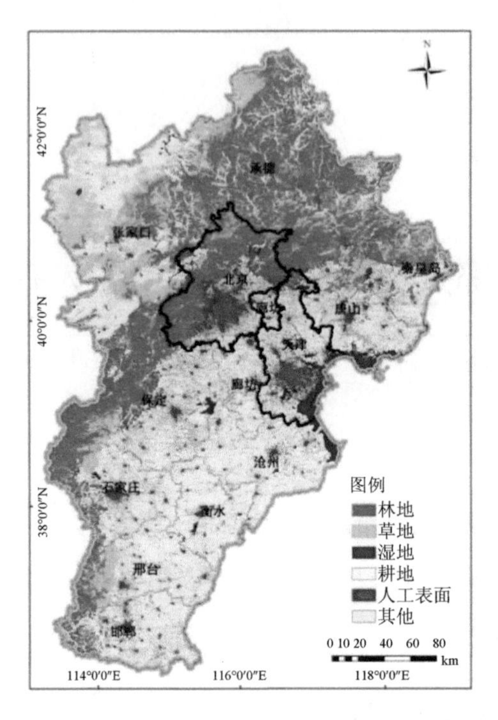

图 4-1 2015 年京津冀地区生态系统类型分布

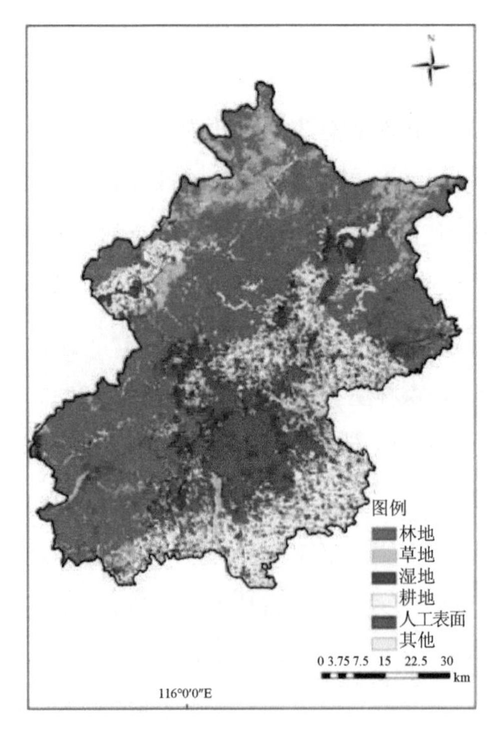

（a）北京市

（b）天津市

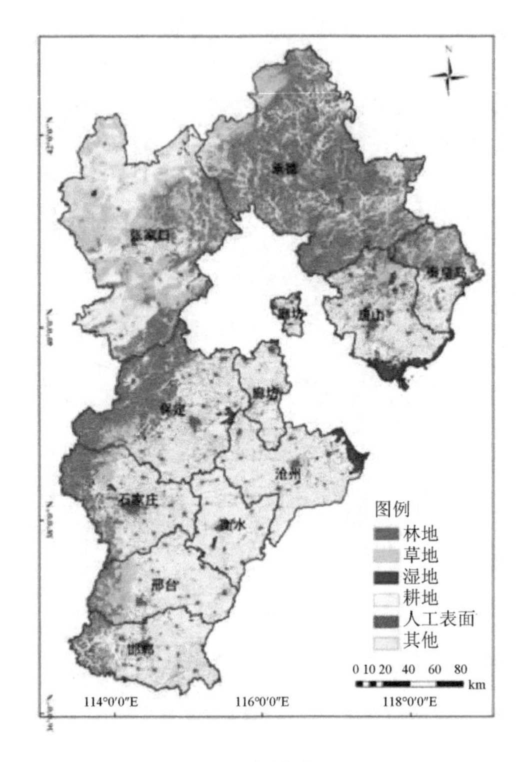

（c）河北省

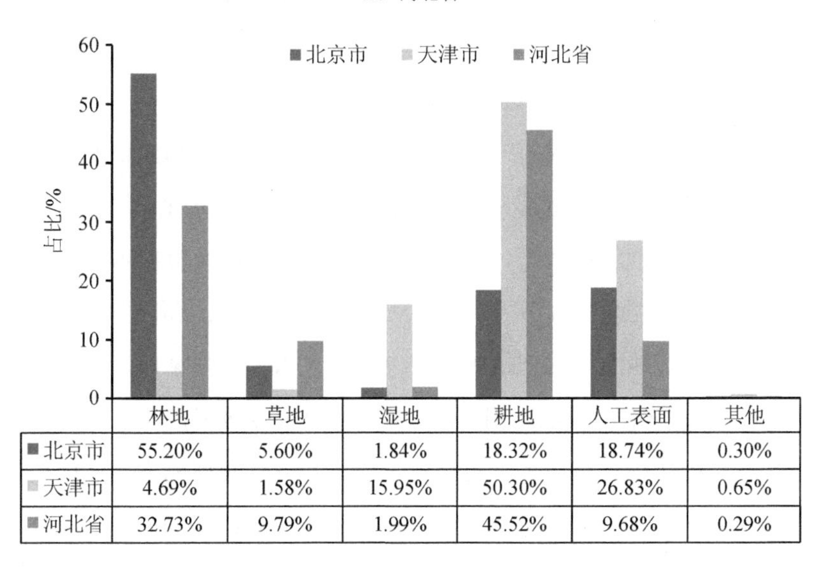

	林地	草地	湿地	耕地	人工表面	其他
北京市	55.20%	5.60%	1.84%	18.32%	18.74%	0.30%
天津市	4.69%	1.58%	15.95%	50.30%	26.83%	0.65%
河北省	32.73%	9.79%	1.99%	45.52%	9.68%	0.29%

（d）三省（市）对比

图 4-2　2015 年三省（市）生态系统类型现状

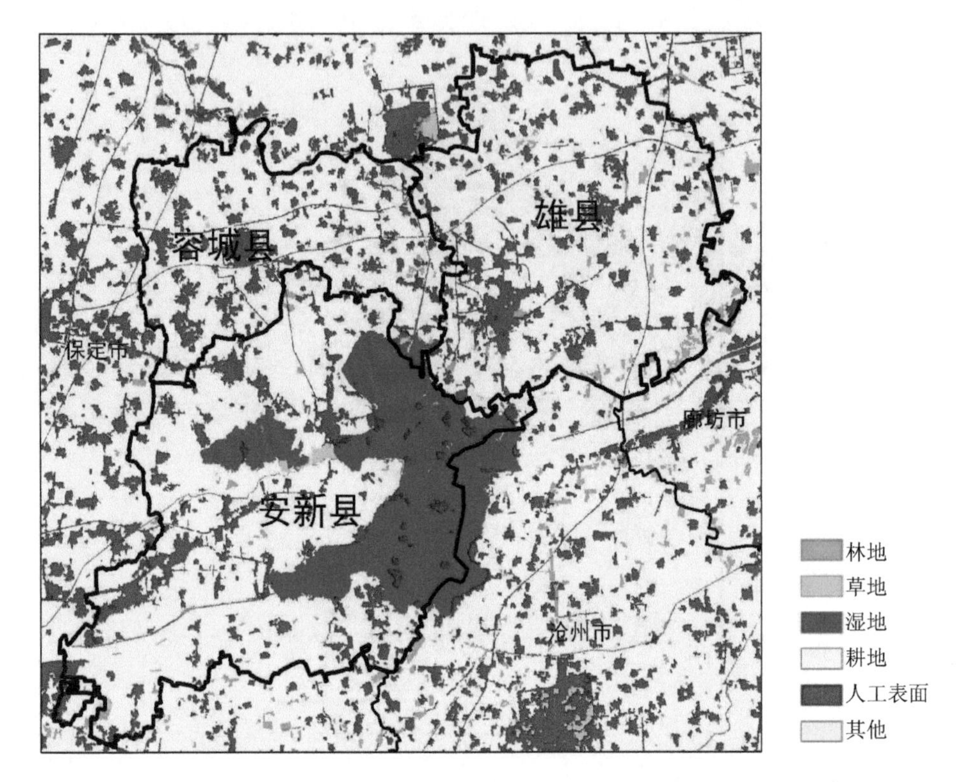

图 4-3 2015 年雄安新区土地覆被现状

（2）生态系统类型空间分布特征

森林、草地和农田是各地级市的主要覆盖类型，除了天津和唐山两个城市，其他城市的森林、草地和农田比例都超过 80%。由于城市群的地理位置和地貌特征，森林多分布在北部及西北部地区，包括承德、北京、秦皇岛和保定；城市群东部和东南部地区是辽阔的平原地区，覆盖类型以农田为主，包括沧州、衡水、廊坊和邯郸。由于濒临渤海，天津、唐山和沧州是湿地面积比例最大的 3 个城市。承德、张家口、邢台和邯郸市湿地面积比例最小的 4 个城市，面积比例不足 1%。作为重点城市，北京、天津和唐山具有最大的城镇生态系统面积比例，廊坊的地理位置使其具有相似的人工表面比例。张家口是一个比较特别的城市，由于它的地理位置，草地面积比例远远大于其他城市，达到 28.7%，具有和森林相似的面积比例。

2015 年，各地区生态系统类型见图 4-4。森林总面积 71 019 km^2，其中承德最高 29 171 km^2，占 41.07%，其次为张家口、北京和保定，分别占 14.65%、12.75%和 12.46%。草地总面积 19 478 km^2，其中张家口最高 10 291 km^2，占 52.84%，其次为邢台、石家庄，分别占 6.64%和 5.22%。湿地总面积 5 892 km^2，其中天津最高 1 862 km^2，占 31.62%，

其次为唐山和沧州，分别占 20.3%和 15.1%。农田生态系统总面积为 94 315 km^2，其中张家口最高 13 958 km^2，占 14.8%，其次为沧州和保定分别占 11.61%和 10.43%。城镇生态系统总面积为 24 367 km^2，其中天津和北京最高，分别为 3 143 km^2 和 3 075 km^2，分别占 12.9%和 12.62%，其次为唐山和保定，分别占 10.45%和 10.44%。

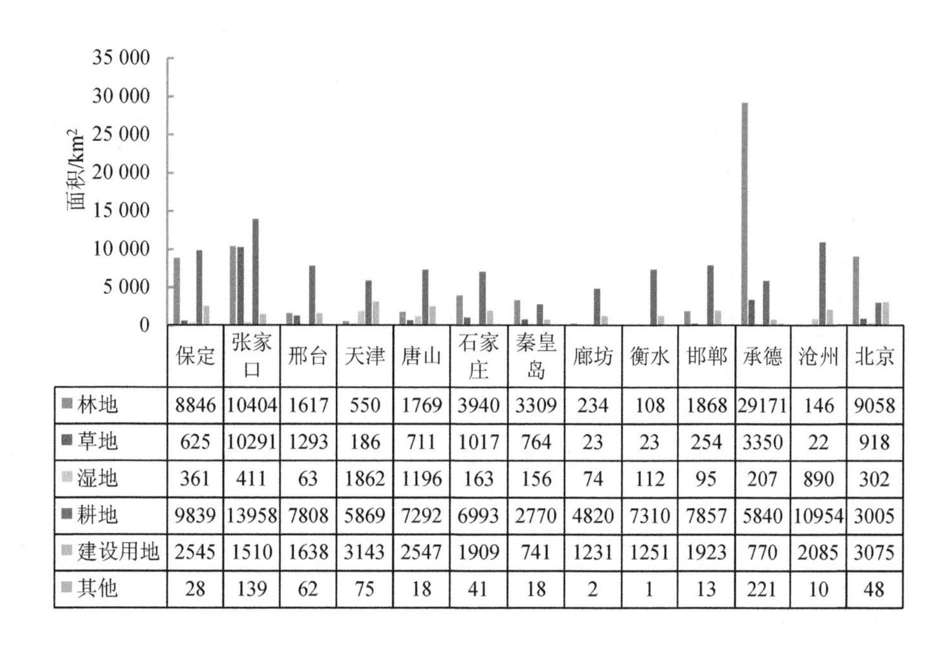

	保定	张家口	邢台	天津	唐山	石家庄	秦皇岛	廊坊	衡水	邯郸	承德	沧州	北京
林地	8846	10404	1617	550	1769	3940	3309	234	108	1868	29171	146	9058
草地	625	10291	1293	186	711	1017	764	23	23	254	3350	22	918
湿地	361	411	63	1862	1196	163	156	74	112	95	207	890	302
耕地	9839	13958	7808	5869	7292	6993	2770	4820	7310	7857	5840	10954	3005
建设用地	2545	1510	1638	3143	2547	1909	741	1231	1251	1923	770	2085	3075
其他	28	139	62	75	18	41	18	2	1	13	221	10	48

图 4-4 京津冀地区各地市生态系统类型现状

4.1.2 生态系统构成变化

1984—2015 年，京津冀地区的生态系统结构发生了显著的变化（图 4-5）。城镇生态系统面积持续增加，由 1984 年的 11 885 km^2 增加到 2015 年的 24 496 km^2，增幅达 106.12%，年均上升幅度 7.07%。林草生态系统面积也在增加，30 年间增加了 2 792 km^2，增幅为 3.18%，森林和草地生态系统增加面积分别为 1 117 km^2 和 1 675 km^2。然而，农田生态系统和湿地生态系统的面积是减少的。其中，农田生态系统面积减少最明显，从 1984 年的 109 172 km^2 减少到 2015 年的 94 676 km^2，面积减少 14 496 km^2，降幅达 13.28%，占区域面积比例也从 1984 年的 50.59%下降到 2015 年的 43.75%。湿地生态系统的面积比例减少 5.13%，但是湿地变化经历了“先增加，后减少”的过程。通过以上分析，随着城市化进程的发展，森林和湿地生态系统被保护、修复，部分半自然半人工生态系统（农田生态系统）转变为建设用地，导致城镇生态系统面积显著增加。

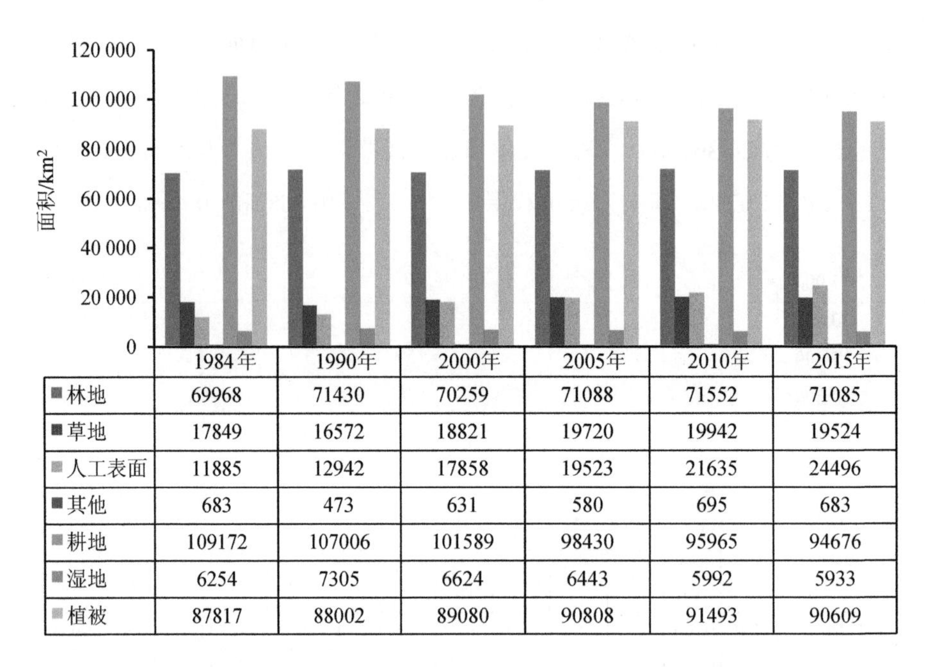

图 4-5 1984—2015 年京津冀地区生态系统类型变化

1984—2015 年，京津冀地区土地覆盖转移矩阵见表 4-1。1984—2015 年，京津冀地区森林生态系统总体增加 1 117 km^2，其中转换为其他生态系统类型的面积有 4 472 km^2，从其他生态系统类型转入森林生态系统的有 5 557 km^2，农田生态系统是转出和转入的主要类型。草地生态系统总体增加 1 675 km^2，农田生态系统是其增加的主要来源。湿地生态系统总体减少 321 km^2，转移为城镇生态系统和农田生态系统，分别为 972 km^2 和 794 km^2。农田生态系统总体减少了 14 496 km^2，主要转为了城镇生态系统 12 066 km^2。城镇生态系统总体增加了 12 611 km^2，主要来源是农田生态系统，同时 1 057 km^2 转为了农田生态系统。

1984 年、2000 年、2010 年、2015 年京津冀地区生态系统类型分布见图 4-6。

表 4-1 1984—2015 年生态系统类型转移矩阵 单位：km^2

1984 年	2015 年					
	森林	草地	湿地	农田	城镇	其他
森林	65 488	1 746	84	1 965	619	58
草地	1 832	14 301	77	1 109	448	77
湿地	80	145	4 175	794	972	78
农田	3 463	3 088	1 352	89 303	12 066	114
城镇	117	113	147	1 057	10 226	14
其他	65	94	47	89	36	333

京津翼城市群生态系统类型分布图（1984年）

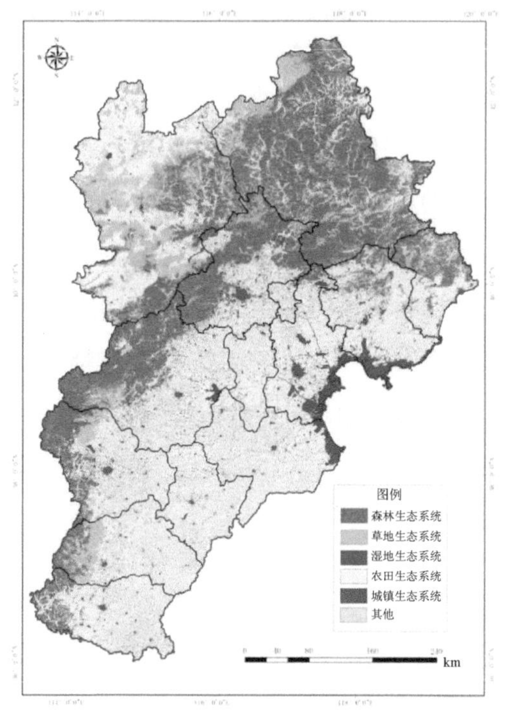

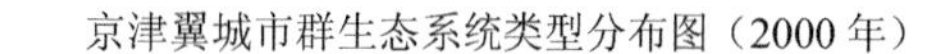

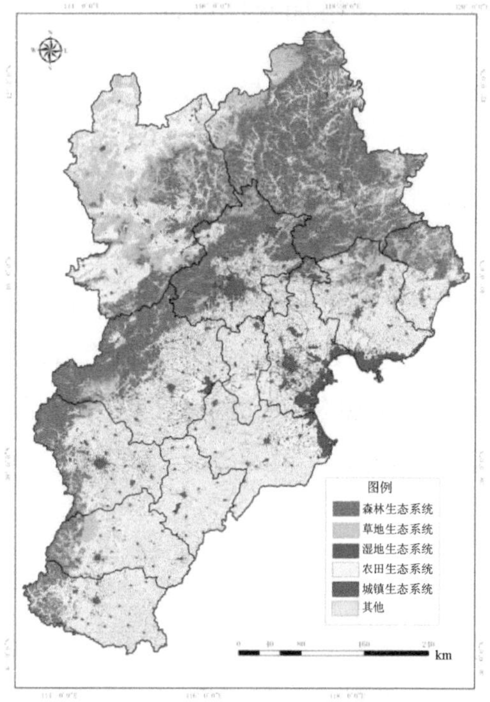

京津翼城市群生态系统类型分布图（2010年）

京津翼城市群生态系统类型分布图（2015年）

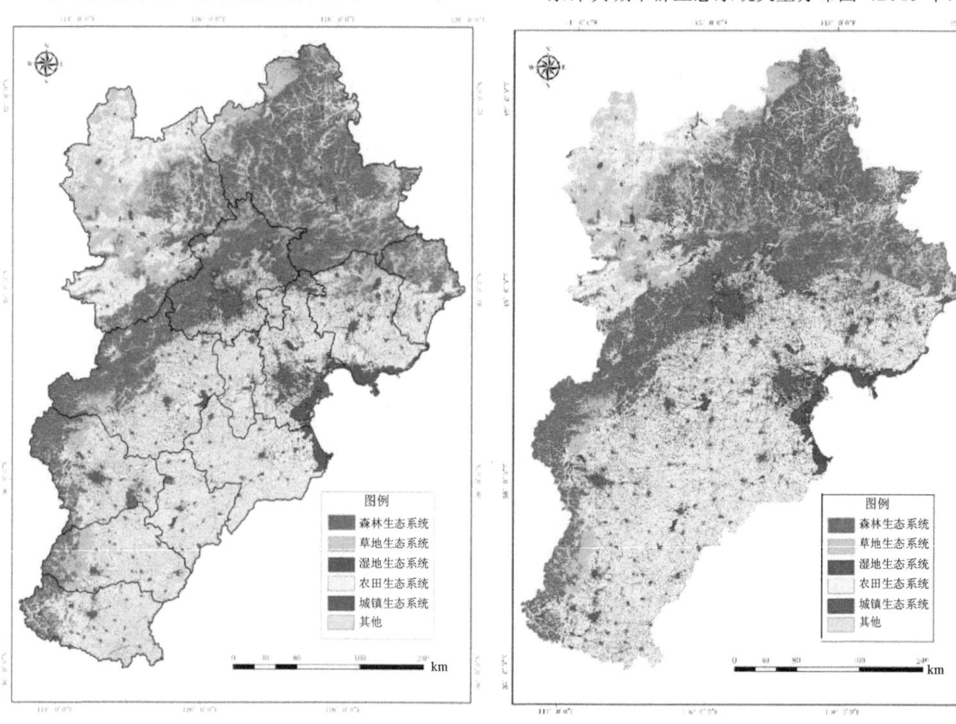

图4-6 1984年、2000年、2010年、2015年京津冀地区生态系统类型分布

4.1.3 景观格局变化特征

（1）景观水平格局变化特征

选取景观斑块密度、平均斑块面积指数等指标，评估京津冀地区生态系统格局变化。从评估结果来看，景观斑块密度出先上升后下降的趋势（图 4-7），从 1984 年的 1.58 上升到 1990 年的 2.09，然后下降到 2000 年的 0.87，并且在 2000—2015 年保持在 0.9 左右。平均斑块面积在 1984—2015 年有了显著的增加(图 4-8)，从 58.21 hm^2 增加到 95.71 hm^2，主要变化发生在 1990—2000 年，所有城市都显著增加，变化最明显的是承德，增幅 100%。说明京津冀地区城市化进程初期导致城市景观破碎度增加，景观破碎化程度在 2000 年达到峰值，随后保持稳定或稍微降低。

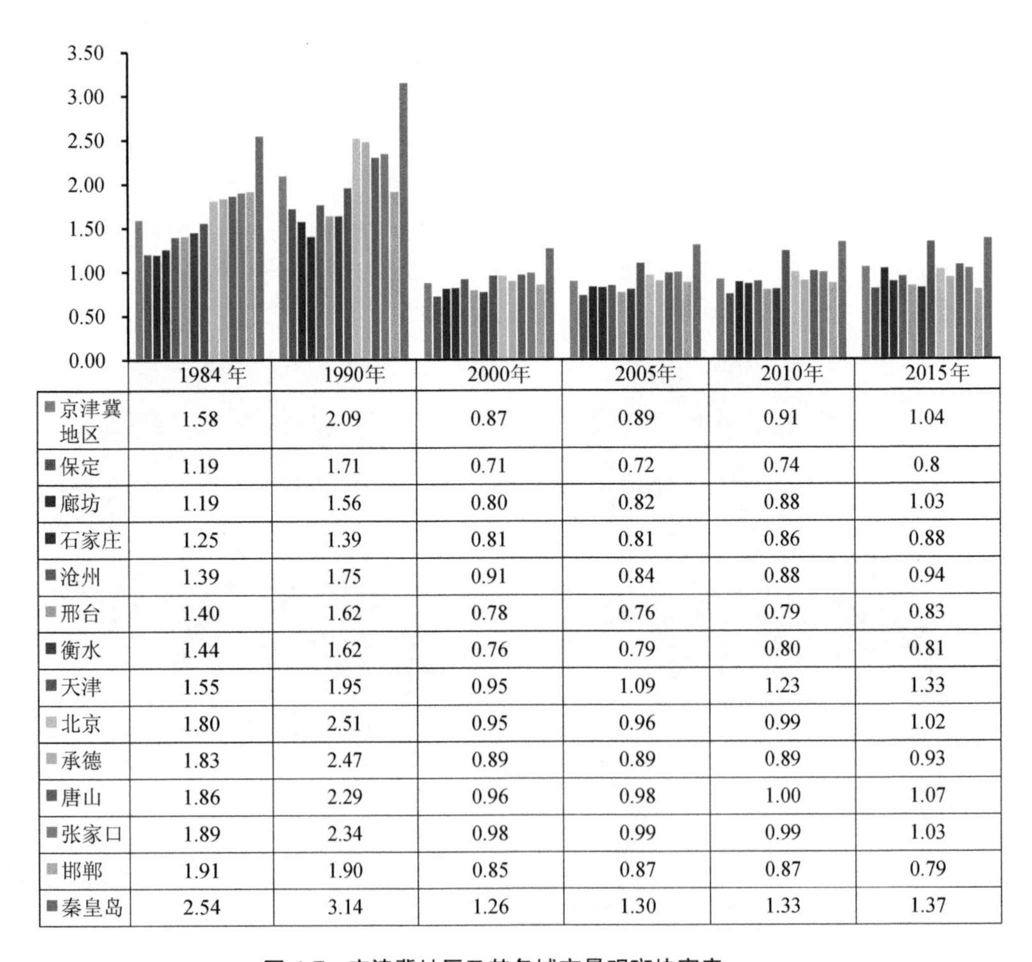

	1984 年	1990年	2000年	2005年	2010年	2015年
■京津冀地区	1.58	2.09	0.87	0.89	0.91	1.04
■保定	1.19	1.71	0.71	0.72	0.74	0.8
■廊坊	1.19	1.56	0.80	0.82	0.88	1.03
■石家庄	1.25	1.39	0.81	0.81	0.86	0.88
■沧州	1.39	1.75	0.91	0.84	0.88	0.94
■邢台	1.40	1.62	0.78	0.76	0.79	0.83
■衡水	1.44	1.62	0.76	0.79	0.80	0.81
■天津	1.55	1.95	0.95	1.09	1.23	1.33
■北京	1.80	2.51	0.95	0.96	0.99	1.02
■承德	1.83	2.47	0.89	0.89	0.89	0.93
■唐山	1.86	2.29	0.96	0.98	1.00	1.07
■张家口	1.89	2.34	0.98	0.99	0.99	1.03
■邯郸	1.91	1.90	0.85	0.87	0.87	0.79
■秦皇岛	2.54	3.14	1.26	1.30	1.33	1.37

图 4-7 京津冀地区及其各城市景观斑块密度

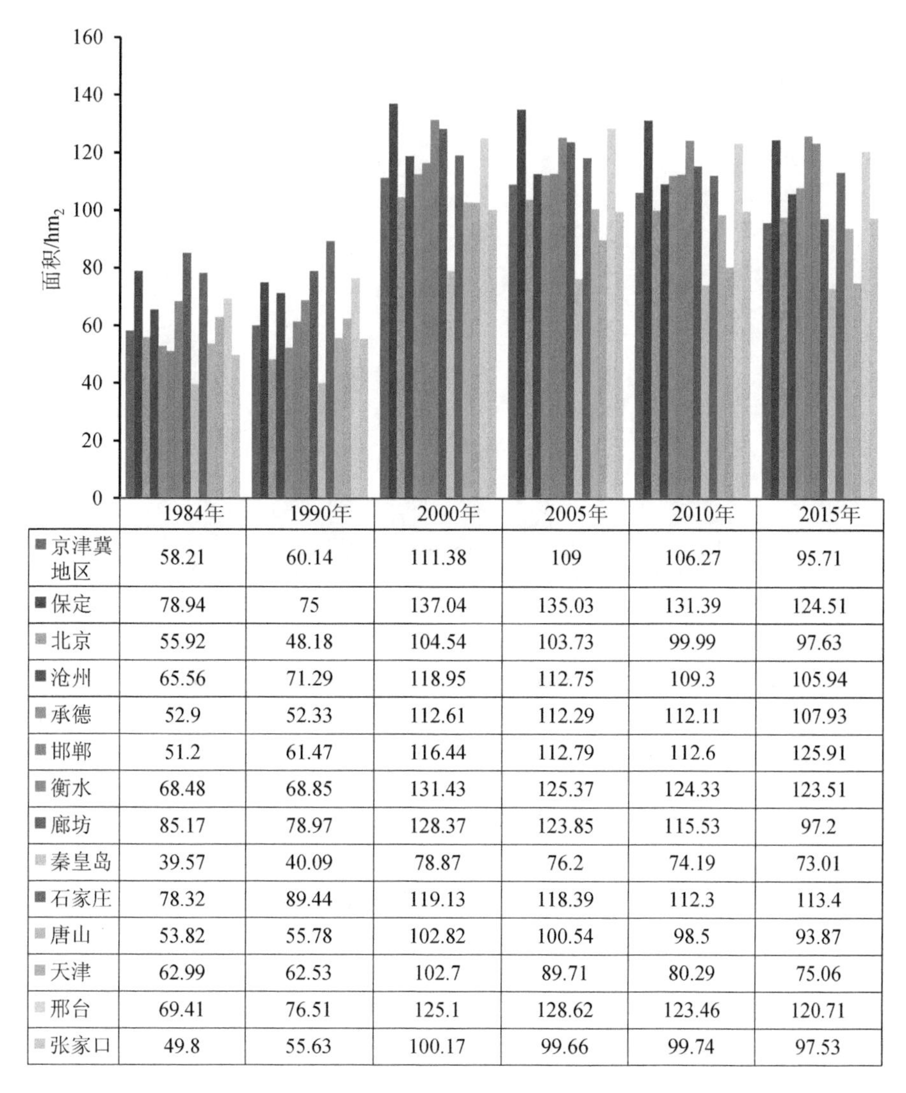

	1984年	1990年	2000年	2005年	2010年	2015年
京津冀地区	58.21	60.14	111.38	109	106.27	95.71
保定	78.94	75	137.04	135.03	131.39	124.51
北京	55.92	48.18	104.54	103.73	99.99	97.63
沧州	65.56	71.29	118.95	112.75	109.3	105.94
承德	52.9	52.33	112.61	112.29	112.11	107.93
邯郸	51.2	61.47	116.44	112.79	112.6	125.91
衡水	68.48	68.85	131.43	125.37	124.33	123.51
廊坊	85.17	78.97	128.37	123.85	115.53	97.2
秦皇岛	39.57	40.09	78.87	76.2	74.19	73.01
石家庄	78.32	89.44	119.13	118.39	112.3	113.4
唐山	53.82	55.78	102.82	100.54	98.5	93.87
天津	62.99	62.53	102.7	89.71	80.29	75.06
邢台	69.41	76.51	125.1	128.62	123.46	120.71
张家口	49.8	55.63	100.17	99.66	99.74	97.53

图 4-8 京津冀地区及其各城市平均斑块面积

（2）类型水平格局变化特征

各类型之间，城镇生态系统变化最明显，平均斑块面积从 1984 年的 12.83 hm^2 到 2015 年的 330.39 hm^2，增幅达 136.87%。变化最小的是湿地，从 18.96 hm^2 到 21.6 hm^2，增幅仅为 13.92%。表明随着城市化进程的发展，景观平均斑块面积呈先增加、后稍微减少的趋势，景观破碎化程度在 2000 年达到峰值，随后保持稳定或稍微降低。

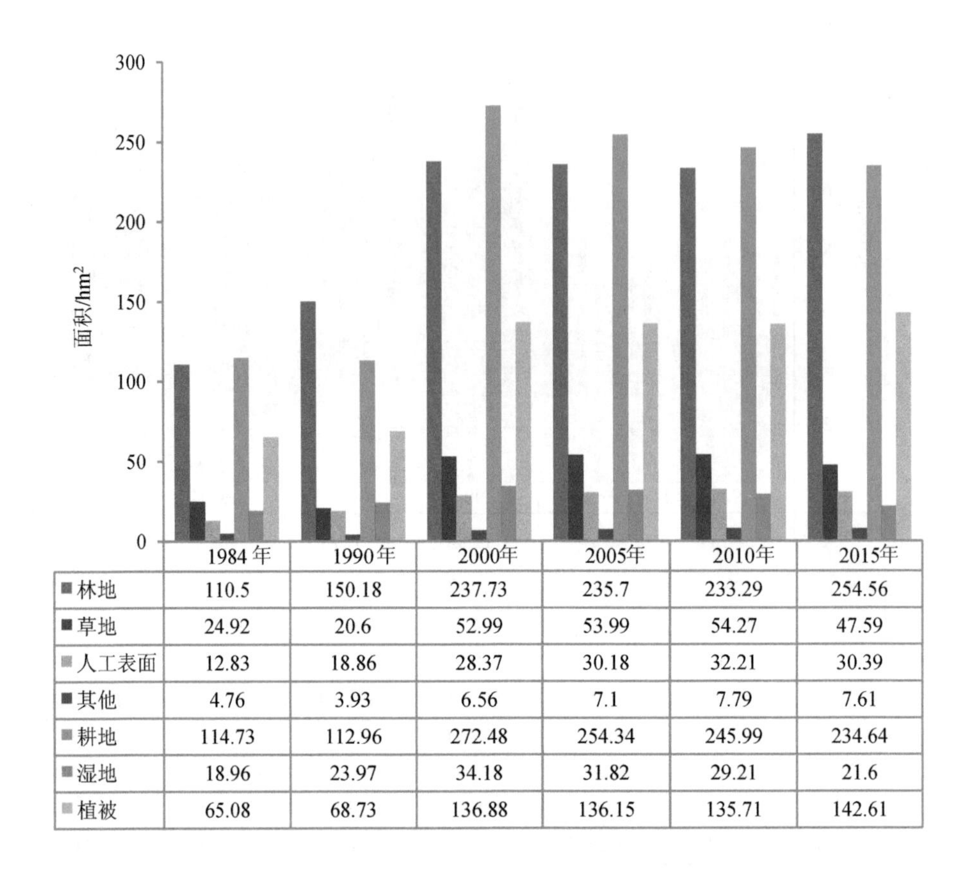

	1984年	1990年	2000年	2005年	2010年	2015年
林地	110.5	150.18	237.73	235.7	233.29	254.56
草地	24.92	20.6	52.99	53.99	54.27	47.59
人工表面	12.83	18.86	28.37	30.18	32.21	30.39
其他	4.76	3.93	6.56	7.1	7.79	7.61
耕地	114.73	112.96	272.48	254.34	245.99	234.64
湿地	18.96	23.97	34.18	31.82	29.21	21.6
植被	65.08	68.73	136.88	136.15	135.71	142.61

图 4-9 京津冀地区不同土地覆盖类型平均斑块面积

4.2 生态系统质量及其变化

4.2.1 京津冀地区生态系统质量整体不高

京津冀地区森林生态系统多分布在北部及西北部地区，包括承德、北京、秦皇岛和保定，约占区域面积的 32.8%，但京津冀地区森林质量整体很低。根据 10 年遥感调查结果，优、良等级的森林面积比例仅占 4%左右，远低于全国平均 20.6%。京津冀地区草地生态系统多分布在西部地区，包括张家口、石家庄、邢台，约占区域国土面积的 9%，但京津冀地区草地质量整体不高。根据 10 年遥感调查结果，优、良等级的草地面积比例约占 39%，高于全国 17.5%水平（图 4-10）。

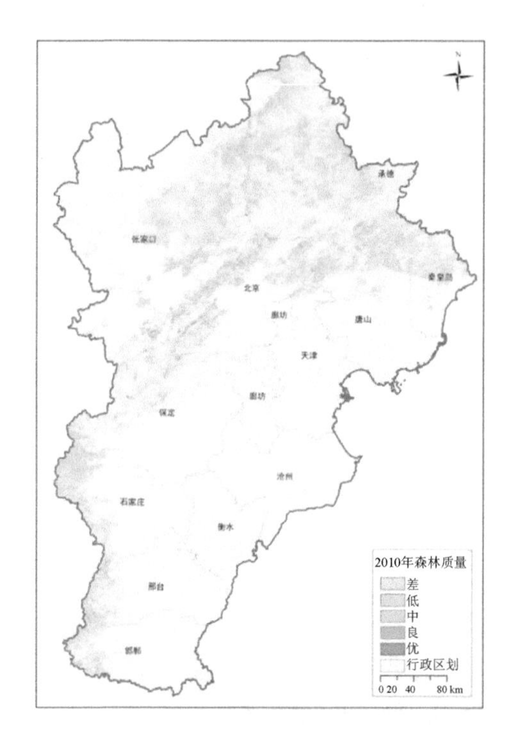

图 4-10　2010 年京津冀地区森林、草地生态系统质量

4.2.2　近年来京津冀生态系统质量有明显提升

根据 10 年遥感调查结果（图 4-11），近年来，区域 28%的森林生态系统质量有改善，69%左右的森林生态系统质量没有明显改变，3%左右的森林生态系统质量存在下降趋势；区域 40%的草地生态系统质量有改善，52%左右的草地生态系统质量没有明显改变，8%左右的草地生态系统质量存在下降趋势。总体而言，区域生态系统质量有明显提升。

通过评估植被覆盖、植被破碎化程度、生物量等指标，京津冀地区生态质量呈整体提升趋势，承德、北京和秦皇岛是生态质量最高的 3 个城市。

（1）植被覆盖

1984—2015 年，城市群及各地级市的植被面积比例均表现为增加（图 4-12），其中京津冀地区总体由 1984 年的 40.69%增到 2015 年的 41.95%，各地级市的植被面积比例差别很大，在 1.27%～82.46%。2015 年，植被比例最大的 3 个城市分别是承德（82.21%）、北京（60.81%）和张家口（56.41%）。植被比例最小的 3 个城市是沧州（1.20%）、衡水（1.50%）和廊坊（4.05%），这 3 个城市地处华北平原，国土面积的大部分都是耕地，达到 80%以上。

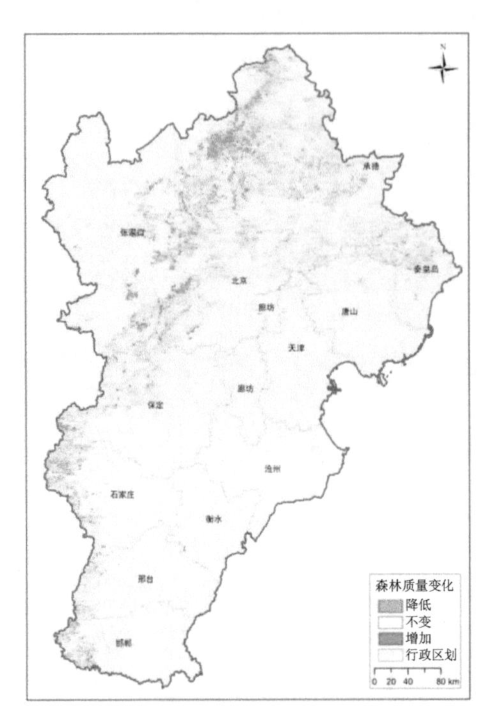

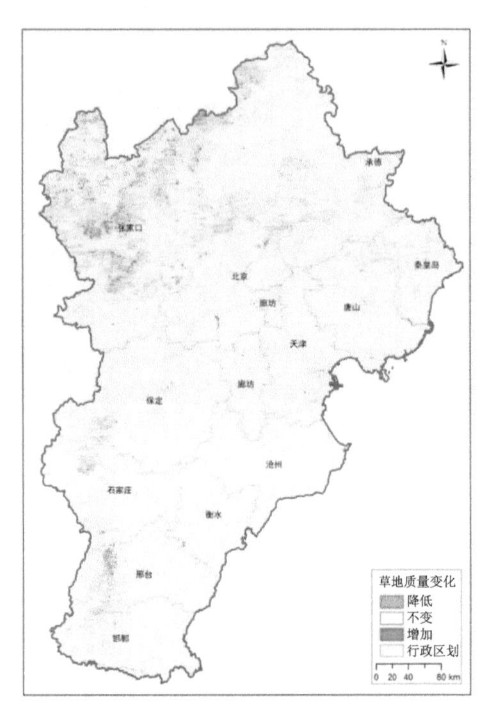

图 4-11 2000—2010 年京津冀地区森林、草地生态系统质量变化

比例/%

	1984年	1990年	2000年	2005年	2010年	2015年
京津冀地区	40.69	40.78	41.28	42.08	42.39	41.95
保定	41.90	41.78	42.59	42.59	42.75	42.49
北京	55.67	54.17	56.72	59.40	61.12	60.81
沧州	0.39	0.27	1.08	1.11	1.28	1.20
承德	82.49	83.35	82.60	82.60	82.63	82.21
邯郸	17.67	17.19	17.27	17.52	17.85	17.61
衡水	0.94	0.67	1.28	2.25	2.54	1.50
廊坊	1.15	0.77	3.30	3.87	4.22	4.05
秦皇岛	51.72	53.06	52.60	52.63	52.63	52.30
石家庄	36.02	35.90	33.12	37.48	38.00	35.29
唐山	16.53	18.06	18.28	18.41	18.43	18.67
天津	4.11	4.12	5.45	6.13	6.06	6.27
邢台	23.32	23.40	20.47	23.59	23.73	23.49
张家口	53.54	53.59	56.31	56.39	56.95	56.41

图 4-12 京津冀地区植被面积比例

（2）植被破碎化程度

京津冀地区植被斑块密度同景观斑块密度有相似的总体变化趋势，从 1984 年到 1990 年增加，然后在 2000 年前后减少到一个较低的水平上，2000—2010 年保持稳定，2010—2015 有明显下降（图 4-13）。各地级市植被斑块先增加后减少，植被破碎化程度也经历同样的过程，但沧州和廊坊比较特别，这两个城市在 1984—2015 年都在增长，沧州从 1984 年的 0.07 增长到 2015 年的 0.12，廊坊从 1984 年的 0.11 增加到 2015 年的 0.27，说明沧州和廊坊的植被斑块数量持续增加。

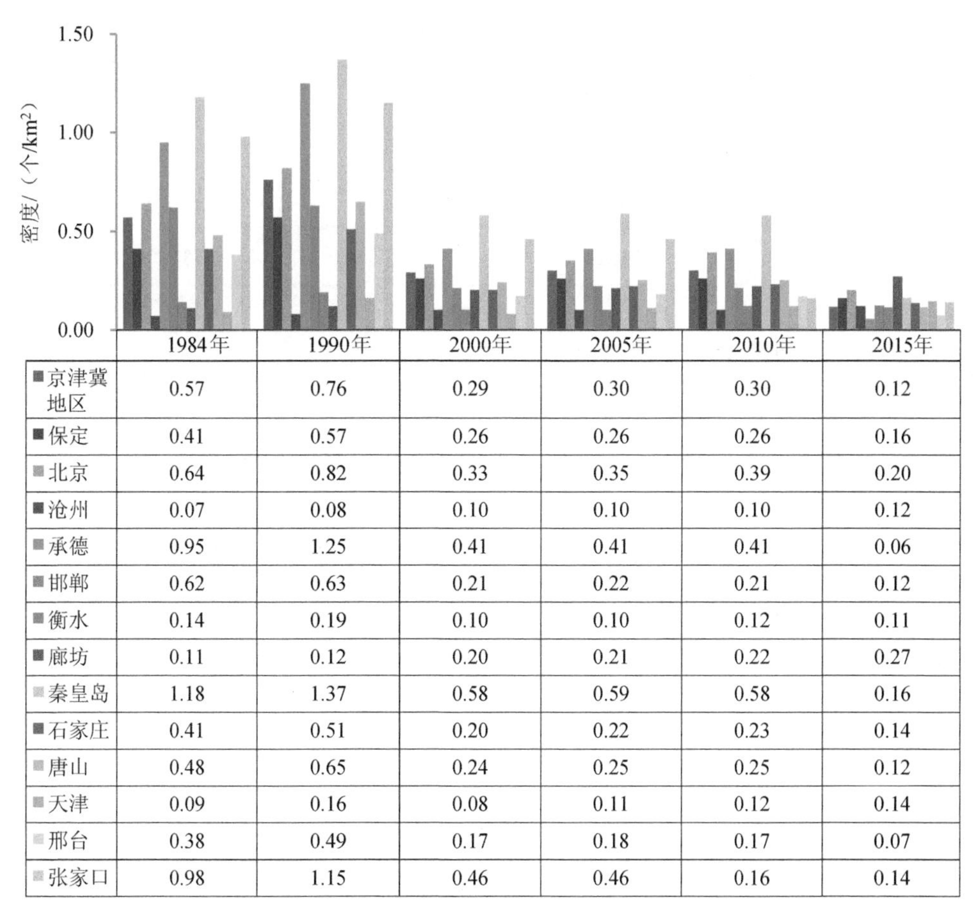

	1984年	1990年	2000年	2005年	2010年	2015年
■京津冀地区	0.57	0.76	0.29	0.30	0.30	0.12
■保定	0.41	0.57	0.26	0.26	0.26	0.16
■北京	0.64	0.82	0.33	0.35	0.39	0.20
■沧州	0.07	0.08	0.10	0.10	0.10	0.12
■承德	0.95	1.25	0.41	0.41	0.41	0.06
■邯郸	0.62	0.63	0.21	0.22	0.21	0.12
■衡水	0.14	0.19	0.10	0.10	0.12	0.11
■廊坊	0.11	0.12	0.20	0.21	0.22	0.27
■秦皇岛	1.18	1.37	0.58	0.59	0.58	0.16
■石家庄	0.41	0.51	0.20	0.22	0.23	0.14
■唐山	0.48	0.65	0.24	0.25	0.25	0.12
■天津	0.09	0.16	0.08	0.11	0.12	0.14
■邢台	0.38	0.49	0.17	0.18	0.17	0.07
■张家口	0.98	1.15	0.46	0.46	0.16	0.14

图 4-13 京津冀地区植被斑块密度

（3）生物量

2000—2010 年，京津冀地区的生物量总体表现为增加趋势，其中 2000—2005 年的增加量大于 2005—2010 年的增加量（图 4-14）。在林地、草地和耕地 3 种用地类型的净初级生产力（NPP）同样表现为前 5 年显著高于后 5 年，并主要表现为耕地 NPP

在 2000—2005 年的大幅度增加（平均值由 191.55 g/m^2 增至 1 197.77 g/m^2，总和由 18.05 Tg 增至 109.03 Tg）。

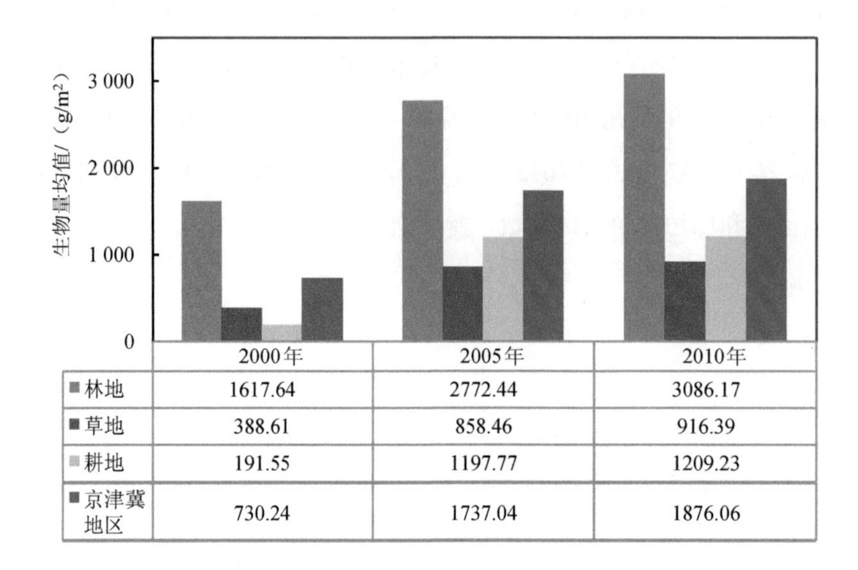

	2000年	2005年	2010年
林地	1617.64	2772.44	3086.17
草地	388.61	858.46	916.39
耕地	191.55	1197.77	1209.23
京津冀地区	730.24	1737.04	1876.06

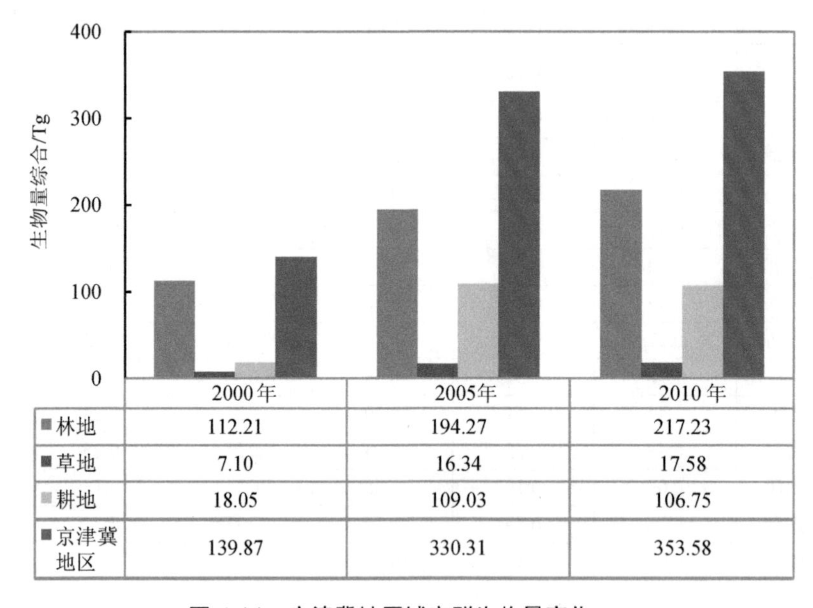

	2000年	2005年	2010年
林地	112.21	194.27	217.23
草地	7.10	16.34	17.58
耕地	18.05	109.03	106.75
京津冀地区	139.87	330.31	353.58

图 4-14 京津冀地区城市群生物量变化

2000—2010 年，京津冀各地的生物量总体表现为增加趋势，其中 2000—2005 年的增加量大于 2005—2010 年的增加量（图 4-15）。各地的 NPP 同样表现为前 5 年显著高于后 5 年，其中以北京市的增加量最大，由 2000 年的 1 528.79g/m^2 增至 2010 年的 2 937.01 g/m^2 和 2010 年的 3 171.86 g/m^2。

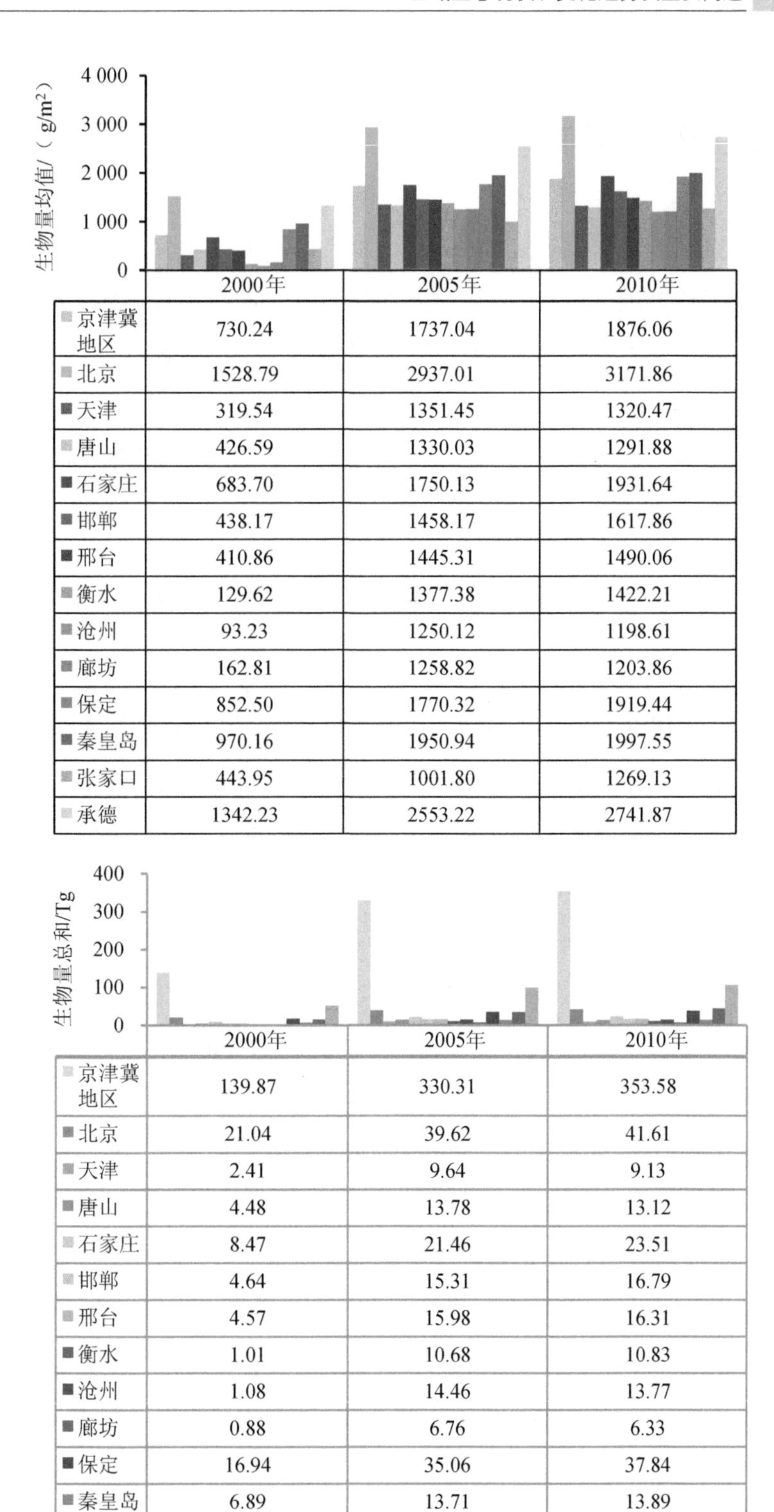

	2000年	2005年	2010年
京津冀地区	730.24	1737.04	1876.06
北京	1528.79	2937.01	3171.86
天津	319.54	1351.45	1320.47
唐山	426.59	1330.03	1291.88
石家庄	683.70	1750.13	1931.64
邯郸	438.17	1458.17	1617.86
邢台	410.86	1445.31	1490.06
衡水	129.62	1377.38	1422.21
沧州	93.23	1250.12	1198.61
廊坊	162.81	1258.82	1203.86
保定	852.50	1770.32	1919.44
秦皇岛	970.16	1950.94	1997.55
张家口	443.95	1001.80	1269.13
承德	1342.23	2553.22	2741.87

	2000年	2005年	2010年
京津冀地区	139.87	330.31	353.58
北京	21.04	39.62	41.61
天津	2.41	9.64	9.13
唐山	4.48	13.78	13.12
石家庄	8.47	21.46	23.51
邯郸	4.64	15.31	16.79
邢台	4.57	15.98	16.31
衡水	1.01	10.68	10.83
沧州	1.08	14.46	13.77
廊坊	0.88	6.76	6.33
保定	16.94	35.06	37.84
秦皇岛	6.89	13.71	13.89
张家口	15.64	35.30	44.62
承德	51.82	98.55	105.83

图 4-15　京津冀城市群及其各城市生物量变化

4.3 区域主要生态问题

京津冀地区在长期的发展过程中，一方面，由于水资源短缺，区域水生态系统持续恶化，表现在河流断流，湿地萎缩，平原地区地下水严重超采，坝上地区植被退化等，已经成为影响区域生态安全和制约区域发展的全局性生态问题；另一方面，城市扩张挤占生态空间、不合理的开发建设布局、盲目围海造田，导致区域出现自然景观破碎化与人工化、自然岸线严重退缩、大量滩涂湿地永久性丧失、优质耕地锐减等一系列格局性生态问题。

4.3.1 水资源短缺严重制约区域生态安全，水生态系统持续恶化

（1）河流断流，湿地萎缩

20 世纪 50 年代以来，京津冀地区在降水量减少、地表水取用水量增大、山区修建水库拦蓄地表径流、地下水开采导致包气带加厚等自然条件变化和人类活动干扰的双重影响下，区域内很多河流的水量逐渐减少，河流发生断流，并且断流时间和干枯河道长度越来越长。20 世纪 60 年代，海河流域 20 条主要河流中有 15 条发生断流，年均断流 84 d，河道干涸长度 683 km；到 20 世纪 70 年代，发生断流的河流增加到 19 条，年均断流时间增加到 186 d，河道干涸长度增加到 1 335 km；20 世纪 80—90 年代，由于降水偏少，河道断流进一步加剧，平均河道干涸长度 1 811 km，年均断流时间达 230 多 d；近年来，海河流域中下游地区 4 000 km 以上的河道发生断流，断流 300 d 以上的占 65%，一些河道甚至由季节性断流变为全年断流。根据对京津以南平原区 16 条主要河流河干情况的统计，1980—2005 年各河年平均河干天数达 336 d，而永定河在此期间仅在 1980 年、1995 年和 1996 年有过水记载，其余年份全年无水。流经北京、天津的 8 条河流在进入 20 世纪 70 年代后年断流天数逐渐增加，其中 2000 年后全年断流的河流有 6 条，分别是海河、蓟运河、北运河、永定河、永定新河和独流减河，其余 3 条河流断流天数均在 250 d 以上。河北河流断流情况也不容乐观，2000 年河北平均断流天数均超过 100 d，断流区域主要集中在北三河和子牙河，其中北三河年断流天数达到 365 d，即存在全年断流河段，黑龙港运东水系也大面积干旱，河道干涸。表 4-2 为京津冀地区主要平原河流断流及干涸情况。

表 4-2 京津冀地区主要平原河流断流及干涸情况

序号	河流	河段	河长/km	2000—2005 年平均		
				干涸天数/d	断流天数/d	干涸长度/km
1	滦河	大黑汀水库—河口	158	51	51	7
2	陡河	陡河水库—河口	120	37	40	12
3	蓟运河	九王庄—新防潮闸	189	265	307	105
4	潮白河	苏庄—宁车沽	140	224	311	107
5	北运河	通县—子北汇流口	147	—	55	—
6	永定河	三家店—屈家店	148	365	365	133
7	永定新河	屈家店—河口	66	—	360	—
8	海河干流	子北汇流口—海河闸	73	—	337	—
9	独流减河	进洪闸—防潮闸	67	298	365	32
10	白沟河	东茨村—新盖房	54	94	321	54
11	南拒马河	张坊—新盖房	84	243	303	70
12	唐河	西大洋—白洋淀	132	316	326	124
13	潴龙河	北郭村—白洋淀	96	345	361	93
14	滹沱河	黄壁庄水库—献县	190	353	359	131
15	滏阳河	京广铁路桥—献县	343	318	325	318
16	子牙河	献县—第六堡	147	332	341	146

湿地失去天然河流补给，湿地面积萎缩。根据调查数据，京津冀地区湿地面积（2009—2013 年）比第一次调查（1995—2003 年）减少 46%。现存湿地如白洋淀、北大港、南大港、团泊洼、千顷洼、草泊、七里海、大浪淀等，均面临干涸、人为干扰严重及水污染的困境。天然湿地比例下降，水源涵养与洪水调蓄功能下降，生物多样性降低。自 20 世纪 70 年代，京津冀地区主要湿地开始出现水面面积快速减少（表 4-3），20 世纪 70 年代白洋淀、七里海、团泊洼等湿地面积比 50 年代分别减少了 70%、61%和 92%。20 世纪 50 年代，面积在 7 km^2 以上的洼淀共 11 080 km^2，截至 2009 年仅有 600 km^2；东部平原原有 11 490 个较大坑塘，蓄水能力达 1.15 亿 m^3，现绝大部分已干涸；河北省水面覆盖率由 20 世纪 50 年代的 2.9%降到 80 年代的 0.2%。20 世纪 60 年代，仅平原湿地就有 30 多处，洼淀内都存着水。20 世纪 70 年代初期，邢台地区面积为 1 000 km^2 的宁晋泊、大陆泽湿地还常年有水，20 世纪 70 年代后期，由于气候变化和生产生活用水的增加，逐渐干涸。

表 4-3 京津冀地区主要湿地不同年代水面面积变化 单位：km^2

湿地名称	20世纪50年代	20世纪60年代	20世纪70年代	20世纪80年代	20世纪90年代	2000年	2005年
七里海	138	78	54	54	57	57	79
白洋淀	360	206	109	68	170	100	100
团泊洼	660	660	51	51	51	51	75
北大港	360	360	182	182	182	173	211
衡水湖	75	75	40	42	42	42	43
大浪淀	75	39	39	0	0	17	17
南大港	210	105	62	55	55	55	55

河流断流、大量河道干枯，导致湿地失去天然河流补给，天然湖泊湿地严重萎缩，河道以及湿地的水源涵养功能急剧下降，生物多样性保护功能降低。以华北地区最大的淡水湖和湿地白洋淀为例，其水面面积已经从 20 世纪 50 年代的 360 km^2 萎缩至目前的 100 km^2，需要依赖上游水库放水补淀来维持，近年来还实施了引黄济淀跨流域生态应急补水工程。1958 年监测到白洋淀的浮游植物有甲藻、金藻、黄藻、硅藻、裸藻、绿藻、蓝藻等 7 门 129 属，1975 年下降为 92 属，1993 年降至 52 属，且以耐污染的蓝藻、绿藻、裸藻为主。

安固里淖是华北第一大高原内陆湖，水域面积 10 万亩，周边草原面积 23 万亩，从辽、金到元代一直是皇家游猎、避暑胜地，在清代是张库大道一个重要的商贸中心。然而，在 2004 年经中巴地球资源一号、二号卫星遥感数据证实，华北第一大高原内陆湖安固里淖 10 万亩水域彻底消失。众多专家认为，降水量少、连续干旱、地下水超采等是导致安固里淖干涸的主要原因。安固里淖干涸后，周边草场质量迅速退化，土壤开始沙化，形成了面积达 10 万多亩的盐碱沙地。每年冬春季节，湖区中心土壤表面粉末状的白色盐碱粉尘在大风的作用下上扬，形成罕见的“盐碱风暴”，恶劣的土壤环境使得湖区中心寸草不生，逐渐向外扩张的盐碱化和沙化也严重影响到周边农业、生态安全。

京津冀地区河流断流、湿地萎缩具有明显的空间特征。西北部生态涵养地区（张家口、承德），主要是河流上游的水源涵养区和山前水库带，山前水库过度修建加剧了平原地带的河流断流，坝上等干旱半干旱地区防风固沙林建设违背自然规律，消耗大量地下水资源，大量原生的落叶阔叶类树种被人工林替代导致水源涵养功能下降。京津保地区所处的海河北系主要河流潮白河、北运河、蓟运河、永定河 2015 年劣Ⅴ类断面比例达到 47.6%，主要河流季节性断流普遍，河流生态廊道面临城镇开发建设的蚕食，生态退化严重。冀中南地区河流断流和人工渠化非常普遍，平原河流几乎全部为季节性和分段式河流，基本只具备防洪功能，生态功能丧失，河流生态基流难以保障，河流的城区段有水而村镇段无水；农区灌溉以地下水为主，地下水超采严重；湖泊生态退化严重，衡水湖湿地面积大幅萎缩，内部水文联系被人工沟渠等排灌系统取代，水库化和池塘化趋势明显。东部沿海地区季节性缺水和季节性丰水并存，良好水生态要求与严重水污染并存，既是滨海生态脆弱带又是强人工开发带，自然岸线和滨海湿地严重退化。

（2）河湖湿地抵御洪涝灾害能力低下

在河流断流、湿地萎缩的情况下，水循环系统遭到破坏。由于区域人口集中，产业集聚发展，建筑面积迅速扩大，蓄水工程大量兴建，人类活动用水资源量猛增，缺水地区用水总量超过当地自然水循环供给，造成水生态动态失衡。河流断流、湿地萎缩导致河湖湿地水源涵养能力低下，正常降水情景下无法有效蓄积水资源，对河川径流调节作用的减弱，在枯水季节或枯水年份，没有足够的地下水源补给，造成地表水与地下水连通性破坏。此外，对水循环系统的破坏还体现在大量水利工程的修建，水库具有拦截地表径流、减少出境水量的作用，改变区域水量平衡的对比关系。城镇化造成的下垫面改变也是造成水循环系统破坏的重要原因，地下水的补给主要来源于降水和地表水的下渗，城市基础设施和地面建筑的覆盖会减弱区域集水区内的天然调蓄能力，减少下渗，增大地表径流，不仅导致减少地下水供给，还会形成城市“雨岛效应”。

湿地洪水调蓄和水源涵养功能低下。以白洋淀湿地为例，由于入淀水量减少、泥沙淤积和围湖造田，白洋淀调洪水位 9.1 m 时，总库容已由原 12.95×10^8 m^3 减至 10.7×10^8 m^3，减少了 17.4%。水面面积减小和湿地植被的破坏降低了白洋淀湿地拦蓄洪水的能力，在丰水期不能有效地拦蓄洪水，致使洪峰向下游推进。同时，白洋淀湿地对水资源拦蓄存储作用和对河川径流调节作用的减弱，使其在枯水季节或枯水年份，没有足够的地下水源补给淀内的基本生态用水和生产生活用水。

水生态系统抵御干旱和洪涝灾害的能力低下。一旦发生严重旱灾，水库蓄水量下降，无法维持正常的供水需求，地下水漏斗和河流断流等问题将进一步恶化。例如，2006 年整个京津冀地区遭遇极度干旱的春季，北京市区进入 50 年来最旱期，降水减少了 63%，北京 6 座大中型水库蓄水 13.09 亿 m^3，还不能满足全年生活用水量（生活用水 14.9 亿 m^3，用水总量 34.5 亿 m^3），如果全年持续极度干旱，城乡供水安全面临严重威胁。

虽然京津冀地区水资源匮乏和地下水位下降，但由于当前水生态系统洪水调蓄功能低下，若遇到暴雨天气，仍易引发洪水灾害。以白洋淀为例，白洋淀是华北地区最大的淡水浅湖型湿地，白洋淀流域面积为 31 199 km^2，占大清河流域面积的 69.1%，其上游主要承接大清河系南支的潴龙河、孝义河、唐河、府河、漕河、瀑河、萍河和北支的白沟引河 8 条河流来水，承担着天津市、津浦铁路及下游地区 1 000 多万人民生命财产安全的防洪滞洪任务。研究结果表明①，白洋淀的总体防洪能力较低，白洋淀现状防洪能力为 10 年一遇，当遇到大于 10 年一遇的洪水时，需启用周边分蓄洪区进行分洪；遇超过 20 年一遇的洪水时，周边蓄洪区全部启用；遇 50 年一遇的洪水时，千里堤和下游将面临巨大危险，需在任丘市小关扒口向文安洼分洪。

（3）平原地区地下水漏斗、土壤污染等问题突出

京津冀地区地下水资源长期处于超采状态，近 10 年三个省市的地下水资源开发利用率为 120%～160%。京津冀地区地下水总开采量大，浅层地下水开采程度达 80%以上，深层地下水开采程度达 140%以上，地下水位持续下降，形成了众多的地下水漏斗。浅层地下水漏斗，主要分布在山前平原及与中部平原交接地带城市附近，有长年性浅层地下水漏斗。深层地下水漏斗主要分布在中部平原至滨海平原。平原区地下水超采严重，形成地下漏斗，漏斗区面积超过 5 万 km^2。河北省是全国地下水利用程度最高的省份之一，也是地下水环境问题出现最多的省份之一。天津市地下水开采量已由 10 亿 m^3 左右减少至 2012 年的 5.5 亿 m^3 左右，但深层孔隙水水位平均年降幅仍达 1～2 m，现状超采深层承压水 2.26 亿 m^3，超采区面积达 9 440 km^2，超采区面积占市域面积比例高达 67%。根据统计资料，京津冀地区地下水漏斗面积较大区域分布在衡水、沧州、邯郸、天津、邢台和唐山，占辖区面积比例分别为 99.8%、49.1%、45.1%、35.9%、25.7%、22.6%，其中衡水深层地下水漏斗面积达到 8 815 km^2，部分地下水漏斗区已面临地下水资源枯竭的严重危机。

农业用水短缺，污灌区土壤重金属超标显著。农业用水是京津冀社会总用水的重要组成部分，其比例达到 60%以上，尤其是河北省，河北省的农业用水占全省总用水量的比例为 72.2%。农业用水量过大是京津冀地区水资源短缺尤其是地下水超采等问题产生的主要原因。在农业用水短缺的前提下，污水灌溉被认为是缓解农业水资源紧张局势和实现污水有效资源化的重要方式。此处的污水灌溉是指利用城市下水道污水、工业废水、排污污水、处理后的再生水、地面水灌溉，其水质经常超过农田水质灌溉标准，并且灌溉规模在 20 hm^2 以上的灌区。污水灌溉导致土壤重金属污染问题在京津冀地区尤为突出，三地污灌区都面临着重金属污染威胁。污灌土壤重金属的累积和污染程度主要与污水水质、灌溉年限、灌溉模式、土壤质地、土地利用方式和重金属迁移能力等密切相关。

① 吴现兵，程伍群，孟霄，等. 白洋淀洪水调节能力分析[J]. 人民黄河，2010，32（11）.

2014 年的《全国土壤污染状况调查公报》显示，在调查的 55 个污水灌溉区中，有 39 个灌溉区存在土壤污染。不难看出污灌对土壤重金属累积的贡献率不可忽略。调查结果表明，天津、北京、石家庄等大城市周边，曹妃甸、保定、廊坊、秦皇岛等中等城市周边，永定河、凉水河、北运河、龙凤河、子牙新河、洨河、府河、南排河等河流周边土壤重金属由于污灌累积明显，存在较大面积的重金属超标区域。

（4）近岸海域生态系统退化

河流水量减少导致入海水量减少。海河流域的年平均入海水量从 20 世纪 50 年代的 200 亿 m^3 以上下降到目前的 30 亿 m^3 左右。与滦河片区和海河北系片区相比，海河南系是京津冀地区水资源量较多的片区。1956—2000 年海河南系片区的多年平均入海水量为 9.1 亿 m^3，占河北省入海水量的 21%。1956—1979 年是海河南系片区入海水量偏丰期，这期间平均入海水量达到 15.20 亿 m^3，其中 1963 年、1964 年和 1977 年入海水量分别为 47.3 亿 m^3、37.9 亿 m^3 和 48.9 亿 m^3。进入 80 年代以后，入海水量明显减少，1980—1989 年平均入海量仅为 1.14 亿 m^3，是多年平均值的 1/8。1990—2000 年平均入海量为 3.0 亿 m^3，但这主要是 1996 年海河南系出现多年罕见特大暴雨洪水后岗南等大型水库泄洪所致，其余年份多数不足 0.5 亿 m^3。由此可见，近 20 年来（除去 1996 年）海河南系几乎没有河水入海。

河口和近岸海域生态退化严重，生物多样性丧失。根据海洋环境公报等统计观测数据，津冀地区近岸海域多年来一直处于亚健康状态（图 4-16），海河河口常年处于淤积状态，生物多样性显著降低。渤海 20 年来海洋生物群落结构，尤其是潮间带生物、底栖动物、游泳动物群落结构发生了明显的变化，呈严重退化的趋势（表 4-4），表现为鱼类的数量大量下降，幼鱼的密度降低，传统的优质渔业经济种类大多数已形不成渔汛，经济鱼类向短周期、低质化和低龄化演化。优质经济鱼类产量减少了 90%，低质鱼类已成为主要捕捞对象。七里海潟湖湿地建成闸坝一带淤积严重，影响鱼虾产卵，同时潮汐通道的束窄限制了鱼、虾、蟹回游七里海。此外，由于注入七里海的河流水量减少甚至干涸，七里海水质盐度升高，一些水生生物迁移出境，不再适宜在本区生长，造成七里海物种多样性降低。原滦河口湿地生长着大面积的盐地碱蓬、獐茅、茵陈蒿等植被及生存着丰富的软体动物和甲壳类动物，现被开垦为养殖池塘和稻田，仅有少量盐地碱蓬生长在池塘边缘，植被覆盖率由原来的 50%下降到现在的 5%以下。河口原生态环境被毁，黑嘴鸥等动物失去了生栖环境，生物物种趋于单一，同时使滦河口失去了作为世界上黑嘴鸥四大繁殖地之一的地位。南大港沼泽湿地除围垦直接造成生物多样性下降外，又因水源短缺，大量芦苇沼泽湿地干旱化，大批喜水生物种类灭绝。同时由于盐田和养殖池塘的修建，水质咸化，直接破坏了芦苇和水生生物生境，进而影响其他野生动物的食物来源和生活环境，使野生动物的种类和数量逐年减少，生物多样性降低。

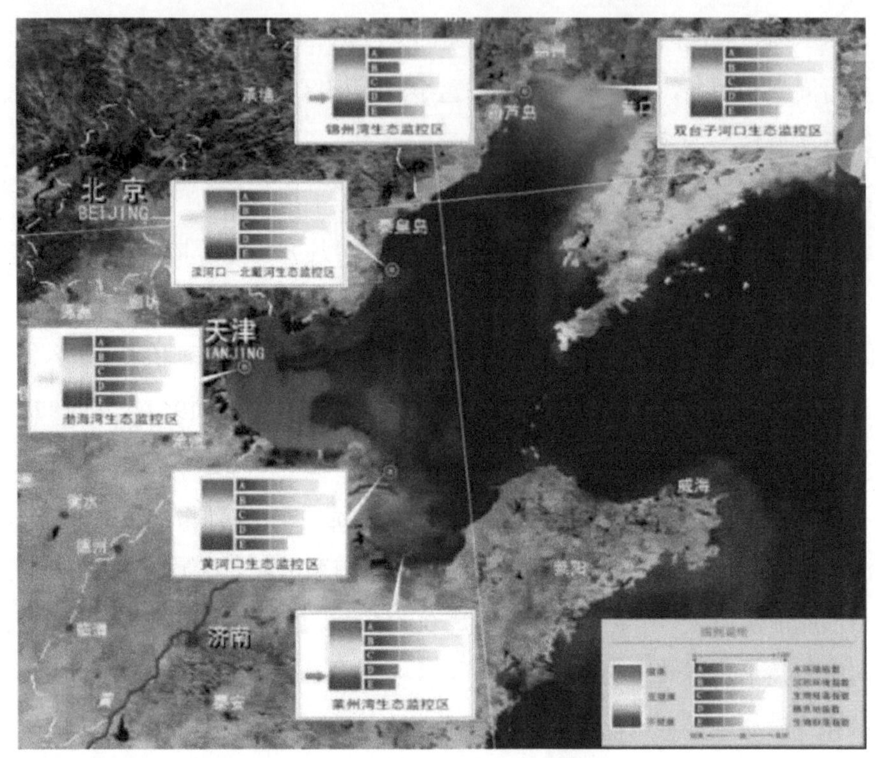

图 4-16　渤海生态监控区生态健康状况

表 4-4　渤海经济生物资源量　　单位：kg/（网·h）

年份	莱州湾	渤海湾	渤海中部	辽东湾	渤海
1959	299.5	143.3	174.7	148.5	190.6
1982—1983	151.5	72.9	61.5	44.4	88.5
1992—1993	77.8	69.3	85.3	53.7	76.6
1998	8.8	4.6	7.4	12.2	8.6

资料来源：① 金显仕，赵宪勇，孟田湘，等. 黄、渤海生物资源与栖息环境[M]. 北京：科学出版社，2005.
② 金显仕. 渤海主要渔业生物资源变动的研究[J]. 中国水产科学，2000，7（4）：22-26.

滨海湿地大幅减少。经历了 20 世纪 50 年代的围垦造田、80 年代的以养虾为主的海水养殖高潮以及 2000 年以来的围海造地，京津冀地区滨海湿地中自然湿地面积锐减。特别是近 10 年来，沿岸集中了化工、港口、养殖、油气、矿产、旅游、盐业等多种经济活动，沿海地区土地需求量增大。为满足土地需求，京津冀地区自 2000 年以来实施了大规模的围填海活动，导致大面积滨海湿地转变为城镇建设用地。津冀地区滨海湿地面积已不足中华人民共和国成立初期的30%，河北滨海湿地利用主要变化为自然湿地逐渐向人工湿地转化，自然湿地占滨海湿地比重由最初的97%降至50%，人工湿地面积剧增（图4-17）。天津由于城市的迅速发展，大量滩涂湿地永久性丧失，盐田湿地面积持续下降，除位于汉沽区内的盐田湿地变化较小以外，位于塘沽区中部、天津港北部的大片盐田到2009年已经消失殆尽，消失的部分全部变更为城市建设用地。

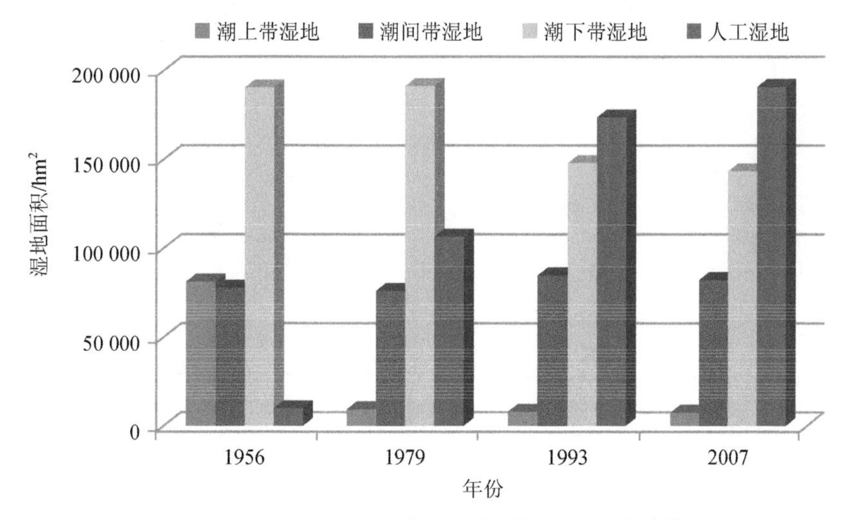

图4-17　1956—2007年河北省滨海湿地面积变化

七里海潟湖湿地和滦河口演变是河北湿地变化的典型代表。过去几十年，这两个区域湿地演变的重要特征是沼泽潟湖等天然湿地大面积转变为养殖池塘等人工湿地（图4-18、图4-19）。

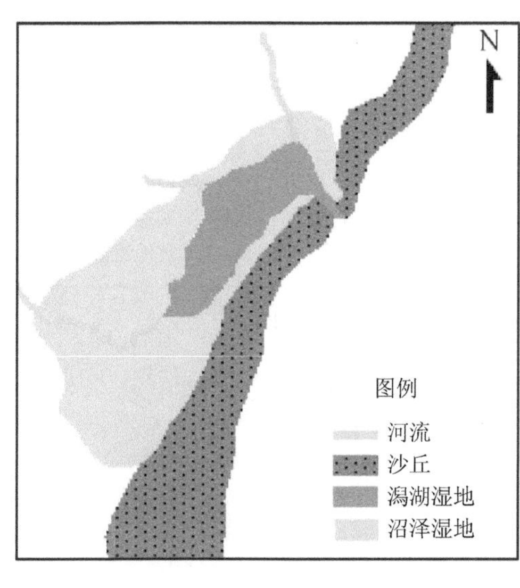

（a）1919年

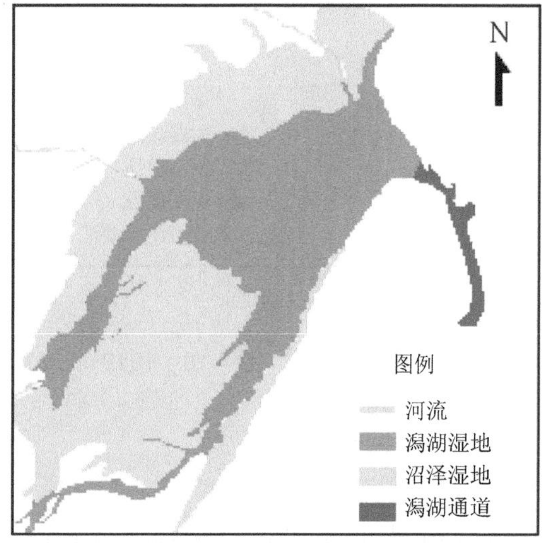

（b）1956年

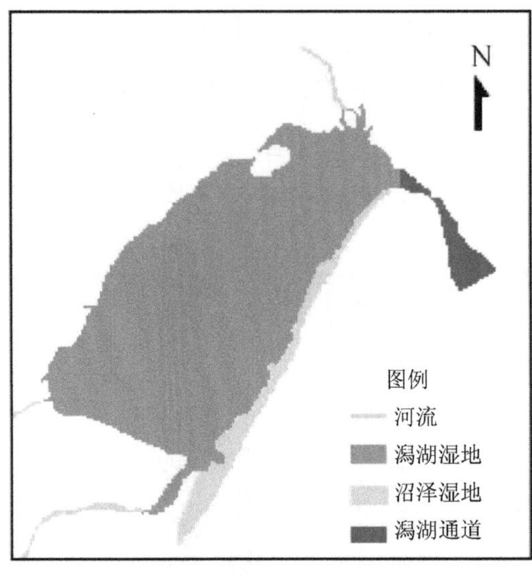

（c）1969 年

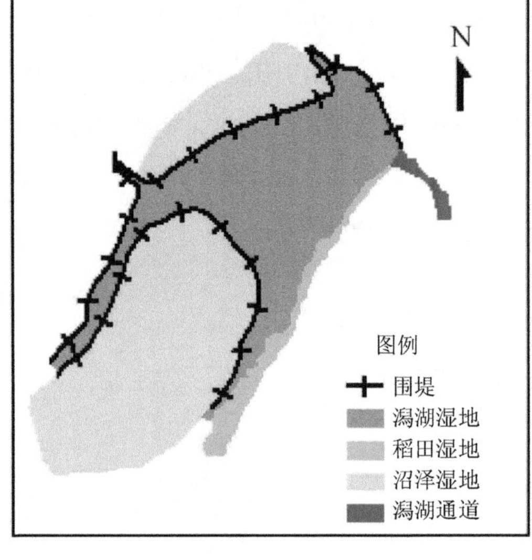

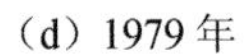
（d）1979 年

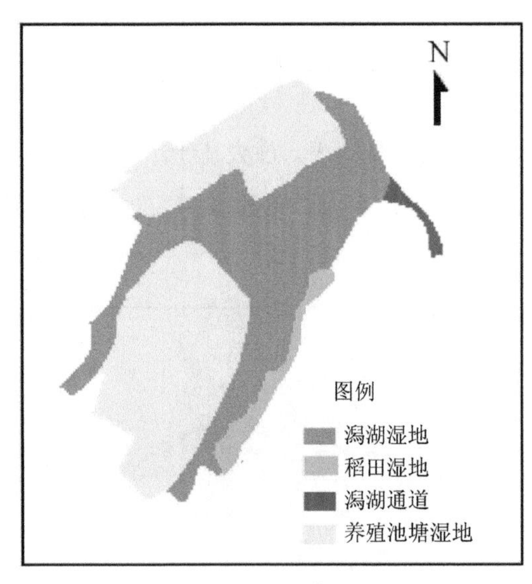

（e）1987 年

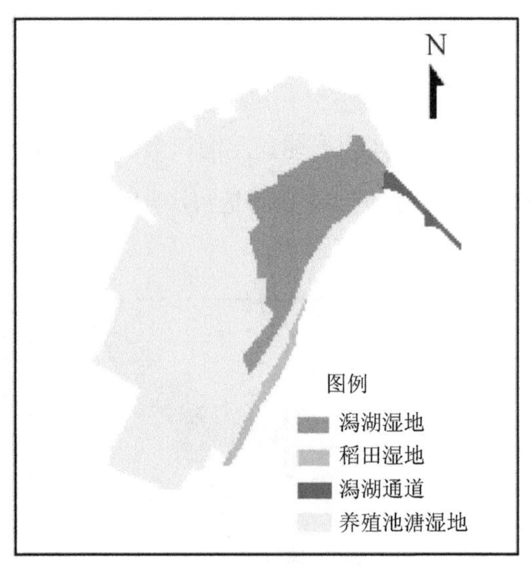

（f）2007 年

图 4-18　1919—2007 年七里海潟湖湿地演变

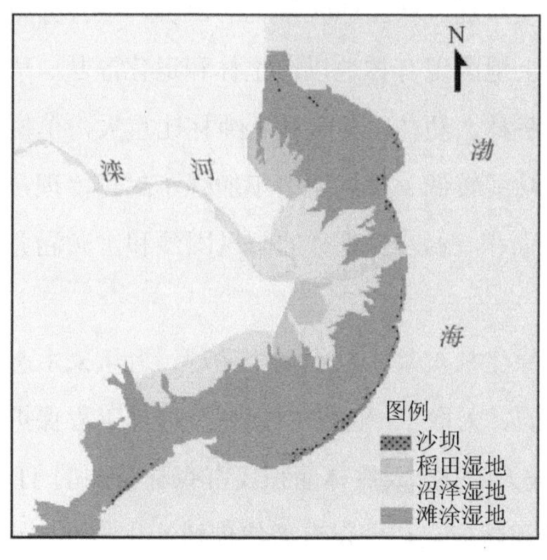

（a）1956 年

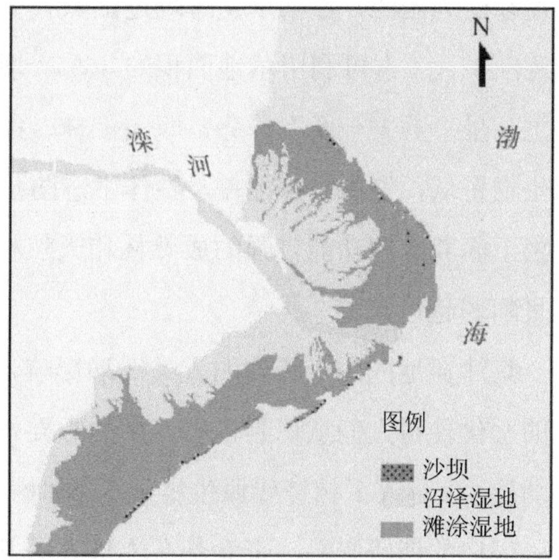

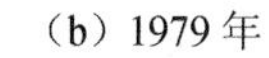
（b）1979 年

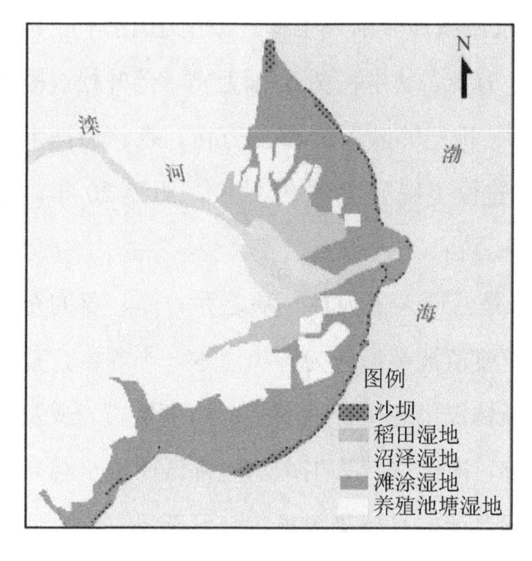

（c）1998 年

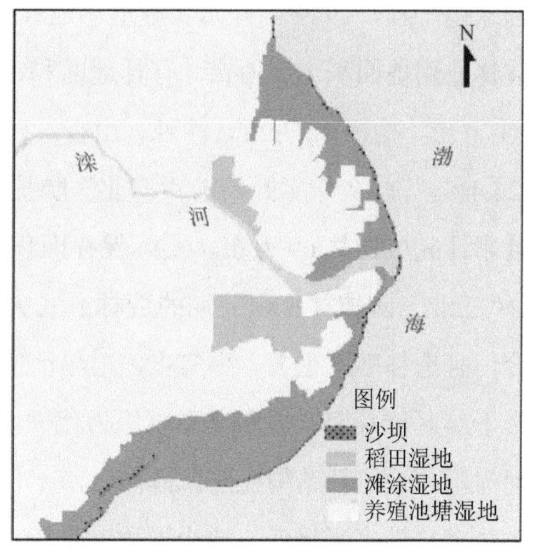

（d）2007 年

图 4-19　1956—2007 年滦河口湿地演变

（5）坝上地区干旱缺水，植被退化、人工化等问题凸显

自然条件恶劣是坝上地区生态退化的一个重要原因，这既有全球变化的效应，又有区域气候形成因素的作用。主要表现为大风天气增多，大风出现频率高，且持续时间长；降水量减少，蒸发量却呈增大趋势，冬春两季干旱加剧；土壤有机质含量降低，保肥保水能力减弱。

由于坝上地区长期存在过牧、开垦、樵采等不合理的人为活动，部分优质草场退化并逐渐变为土滩，毒杂草型草场逐渐取代优质草场。坝上地区草地的鼠害、虫害分布面积逐渐扩大，占可利用草地面积的46%。坝上地区现有林地以次生林和退化灌丛、草地为主。呈“五大一低”趋势，即人工林、经济林、幼林、稀疏林、纯林比重大，单位面积生物量低，生物多样性差，整体生态防护功能较低。虽然近些年加强了封育治理，但是由于涵养水源功能较强的成熟林和天然林面积在减少，森林的防风固沙和水源涵养功能呈削弱趋势。

京津冀地区由于长期的人类活动影响，原生植被基本已经消失殆尽，近年来生态环境的恶化使得人们意识到生态保护的重要性，并采取了一系列的规划及造林工程保护生态功能，大量人工林替代原生植被。森林植被人工化，天然林面积仅占森林资源的41%。由张家口的调研资料，张北县在中华人民共和国成立初期仅有天然桦树次生林964亩，20世纪六七十年代大面积营造了农田林网。从1979年开始实施“三北”防护林、首都周围绿化工程，1999年开始实施退耕还林、京津风沙源治理工程。截至2016年6月，全县林业用地面积183万亩。有林地面积165万亩，其中杨树65.8万亩，落叶松、樟子松11万亩，榆树12万亩，沙棘、山杏、柠条、枸杞等灌木林66.2万亩，森林覆被率达到26.4%。自1979年开始的“三北”防护林建设工程于1997年结束，历经20年，张北县累计完成造林69万亩，实际保存面积67万亩。

“三北”防护林工程前期的造林方式大多是营造人工纯林，缺乏乔、灌、草的充分结合，且造林密度过大。事实上，干旱区的主要植被类型应为各类灌木、半灌木，荒漠及半干旱区以荒漠草原和典型草原为代表，森林仅出现于山地的某一高度层带，或发育于河流沿岸。纯林结构在防风固沙、水土保持、净化空气等生态功能都低于混交林。树林生物多样性水平极低，缺少天敌对虫害进行制衡，易感染虫害，一旦感染，极易造成大面积损害。不少林木因此提前老化，严重影响了生态效益的发挥。

4.3.2 部分开发建设活动不合理，与生态空间存在冲突

（1）城镇开发蔓延扩张，部分生态空间被挤占

1984—2015年，京津冀地区城镇生态系统面积持续增加，人工表面由1984年的11 986 km^2增加到2015年的24 377 km^2，增幅达100%，年均上升幅度3.3%。京津冀地区城镇生态系统面积占区域总面积比例由5.55%增加到11.30%，增大一倍，年均增幅达7.07%。城镇建设用地增长集中的区域包括北京市周边县市区（廊坊、保定）和东部沿海地区（图4-20）。

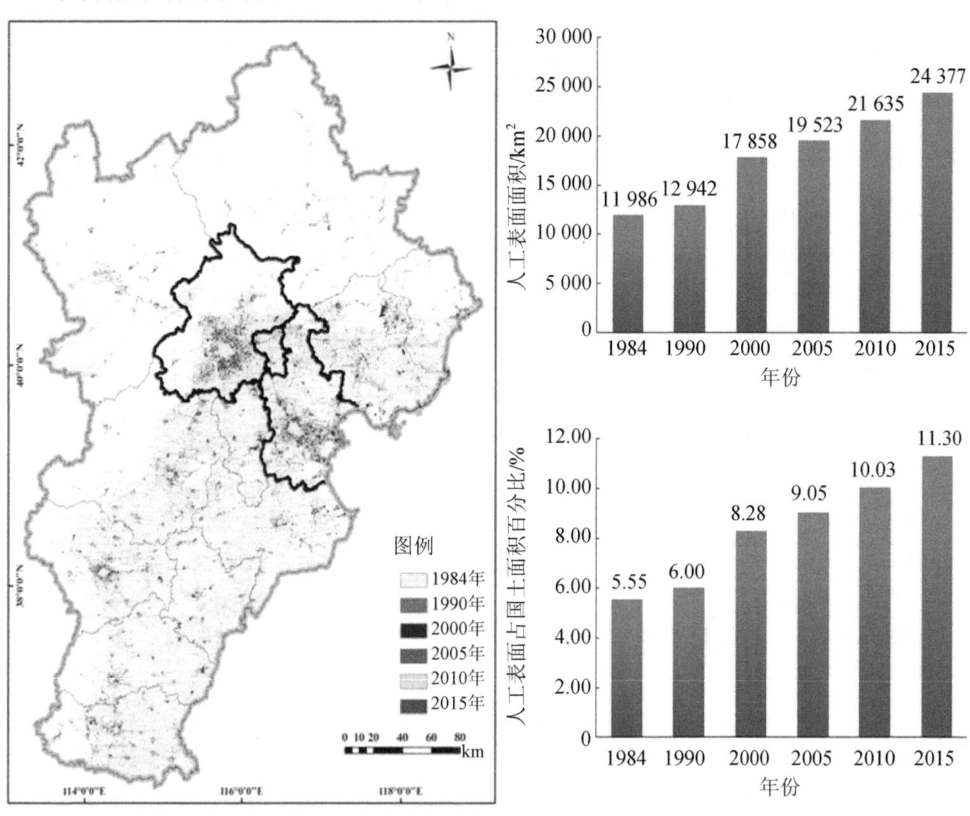

图 4-20 1984—2015 年京津冀地区城镇扩张情况

城市扩张主要以耕地转变为人工表面为主：如图 4-21 所示，1984—1990 年，共转变 1 892.51 km²，年均转变面积为 315.33 km²；1990—2000 年，耕地转变面积达 5 244.26 km²，年均转变面积为 524.43 km²，为改革开放以来耕地转变最快时期；2000—2010 年，耕地转变面积达 3 126.74 km²，年均转变面积为 312.7 km²；2010—2015 年，因国家出台耕地强制保护政策，耕地转变面积比上个 10 年大幅下降，共转变 232.18 km²，年均转变面积为 46.4 km²。其余四种覆盖类型（即湿地、草地、林地和其他）中，1980—1990 年、1990—2000 年林地转变面积较高，而 1990—2000 年、2000—2005 年、2005—2010 年湿地转变面积较高（图 4-21）。

1984—2015 年京津冀地区的各个城市的人工表面转入，均表现为以耕地转变为人工表面的土地城市化过程（图 4-22）。其中，以北京市耕地转换为人工表面的进程最为显著，四个阶段均保持在 300 km² 以上的耕地转变为人工表面，尤其是 1990—2000 年的 10 年间耕地转变为人工表面的面积达近 700 km²。其余四种覆盖类型（即湿地、草地、林地和其他）的转变为人工表面的情况则因城市和时间段不同而差异显著：其中 1990—2000 年为林地和草地转变为人工表面最多的时期，其中北京和承德的林地转变面积较大，张家口的草地转变面积最大，天津的湿地转变面积最大；湿地转变一直以天津的变化最为明显，尤其是 1990 年后，每个阶段的转变面积均在 100 km^2 以上。

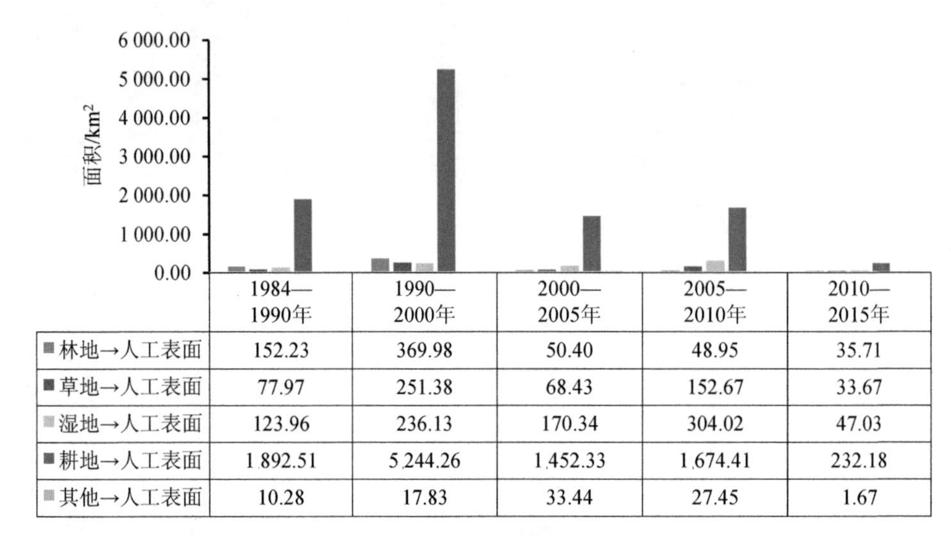

	1984—1990年	1990—2000年	2000—2005年	2005—2010年	2010—2015年
林地→人工表面	152.23	369.98	50.40	48.95	35.71
草地→人工表面	77.97	251.38	68.43	152.67	33.67
湿地→人工表面	123.96	236.13	170.34	304.02	47.03
耕地→人工表面	1 892.51	5 244.26	1 452.33	1 674.41	232.18
其他→人工表面	10.28	17.83	33.44	27.45	1.67

图 4-21 京津冀地区不同用地类型转变为人工表面的面积

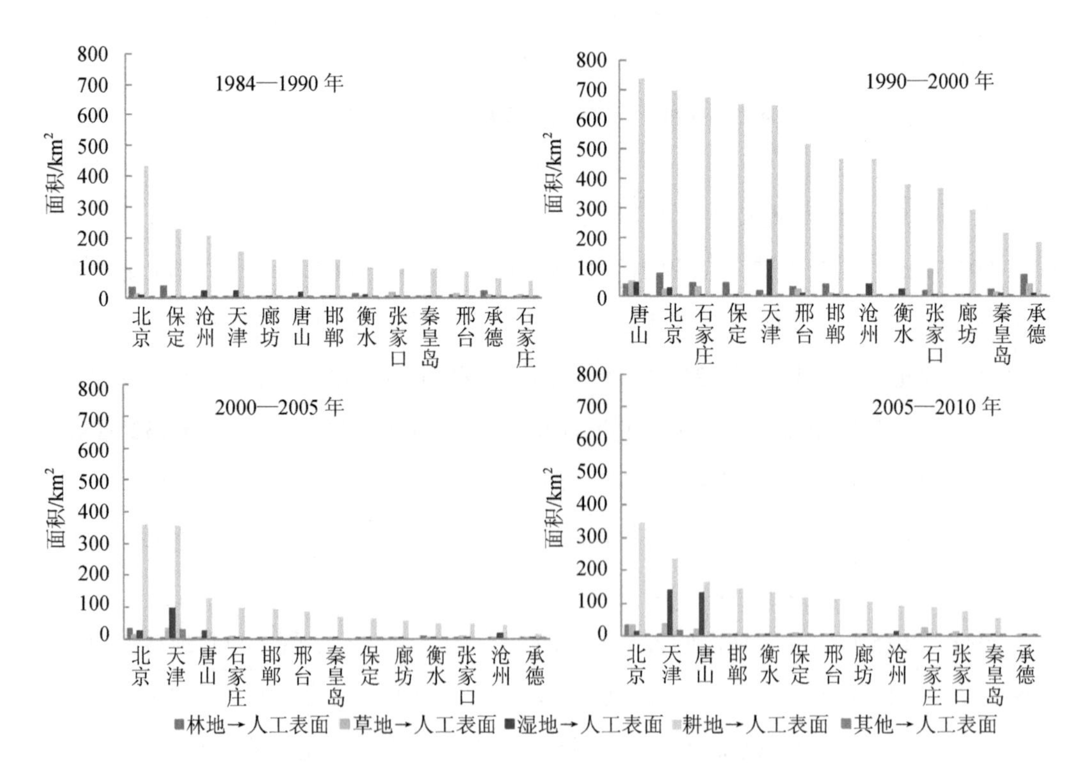

图 4-22 各城市不同时期各用地类型转变为人工表面面积

（2）部分工业园区与生态空间重叠，局部生态功能受威胁

结合京津冀地区未来工业化发展特征，京津冀地区产业园区布局密集，有 42 个国家级开发区、187 个省级开发区以及 36 个市级开发区，产业园区主要集中在京津唐地区。其中，在水源涵养、水土保持等生态极重要、极敏感区内布局了 8 个工业园区，包括天津滨海高新技术产业开发区——滨海科技园、天津八里台工业园区、天津大港经济开发区、天津大港石化产业园区、滦南城西经济开发区、河北唐山古冶经济开发区、南堡经济开发区、北戴河经济技术开发区。部分工业园区布局在重点（要）生态功能区范围内，其中，位于坝上高原风沙防治区的工业园区有 3 个，位于燕山山地水源涵养与水土保持区的工业园区有 21 个，位于太行山山地水源涵养与水土保持区内的工业园区有 12 个（图 4-23）。

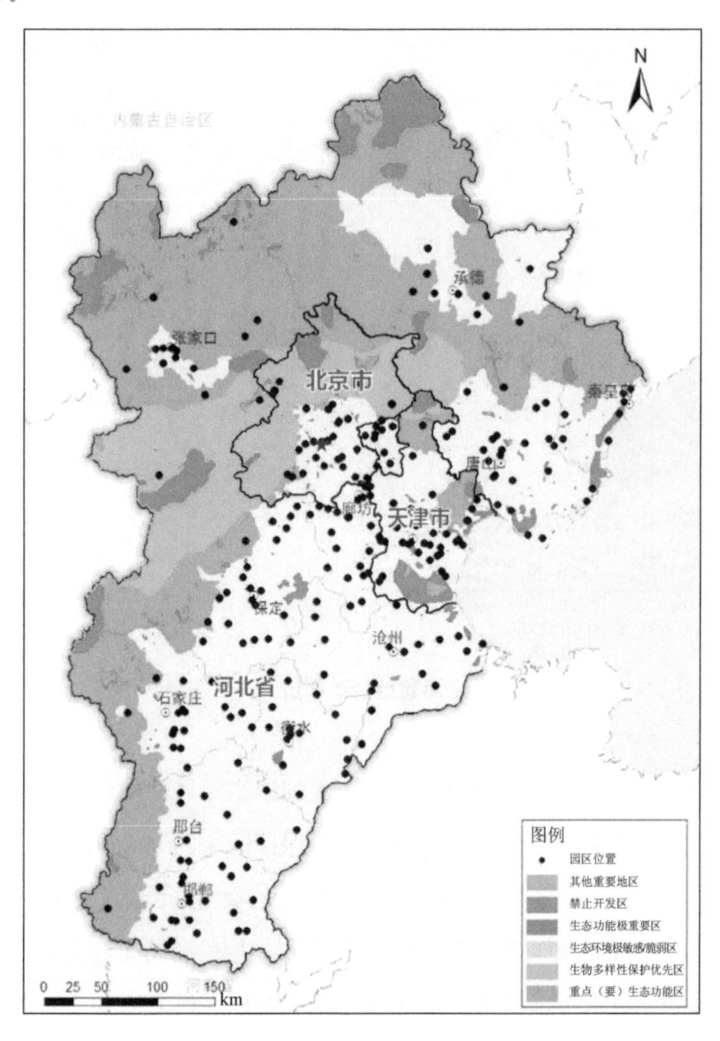

图 4-23　京津冀地区产业园区与生态空间关系

（3）矿产资源开发与生态空间重叠，影响区域生态功能

矿产资源开发与生态空间重叠，影响区域生态功能。根据 2013 年矿产资源开发资料显示，京津冀地区部分矿产开采企业与生态空间相冲突。京津冀地区共有矿产开采企业 1 955 家，总产值 1 271 亿元，其中，有 248 家矿产开采企业分布于生态极重要敏感区内，产值 340 亿元，分别占京津冀地区矿产开采总企业数和地区矿产开采总产值的 12.7%、26.8%，详见图 4-24（a）。开发建设活动的不合理分布会严重影响区域水源涵养、土壤保持、防风固沙等生态系统服务功能，加剧水土流失和荒漠化等生态问题。

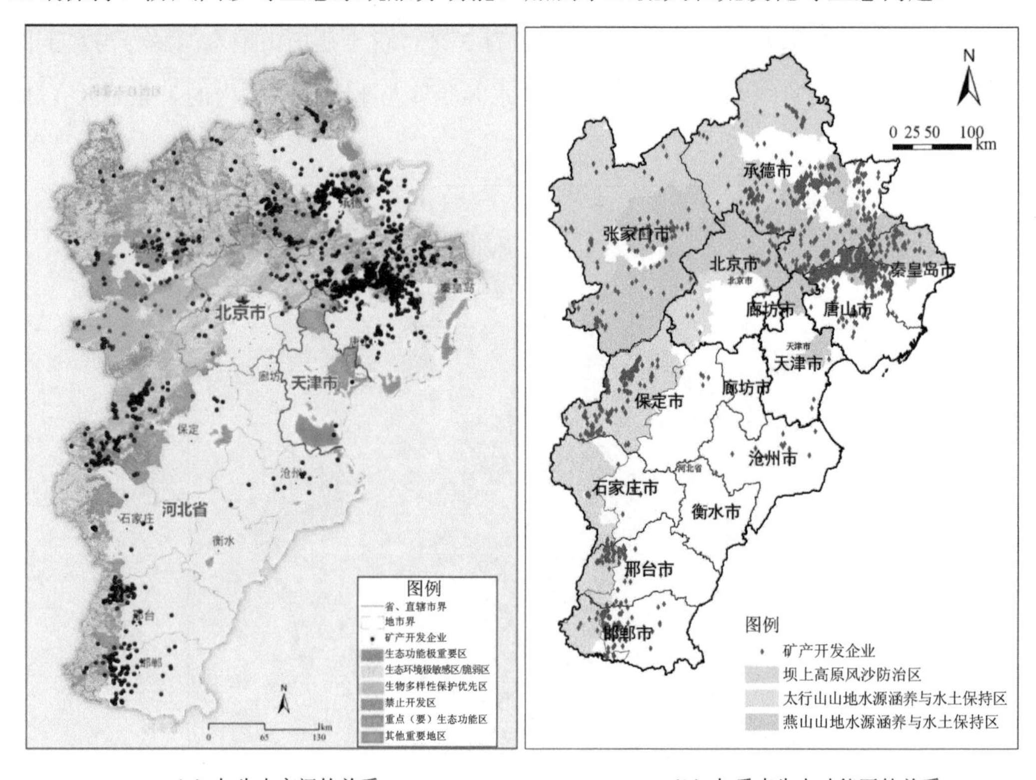

（a）与生态空间的关系　　　　（b）与重点生态功能区的关系

图 4-24　京津冀地区矿产资源开发布局

京津冀区域内矿产资源开发企业集中分布于坝上高原风沙防治区、太行山山地水源涵养与水土保持区以及燕山山地水源涵养与水土保持区［图 4-24（b）］。其中，坝上高原风沙防治区主要零散分布了 10 余家铁矿、黏土及其他沙土采选企业；燕山山地水源涵养与水土保持区以铁矿及煤矿采选企业分布为主，并在秦皇岛与唐山市交界处聚集；太行山山地水源涵养与水土保持区矿产开发企业主要以铁矿开采为主。铁矿开采中，采矿区、排土场、尾矿库、道理和工业场地的建设，生产期间大量废石、尾矿的排放，以

及开矿过程中产生的废水和废液等均对坝上高原防风固沙和水源涵养生态功能构成了持续的负面影响。长时期的煤矿开采，不仅改变了燕山山地地区的原有自然景观，造成了矿区范围内的植被全部丧失，使已有生态结构与功能受到冲击，土岩、剥离物等固体废物的排放还占用了大量土地，破坏了当地的地形、地貌，加剧了水土流失，对野生动物栖息地也构成了严重影响。

山区开矿加剧区域水土流失和荒漠化等生态问题。京津冀地区矿产开发在高海拔山区（＞1 500 m），如张家口坝上地区以及承德围场满族蒙古族自治区和隆化县集聚分布，存在 11 个铁矿开发和 2 个煤矿开发；中海拔区域内（500～1 500 m）矿产资源开发规模及数量呈现明显优势（表 4-5）。集中于山区的矿产开发活动，包括采矿工作地面的植被剥离、各项配套设施（火药库、工业场地、道路、运矿设施）的占地、取土和弃渣等，对自然生态环境破坏极大。山区开矿将加剧区域水土流失等生态问题，中度水土流失以上的区域矿产开发企业占比为 30.8%，在水土流失问题严重的区域开矿将进一步加剧水土流失问题。秦皇岛、邢台、邯郸等市均已显现水土流失状态，张家口西北方向水土流失呈现强度状态，极强区域也均与矿产开发规划区毗邻（图 4-25）。目前，河北境内，矿山企业直接占用、破坏土地约 5.8 万 hm^2，积存固体废石、废渣、尾矿堆达 7 000 多个，存量达 18 亿 t，其中金属矿山开采所产生的废弃渣料约占 98%，严重干扰生态环境。

表 4-5 不同海拔区域矿产企业分布

行业类别名	＜500 m	500～1 500 m	＞1 500 m
褐煤开采洗选	6	1	—
化学矿开采	—	3	1
建筑装饰用石开采	—	1	—
金矿采选	13	26	2
其他常用有色金属矿采选	2	2	—
其他黑色金属矿采选	—	2	—
其他未列明非金属矿采选	—	38	1
铅锌矿采选	2	37	—
石灰石、石膏开采	1	3	—
石墨、滑石采选	—	2	—
铁矿采选	1 056	458	11
铜矿采选	—	2	—
钨钼矿采选	4	16	—
烟煤和无烟煤开采洗选	104	33	2
银矿采选	—	2	—
黏土及其他土沙石开采	9	5	—

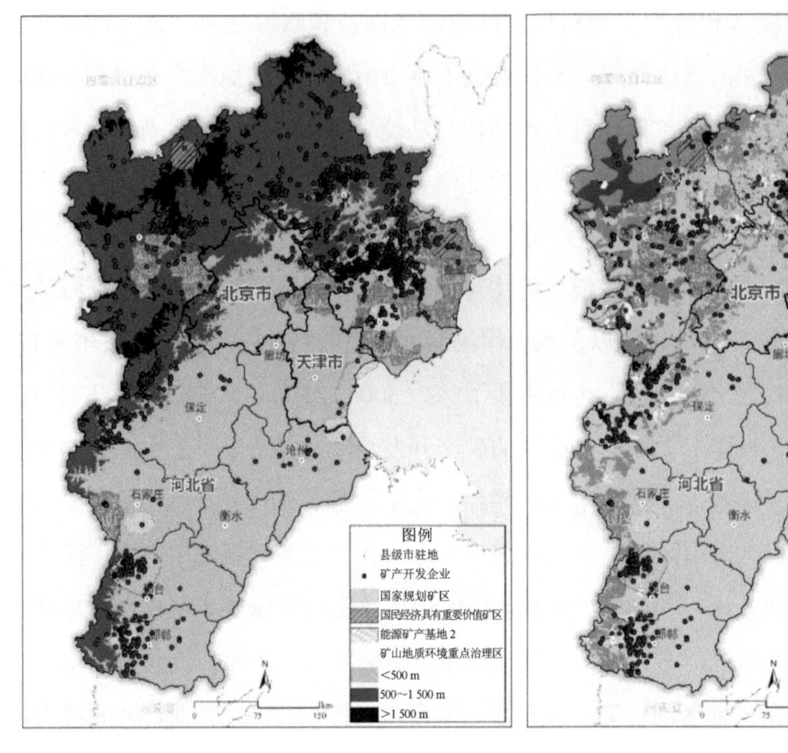

（a）海拔空间分布　　（b）水土流失敏感性空间分布

图 4-25　京津冀地区矿产企业分布

（4）坡耕地仍有分布，加剧水土流失等生态问题

结合京津冀地区的数字高程模型（DEM）及土地覆盖数据，通过 Arcgis 叠加分析提取区域的坡耕地（坡度 6°～25°）和陡坡地（坡度＞25°），并将其与水土流失敏感区进行耦合分析，结果如图 4-26 所示。京津冀地区的坡耕地和陡坡地主要分布在坝上高原、永定河上游山间盆地、太行山和燕山丘陵区，以承德市和张家口市所占比例最高，是水土流失的主要源地。坡耕地是山丘区群众赖以生存的基本生产用地，也是水土流失的重点区域。经分析可知，坡耕地面积的 43%处于水土流失敏感区，所占比例较大，其中承德市和张家口市分别占比约为 15%和 17%。长期以来，坡耕地生产方式粗放，广种薄收、陡坡开荒、破坏植被问题相当严重，造成土地沙化、退化，处于坡面上的耕作层一旦流失，生产、生态基础就会遭到破坏。据承德市水保所观测，坡耕地平均侵蚀模数 7 370 t/（km^2·a），为水平梯田的 192 倍，约为林地的 237 倍[①]。一般来讲，这种土地是宜草宜灌木的，不宜大规模耕作，而耕作比例越大，水土流失越严重，生态环境也就越恶劣。

① 陈建卓，王鹏. 河北省人为水土流失现状及防治对策[J]. 中国水土保持，1995（11）：41-69.

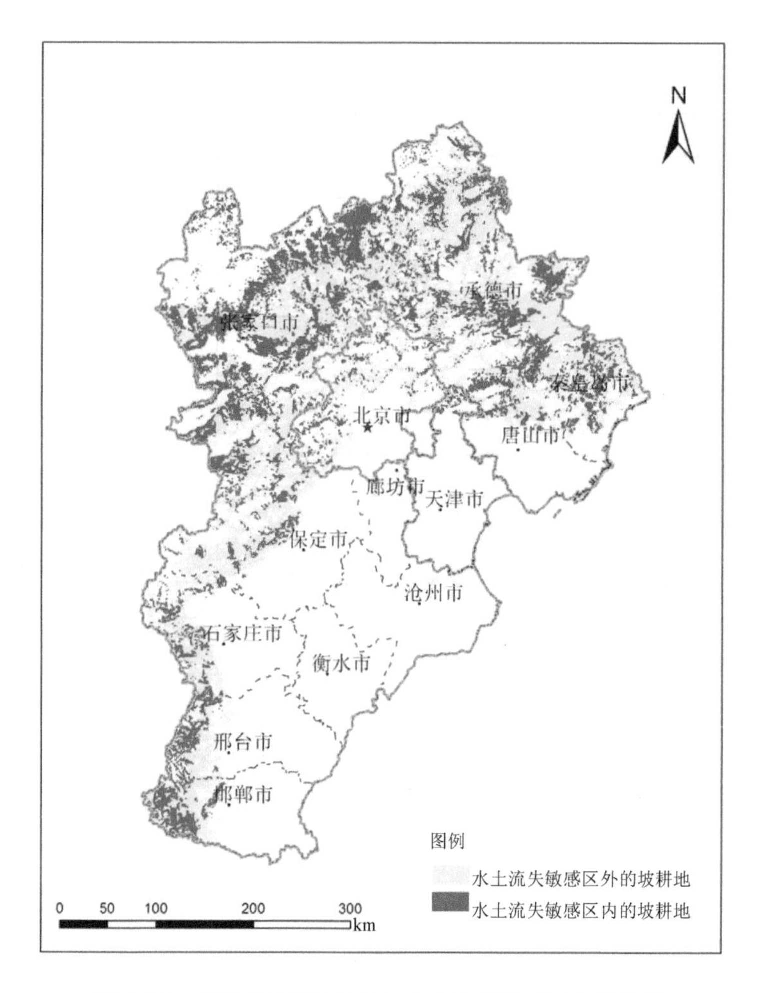

图 4-26 京津冀地区坡耕地与水土流失敏感区空间关系

（5）高强度围海造田，自然岸线严重萎缩

岸线资源开发强度大，自然岸线保有量低（表 4-6）。自然岸线在为海洋生物提供生境、海洋防灾减灾、提供文化服务等方面具有人工岸线不可替代的作用。自然岸线保护在过去很长时期内没有得到重视，人工围垦、围填海、港口码头建设等开发活动把大量的自然岸线改变成为人工岸线。京津冀地区自 2000 年以来实施了大规模的围填海活动，自然岸线开发比例已达到较高的水平（图 4-27、图 4-28），津冀已利用岸线超过两地岸线总长的 50%，河北省自然岸线保有量不足 15%，天津市已几乎没有自然岸线。

表 4-6 河北省海岸线类型长度统计表 单位：km

岸线类型		岸线长度
自然岸线	基岩岸线	33.59
	砂质岸线	38.96
	粉砂淤泥质岸线	14.31
人工岸线	堤、坝	364.22
	桥	2.93
	闸	1.35
	码头	23.09
	船坞	1.88
河口岸线	河口岸线	4.52
总计		484.85

资料来源：河北省海岸带调查报告. 2013。

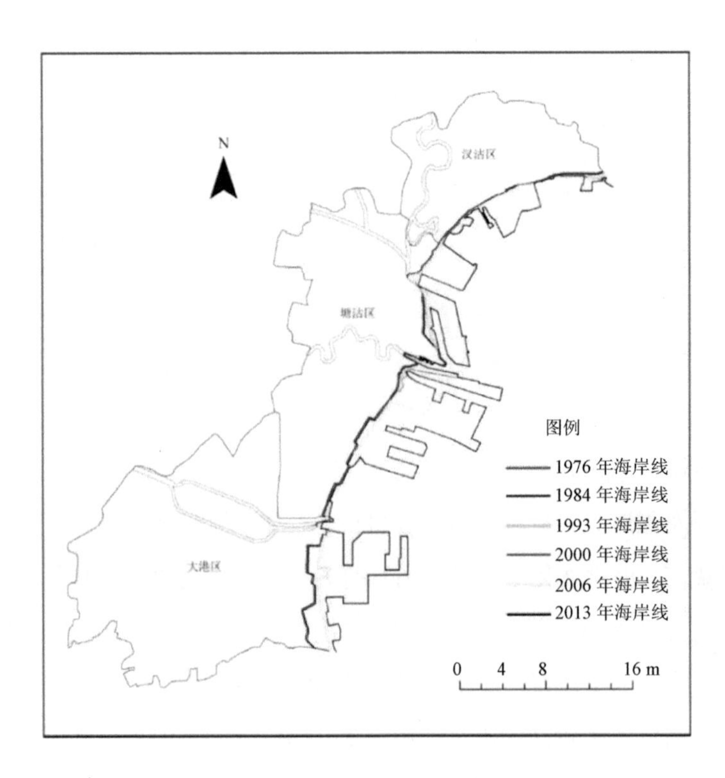

图 4-27 1976—2013 年天津市滨海新区海岸线

资料来源：穆雪男. 天津滨海新区围填海演进过程与岸线、湿地变化关系研究[D]. 天津：天津大学，2014。

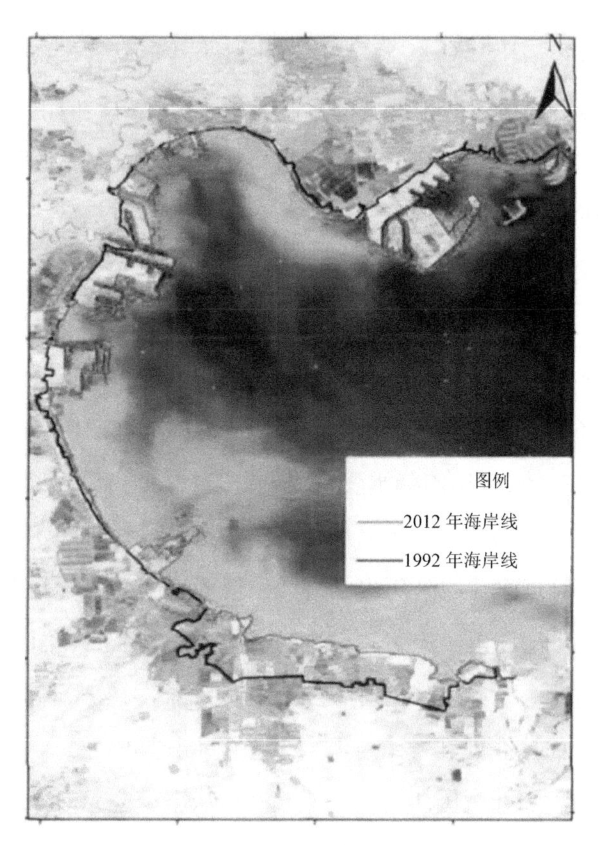

图 4-28 渤海湾岸线变化示意

4.4 区域生态问题的驱动因素

4.4.1 水资源不合理开发利用是加剧水生态系统恶化的主要因素

水资源长期不合理利用，加上降水逐年减少的气象条件，京津冀河湖湿地等水生态系统健康受到严重制约，出现地下水资源超采严重、地表水与地下水连接中断、河湖水体破碎化、河湖湿地大面积消失、湿地洪水调蓄和水源涵养功能降低等一系列生态问题。

（1）水资源匮乏，降水量逐年减少

京津冀地区年平均降水量 410 mm，坝西地区降水量低于 400 mm。通过近 50 年的降水资料统计[①]，京津冀地区所有站点降水量都在减少，东部地区降水减少比西部地区

① 李鹏飞，刘文军，赵昕奕. 京津冀地区近 50 年气温、降水与潜在蒸散量变化分析[J]. 干旱区资源与环境，2015，29（3）：137-142.

快，北京及周边减少得最快，但大部分地区降水减少并不显著，只有东部沿海地区降水发生了突变，显著减少。虽然西部地区降水减少不十分显著，但由于西部地区降水量最少，在降水减少的趋势下，目前已有局部地区降水量达 300 mm。降水量持续减少，更加剧了京津冀地区的水资源短缺问题。

（2）降水丰枯交替变化，洪涝与干旱灾害并存

京津冀地区历史上客观存在着降水丰枯交替变化的规律①。京津冀地区从 1470 年前后进入枯水期，1530 年后转入丰水期，1580 年前后又进入枯水期，丰枯持续时间一般为 50～65 年。自 1645 年前后至 1900 年，总趋势为偏丰水期转丰水期，持续时间长达 250 多年，在此期间 20～30 年的降水变化周期曾有规律地交替多次。1900 年后又进入枯水期，持续时间近 50 年；1949 年以后转入丰水期，持续时间 16 年；1965 年以后又进入枯水期。因此，对京津冀地区历史上曾经出现的连续干旱要有充分的认识：降水量年际波动较大，引起洪涝和干旱灾害频繁交替。城市不透水铺装面积增加进一步导致内涝频发，2012 年北京市“7·21”特大暴雨，79 人遇难，经济损失近百亿元。

（3）大量拦蓄工程掠夺性开发水资源，生态用水长期匮乏

人类控制自然的思想在中国历史上由来已久，从至少公元前 8 世纪以来，汉族人民就已经开始在华北平原的河流上筑造堤坝了，然而人类治水的愿望往往适得其反，导致更大的环境问题和生态破坏。京津冀地区上游修建了约 1 770 座水库，掠夺性开发水资源，生态用水长期匮乏，河流断流，湿地面积逐步萎缩。

白洋淀湿地生态缺水严重。20 世纪 60 年代前，白洋淀流域降水量丰沛，且上游河流无水库等拦蓄工程，汛期大量洪沥水下泄，白洋淀水面维持在 300 km^2 以上。20 世纪 60 年代以后，白洋淀上游陆续修建了 5 座大型水库和 1 座中型水库，随着水资源开发利用程度的提高，入淀水量逐渐减少，且入淀水质多为Ⅴ类和劣Ⅴ类。近 10 年来，白洋淀流域平均水资源总量 23.16 亿 m^3，地表、地下实际平均供水量达到了 38.43 亿 m^3，远远大于水资源总量，开发率达到 177%，入淀水量已近枯竭，地下水位下降迅速。自 20 世纪 80 年代至 2006 年，有 19 年共 22 次通过海河流域的王快水库、安各庄水库、西大洋水库和岳城水库向白洋淀临时进行生态补水共计 7.9 亿 m^3。这些措施对维持白洋淀湿地生态功能起到了重要的作用，但上述水库与白洋淀同属海河流域，基本同丰同枯，缺乏可靠的水源保证以及生态补水的长效机制。

南大港湿地保护与发展矛盾突出，生态缺水严重。中华人民共和国成立以后，尤其

① 陈天希. 京津冀地区近五百年降水变化规律探讨[J]. 水文，1993（2）：44-48.

是 1958 年兴建南大港农场以后，在农场内共修建了以廖家洼排干为主流的排水配套干渠 15 条，同时还相应修建了一些扬水站、圬工泵站，这些拦蓄工程很大程度上控制了洪涝灾害，解决了周围农田灌溉问题；但拦蓄工程将地表切割得七零八碎，使大部分地表径流汇入河流中，导致进入南大港湿地的自产水量减少，而河流中的水大量用于灌溉农田，导致了湿地入库水量的减少。此外，由于大兴水利建设，人工开挖了许多排干、排渠等，将原来的汇水面切割零散，截至 2000 年，南大港湿地的汇水面积由之前的 2 706.17 km^2减少至 297.6 km^2。汇水面积的减少，导致了汇入南大港湿地水量的减少，使湿地发生了由湿变干的演化过程。

衡水湖已基本丧失了自然流域系统的水源补给，仅依赖人工调水维持。据记载，历史上衡水湖湿地面积曾稳定在 120 km^2 左右。20 世纪五六十年代，由于上游兴建水库、拦截水源，衡水湖失去了上游水系供给，1965 年因兴建滏阳河和滏东排河工程，两河自衡水湖北部穿过，将面积为 120 km^2 的衡水湖切去了 45 km^2，余下南部 75 km^2。1972 年，冀州市在衡水市衡水湖东南部建围堤，修建了冀州小湖。1993 年冀、鲁两省达成引黄入冀协议，1994 年开始每年引黄入湖，湿地生态系统逐渐恢复，并形成了鸟类的迁徙驿站和庇护所。目前全湖以南北向中隔堤为界，分为东湖、西湖两部分，仅东湖常年蓄水，水面面积 42.5 km^2。

（4）水资源利用方式粗放，超出水资源承载力

经济高速发展依赖大量水资源，根据近 20 年统计数据，京津冀地区用水总量略有下降，近期基本保持稳定。高耗水产业结构、农业用水粗放等一系列用水结构不合理等因素，放大了区域水资源制约的效应，加剧了水生态系统恶化趋势。

高耗水产业结构为主，超出水资源承载力。京津冀地区以高耗水产业结构为主，北京市有食品饮料、木材制造、造纸、化工等 12 个耗水量较高的行业，天津市有水泥、冶金、造纸、印染等高耗水行业，河北省有火电、钢铁冶金、小水泥、小建材、小化工、小五金等高耗水行业。河北省万元工业增加值用水量 19 t，远高于周边的天津市 8 t、山东省 12 t、北京市 14 t。在太行山前地区，主要是京广交通走廊沿线及其周边地区，涉及保定、石家庄、邢台、邯郸等城市，密布高耗能、高耗水产业（火电、钢铁冶金、小水泥、小建材、小化工、小五金等），是华北地区地下水超采最严重地区之一。

农业用水方式粗放，浪费现象严重。天津市、河北省的用水以农业用水为主，分别占 48%和 70%左右，河北省农业用水浪费现象比较普遍。河北省高效节水面积仅有 2 500 万亩，大水漫灌等低效率的灌溉方式依然比较普遍，水资源浪费现象比较突出。由于农

业灌溉保证率降低，在井灌区70%以上农户使用的已是深水井，浅层地下水已经不能满足灌溉的需要，导致每年因地下水位下降，报废机井近万眼。另外，农业节水管理政策不到位，井灌区很多地方仍然无限制开采地下水，水费不收，缺乏用水的奖惩政策，灌溉水浪费现象仍然存在。天津市农业灌排工程设施使用年限较长，难以发挥工程效益，用水方式粗放，且农业节水工程建设速度较慢，部分节水灌区仅对一级、二级灌溉渠道进行防渗，造成节水工程建设标准达不到技术规范要求，喷微灌等高效节水技术推广的发展也相对缓慢，农业用水效率有待进一步提高。

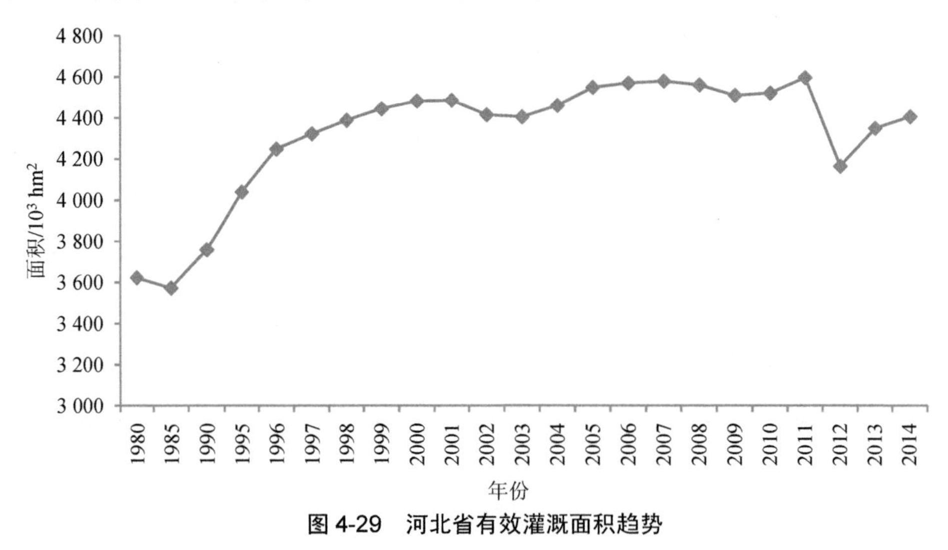

图4-29 河北省有效灌溉面积趋势

4.4.2 持续的高强度围填海活动与陆源污染是导致自然岸线和近岸海域退化的主要原因

（1）围填海等岸线开发强度大

由于土地资源有限且利用效率不高，“向海要地”现象普遍，特别是近10年来，津冀沿岸集中了化工、港口、养殖、油气、矿产、旅游、盐业等多种经济活动，导致沿海地区土地需求量增大。为满足土地需求，京津冀地区自2000年以来实施了大规模的围填海活动，根据国家海域动态监视监测管理系统成果数据分析，大规模的填海造地工程位于唐山曹妃甸、天津滨海新区和沧州黄骅港，其中曹妃甸区域建设用海规划填海总面积310 km^2，截至2014年1月共计完成填海造地210 km^2；天津滨海新区近10年来累计填海造地面积约 320 km^2，人工岸线从41.16 km增加到217.79 km；正在实施的沧州渤海新区区域建设用海项目也计划填海造地75 km。根据天津滨海新区和唐山曹妃甸新区的规划，到 2020 年区域还要有新增 300 km^2 的滩涂和近海转化为陆地。围填海导致海岸线向海洋推进了较大的距离，基本形成了以南部黄骅—滨州港、西部天津港和北部曹妃甸为中心的三大人工海岸聚集区①。渤海湾南部最远向海洋推进距离约为 22 011 km，渤海湾西部最远向海洋推进距离约为 14 670 km，渤海湾北部最远向海洋推进距离约为 20 024 km②。大规模围填海工程使天然滨海湿地面积大幅减小，大量滩涂湿地永久性丧失，导致许多重要的经济鱼、虾、蟹和贝类等海洋生物的产卵、育苗场所消失，海洋渔业资源遭受严重损害，长途迁徙的鸟类饵料数量减少，削弱了鸟类栖息地的功能，生物多样性迅速下降。

渤海湾水域面积和岸线历史变迁（1986—2014 年）空间分布见图 4-30。

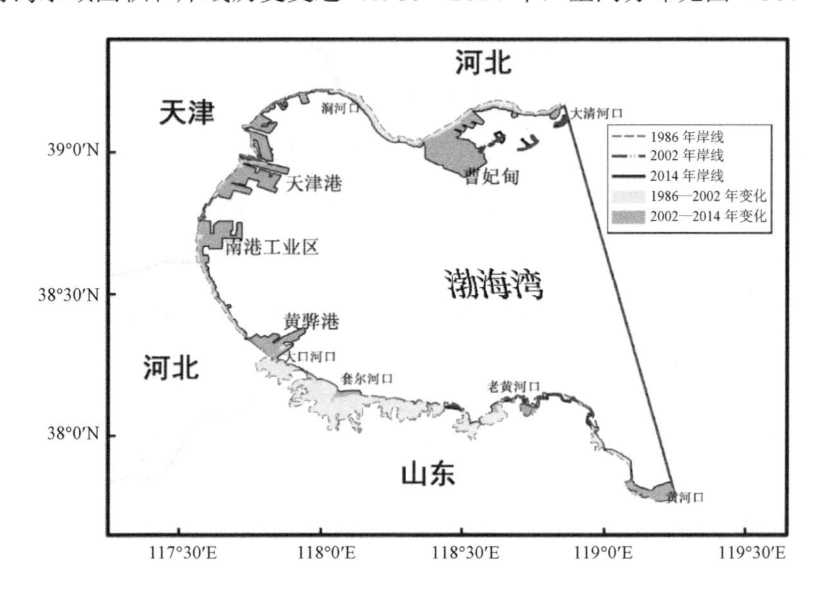

图 4-30 渤海湾水域面积和岸线历史变迁（1986—2014 年）空间分布

（2）陆源污染使海水质量恶化

多年大量接纳陆源污染物是河北和天津近岸海域水质恶化的主要因素。从天津境内入海的河流水质全部为劣Ⅴ类，陆源入海排污口达标次数占监测次数的 8.5%，主要污染物为化学需氧量、悬浮物和五日生化需氧量，其中化学需氧量超标站次比为 91.5%，悬浮物为 11.0%。河北省入海排污口达标率高于天津市，但超标排放的现象也非常严重。2015 年河北省境内主要河流污染物入海总量为 89 304 t，其中，化学需氧量为 83 248 t，

① 张立奎. 渤海湾海岸带环境演变及控制因素研究[J]. 青岛：中国海洋大学，2012.

② 苗海南，刘百桥. 基于 RS 的渤海湾沿岸近 20 年生态系统服务价值变化分析[J]. 海洋通报，2014（2）：121-125.

占污染物入海总量的 93.2%；氮、磷等污染物为 5 880 t，油类为 69 t，重金属为 95 t，砷为 12 t。

4.4.3 土地利用效率低及长期无序扩张是大量生态空间丧失的主要原因

人口增长、城镇化过程是平原地区农田与沿海地区滨海湿地等不断被挤占的重要因素。京津冀地区的人口密度呈上升趋势，从 2000 年的 483.45 人/km^2 上升到了 2010 年的 538.30 人/km^2。北京市、邯郸市和天津市的上升趋势最为明显，分别增长了 107.51 人、103.65 人和 72.36 人，特别是 2008 年，北京市的人口密度比 2000 年增长了 133.13 人。张家口市和承德市的人口密度增长最慢，分别增长了 4.35 人和 4.75 人。到 2010 年，天津市在城市群中的人口密度最高，其次是邯郸市和北京市。其中，承德市和张家口市的人口密度最低，其次是秦皇岛市，这三个城市的人口密度最低。其他城市位于中间阶段，基本与平均值持平。到 2010 年天津市的人口密度是承德市的 8.88 倍。土地利用效率低、城市建设“摊大饼”式蔓延，导致农田、自然岸线、滨海湿地等被建设用地侵占，大量生态空间丧失。提高土地利用效率、构建生态环境空间管控体系，是破解城市化发展过程中空间利用不均衡、布局不合理问题，从源头奠定城市生态系统与自然生态系统相互和谐的重要路径。

4.4.4 长期污水灌溉是农田生态系统土壤累积性污染的主要原因

农业用水是京津冀地区社会总用水的重要组成部分，其比例达到 60%以上，尤其是河北省，农业用水占全省总用水量的 72%。在农业用水短缺的前提下，污水灌溉被认为是缓解农业水资源紧张局势和实现污水有效资源化的重要方式，长期的污水灌溉导致土壤重金属累积性污染问题尤为突出。根据第二次中国污水灌溉普查报告，北京市利用城市生活污水、工业废水灌溉农田已有 30～40 年的历史，污灌面积近 14.47 km^2，主要集中在东南郊通州—朝阳地区、西郊石景山地区及房山地区，即石景山南段灌区、朝阳—通州灌区、房山石化灌区。天津市污灌区包括三大排污河系统，即北（塘）排污河灌区、南（大沽）排污河灌区、北京排污河灌区（又称武、宝、宁灌区），污灌面积达 90 km^2 以上。河北省最早污灌年限大约在 20 世纪 60 年代初，除承德市外，河北省各市均有污水灌溉区分布，大部分地区污灌年限超过了 30 年，保定市、石家庄市、沧州市和邯郸市污灌面积最大，张家口市、承德市、秦皇岛市污灌面积小。其中保定市和石家庄市是最早发展污灌的典型地区，这主要取决于该地区的经济和工业发展状况。污水灌区主要分布在城市近郊等周边地区及凉水河、永定河、南北运河、大沽排污河等排污河沿岸。天津市的北辰、东丽及静海的南运河污灌区，北京市的凉水河污灌区等，已经造成了较为严重的污染问题。

4.5 雄安新区生态变化及主要问题

4.5.1 雄安新区生态格局变化

如图 4-31、图 4-32 所示，1984—2015 年，雄安新区农田生态系统面积持续减少，农田生态系统面积占比由 1984 年的 77.72%下降至 2015 年的 68.97%。城镇生态系统面积持续增加，城镇生态系统面积占比由 1984 年的 9.43%增加至 16.89%。林地和草地生态系统面积均有小幅度增加，变化不明显。湿地生态系统从面积上看，经历了先增加后减少的过程，其中，1990 年湿地生态系统面积最大（占比约为 16.57%），2015 年湿地生态系统面积占比（12.69%）与 1984 年湿地生态系统面积占比（12.04%）相差不大。

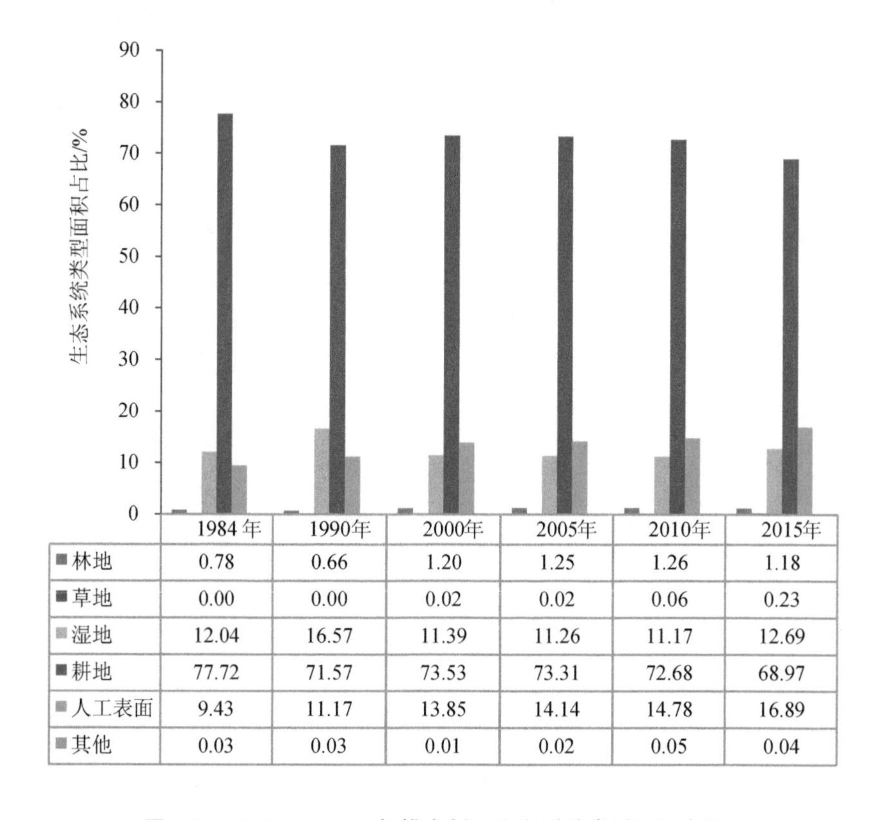

	1984 年	1990年	2000年	2005年	2010年	2015年
■林地	0.78	0.66	1.20	1.25	1.26	1.18
■草地	0.00	0.00	0.02	0.02	0.06	0.23
■湿地	12.04	16.57	11.39	11.26	11.17	12.69
■耕地	77.72	71.57	73.53	73.31	72.68	68.97
■人工表面	9.43	11.17	13.85	14.14	14.78	16.89
■其他	0.03	0.03	0.01	0.02	0.05	0.04

图 4-31　1984—2015 年雄安新区生态系统类型面积占比

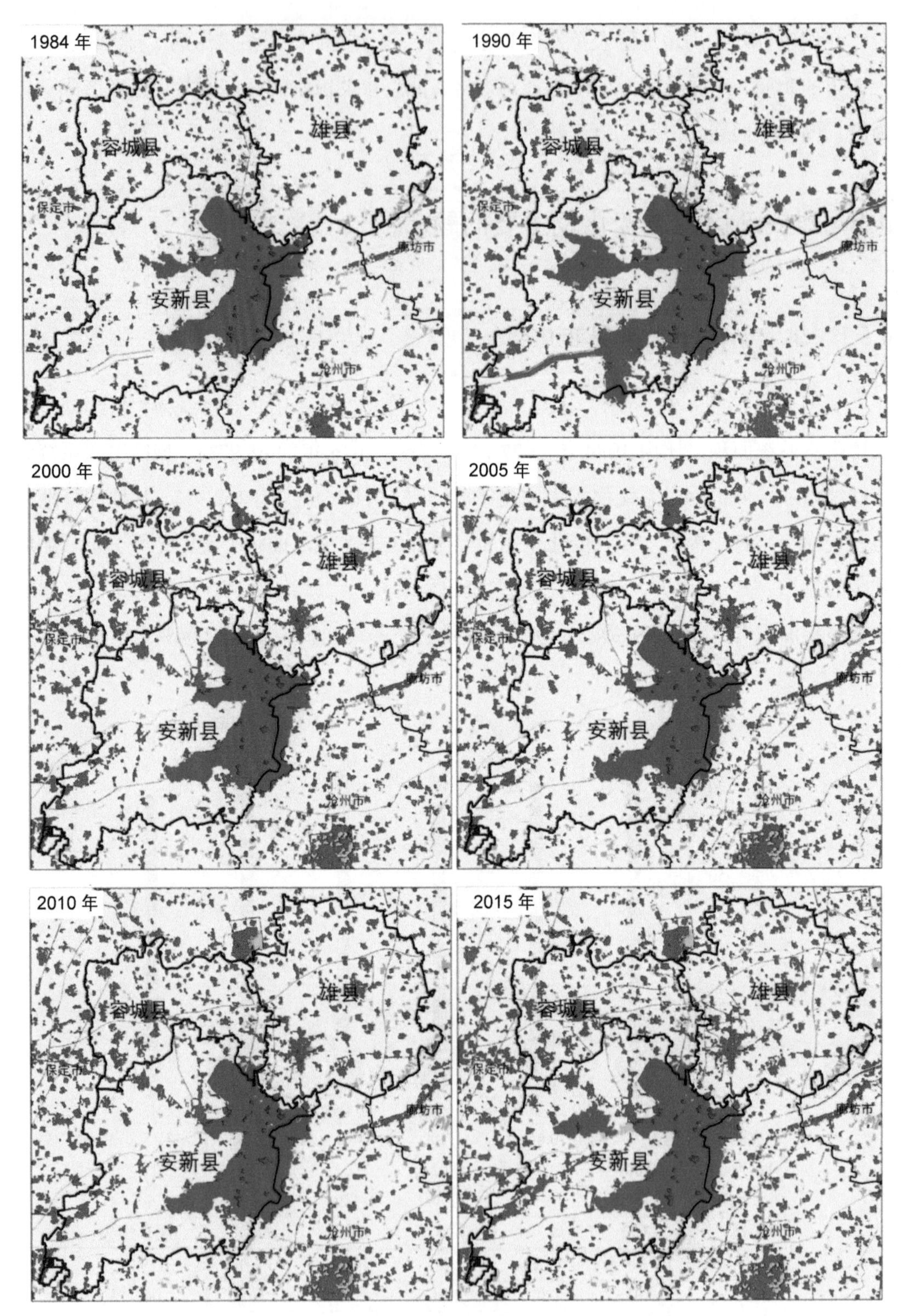

图 4-32 1984—2015 年雄安新区生态系统类型分布

与整个京津冀区域相比，雄安新区建设用地的增速相对较慢，2015 年雄安新区建设用地面积由 1984 年的 148.7 km^2 增加到 266.3 km^2，增幅达 79%，低于京津冀区域建设用地 106.12%的建设用地增速。当前的现有开发程度较低，建设用地面积占比仅为 16.89%，耕地面积占比 68.97%。另外，雄安新区位于白洋淀水域区域，拥有较大面积的湿地生态系统，通过近年来对白洋淀生态保护与修复工程的实施，目前雄安新区内湿地生态系统面积（包含各类人工湿地）与 20 世纪 80 年代湿地面积相当。雄安新区这种开发程度低、资源环境承载力较强的区域特征，为今后"打造美妙生态环境，构建蓝绿交织、清新明亮、水城共融的生态城市"奠定了基础。

4.5.2　雄安新区面临白洋淀水位下降、水体污染和生态功能退化等问题

（1）白洋淀入淀水量减少，水位下降

白洋淀自 20 世纪 50 年代以来，实际入淀水量呈减少趋势。20 世纪 50 年代平均入淀水量为 18.27×10^8 m^3，20 世纪 80 年代降为 1.47×10^8 m^3，仅为 20 世纪 50 年代的 8%，2000 年以来平均入淀水量仅为 20 世纪 50 年代的 3.56%。由于白洋淀的调节库容小，加之水量的年内、年际变化较大，故不能实现多年调节。造成一方面大量弃水，另一方面出现干淀。白洋淀在这 50 多年中共有 20 年出现干淀现象，其中 1981—1987 年连续 7 年干淀，1972 年、1984—1987 年、1992—1993 年、1997—1999 年无水入淀。

来水量减少、气候干旱，致使白洋淀水位降低，水面面积呈萎缩和减小趋势，50 年来，淀区最大水面面积是最小水面面积的 3.86 倍。20 世纪 50 年代白洋淀水位较高，曾是重要的运输航线，船舶往来其中，畅通无阻。淀内有航道 96 km，周边地区的物资交流大部分依靠航运。保定港年吞吐货物 2.6×10^5 t 左右，安新港货物的年吞吐量也在 1.2×10^5 t 以上。进入 20 世纪 80 年代以后，淀水量减少，水位降低，淀内主河道大货船已不能通行，水面上只有往来穿梭的小渔船，有些地方甚至只能撑篙前行。

白洋淀历年的水位呈下降趋势，20 世纪 50 年代入淀水量丰富，水位高；20 世纪 80 年代，持续干淀，淀水位达到最低；20 世纪 90 年代以来，由于自然气候条件的变化和人为因素的影响，水位略有回升，但与 20 世纪 50 年代淀水位相比仍相差甚远。在工农业迅速发展的今天，显然不能满足经济发展的需要和淀区的控制运用要求。

（2）白洋淀水体污染严重

白洋淀水质不容乐观，水体环境处于恶化之中，湿地生态系统稳定性趋向脆弱。据调查，20 世纪 50 年代白洋淀水量大，水体清澈；藻苲淀、烧车淀水体清澈见底，漾堤

口、杨庄子及枣林庄等处大清河河道内水的透明度分别达到 150 cm、200 cm 和 170 cm。1975 年调查时，府河及大清河河道已经十分混浊，透明度明显减小：南刘庄 28 cm、王家寨 162 cm、刘庄子 40 cm、枣林庄 30 cm，其余主要淀泊水体尚较清，透明度多在 100 cm 以上。20 世纪 90 年代府河河口一带水域水色如酱油，透明度极低。目前白洋淀水体大体是处于中一富营养型水平。淀区上游污染源主要是保定市和北京房山区排放的工业污水，主要污染物为耗氧有机物、碘化物、石油和锌等。同时由于淀区石油开发、机动船只、农用化肥、农药的大量使用以及唐河污水库管理不善，加重了水质污染程度。

2015 年白洋淀平均水位为 7.86 m。Ⅲ类区中烧车淀、枣林庄和光淀张庄 3 个点位为Ⅳ类水质，其中烧车淀主要污染物为化学需氧量、总磷和高锰酸盐指数，枣林庄点位主要污染物为化学需氧量和高锰酸盐指数，光淀张庄点位主要污染物为化学需氧量和总磷。王家寨、圈头和采蒲台点位水质为Ⅴ类，其中王家寨点位主要污染物为总磷和化学需氧量，圈头和采蒲台点位主要污染物为化学需氧量、总磷和高锰酸盐指数。端村点位为劣Ⅴ类水质，主要污染物为化学需氧量、总磷和高锰酸盐指数。Ⅳ类区南刘庄水质劣于Ⅴ类，主要污染物为氨氮和总磷。鸪丁淀处于干淀状态。

（3）湿地洪水调蓄、调节气候、生物多样性保护等功能退化显著

湿地洪水调蓄功能明显下降。由于入淀水量减少、泥沙淤积和围湖造田，白洋淀调洪水位 9.1 m 时，总库容已由原 1.295×10^9 m^3 降至 1.07×10^9 m^3，减少了 17.4%。水面面积减小和湿地植被的破坏降低了白洋淀湿地拦蓄洪水的能力，在丰水期不能有效地拦蓄洪水，致使洪峰向下游推进。同时，白洋淀湿地对水资源拦蓄存储作用和对河川径流调节作用的减弱，使其在枯水季节或枯水年份，没有足够的地下水源补给淀内的基本生态用水和生产生活用水。这也是淀区水环境质量恶化、生物资源遭到破坏的一个主要原因。

湿地调节气候功能退化。白洋淀是华北地区最大的淡水湖，每年通过水面蒸发和植物蒸腾作用散失到空气中的水分子可以调节空气湿度，增加降水量，改善局部地区的小气候环境。由于白洋淀水量减少、持续干淀、水面面积缩小，湿地生态系统的结构和功能都发生了明显变化，维持生态及调节气候的功能也有所下降。根据安新县的气象资料，对比 1952—2012 年的相关数据，发现白洋淀夏季温度至少增加了 2℃，而冰冻期增加了 37 d。

湿地生物多样性保护功能退化。20 世纪 50 年代，白洋淀水域广阔，河流中大量有机质与营养盐类随水流入淀，从而淀水肥沃、含氧量高、底泥松软肥厚，加上适宜的光

热条件，给水生生物的生长繁衍创造了良好的条件。淀内水生生物种类繁多，数量大，盛产鱼、虾、蟹、贝、芦苇、藕、菱角等。20 世纪 60 年代以后，随着上游水库的建成，白洋淀水生生物种群结构发生了明显变化。鱼类减少了 40 余种，经济价值高的鲤鱼、鲂鱼等数量大大减少，劣质杂鱼所占比重提高。同时，栖息于淀内的鸟类、水禽也日益减少，过去野鸭成群的大小淀泊，现在只有罕见的三五只出现。水文特征的改变同样也影响到了芦苇的生长，1960—1962 年安新县苇田面积 84.7 km^2，总产量达 9×10^4t。而 1963 年入淀水量增加，淀水位超过了芦苇发芽适宜的水位，次年芦苇的种植面积只有 26 km^2，产量仅 520 t。1983 年开始连续干淀，对芦苇的生长影响很大，不少苇田只有靠打井提灌，加之干旱条件下苇田病虫害频发，极大地影响了芦苇的产量和质量。

4.5.3 人类活动与气候变化是雄安新区生态功能退化的主要因素

气候变化主要表现在降水量和蒸发量上。一是上游降雨减少，入淀各河流水量减少。近 50 年来，白洋淀区域降水量呈减少趋势，尤其是从 1980 年开始，白洋淀降水量显著减少，20 世纪 80 年代平均降水量比 60 年代减少了 69.68 mm，到 2000 年以后进入了又一个典型的干旱期，平均降水量比 60 年代减少了 140 mm。二是淀区水面蒸发量加大。白洋淀属于大型平原洼淀，为浅碟状，另外淀水面宽阔而水深较浅，本身库容较小，造成淀区的蒸发损失很大。人工开垦耕地造成上游水土流失，使白洋淀水域水体变浅，浅水湿地对气温的变化反应比较强烈，导致蒸发量增加。近年来，随着全球温度的普遍升高，白洋淀区域温度也在升高，这也是蒸发量增大的另外一个原因。据统计，淀区 1964 年蒸发量大约为 1 230 mm，而到 1990 年以后蒸发量高达 1 600 mm，年平均蒸发量比 1964 年增加了约 370 mm。淀内水体的主要补给方式是降水，降水量的减少和蒸发量的增大导致淀区水位逐渐降低。

人类活动驱动力主要表现在上游拦蓄工程、不合理的土地利用开发、污染排放等。一是上游水库、引水工程的修筑引起的入淀径流的改变。自 1958 年以来，在白洋淀上游各河道上共修建大、中水库 143 座，总库容 3.6×10^9 m^3。水库的拦腰截水改变了水资源的时空分布，也使原本不足的入淀水量明显减少。在同样的降水条件下，建库前和建库后的入淀水量有着显著的区别。例如，20 世纪 80 年代平均降水量为 506.6 mm，是 50 年代的 72.9%，而入淀水量仅为 20 世纪 50 年代入淀水量的 8%。近 10 年来，白洋淀流域平均水资源总量 23.16 亿 m^3，地表、地下实际平均供水量达到了 38.43 亿 m^3，远远大于水资源总量，开发率达到 177%，入淀水量已近枯竭，地下水位下降迅速。二是湿地周边土地开发利用存在空间布局不合理。白洋淀周边增加的耕地主要来自白洋淀湿地，淀内和上游人工开垦耕地，造成上游水土流失，这些流失量进入淀内，造成白洋淀水域范围在缩小，淀内水体变浅，蓄水量减少。侵占湿地开垦为居住用地，是导致白洋淀水域范围不断减少的重要因素。三是白洋淀水体自我稀释调节能力减弱，污染物排放对水质影响大。20 世纪 50 年代，工业落后，上游污染排放量小，加之入淀水量大，淀水位较高，白洋淀污染物浓度低，可以被水中动植物、微生物分解吸收，不会造成污染。1964 年以后进入干旱期，降水量减少，甚至出现多年连续干淀。伴随着工农业的发展，污染排放量也在逐年递增，两方面共同作用造成入淀污染物浓度超标，水质恶化。即使在多年干淀后出现入淀水量较大的丰水年，也会因前些年污染物的积累而影响淀内水质。

5

区域发展的生态影响评价

结合京津冀地区主要的生态问题，在区域中长期发展情景下，分别评价区域发展空间布局对生态安全格局的影响、区域发展对湿地等水生态功能的影响、林草人工化的生态影响、农业生产与工业排污对土壤重金属累积的影响，预测区域重大生态问题的未来走向，为提出针对性的生态保护对策提供依据。

5.1 区域中长期发展情景与生态影响关键因子

5.1.1 社会经济发展情景

社会经济发展情景以地区 2000—2015 年历史趋势数据及地区第十三个国民经济和社会发展五年规划中的 GDP 发展速度和产业结构调整目标为基础，根据不同地区的主体功能定位和发展情景，确定了不同情景下 2015—2020 年地区 GDP 发展速度和一、二、三次产业的发展速度。2020—2035 年随着中国城市化和工业化进程的基本完成，中国经济将进入稳定状态，经济增速将进一步下降，预计是 2015—2020 年的 80%，大多数地市的经济增速将在 6%～6.5%。在三次产业的增速上，则主要以 2010—2014 年各地市三次产业的发展趋势为基础，考虑了 2000—2014 年的平均增速、2010—2014 年的平均增速以及 2012—2014 年的平均增速变化情况，结合其 GDP 整体增速，确定不同产业的发展增速。

根据上述确定的 GDP 增速和三次产业增速，预计到 2020 年，京津冀地区 GDP 总量将达到 100 156 亿元，相较于 2015 年年均增速是 7%，是 2010 年 GDP 总量的 2.28 倍，可以实现 GDP 翻一番的目标。到 2035 年，GDP 总量将达到 242 951 亿元，相较于 2020

年年均增速 6.09%。三次产业结构将从 2014 年的 5.77%∶40.76%∶53.48%调整为 2020 年的 5.04%∶36.75%∶58.22%。到 2035 年时将达到 3.67%∶31.76%∶64.57%（表 5-1）。

表 5-1 京津冀地区各地市 GDP 及三次产业结构

城市	2020 年				2035 年			
	GDP/亿元	一产/%	二产/%	三产/%	GDP/亿元	一产/%	二产/%	三产/%
北京市	31 469.0	0.6	18.0	81.4	63 878.8	0.3	13.5	86.2
天津市	24 867.8	0.9	43.6	55.5	67 022.8	0.4	36.0	63.6
石家庄市	7 810.7	7.5	42.5	50.0	19 620.7	4.0	33.0	63.0
唐山市	8 361.8	8.0	53.0	39.0	21 005.1	6.5	44.0	49.5
秦皇岛市	1 795.2	14.0	36.0	50.0	4 302.2	13.0	32.0	55.0
邯郸市	4 515.6	12.0	47.0	41.0	10 569.1	9.5	40.0	50.5
邢台市	2 475.1	15.0	44.0	41.0	5 657.1	12.0	38.0	50.0
保定市	4 408.5	13.0	48.0	39.0	11 881.6	9.0	41.0	50.0
张家口市	2 003.5	18.5	40.0	41.5	4 799.9	15.0	33.0	52.0
承德市	1 950.4	18.5	46.5	35.0	4 458.0	16.0	34.0	50.0
沧州市	4 986.1	8.5	51.5	40.0	14 748.4	5.0	52.0	43.0
廊坊市	3 719.9	6.5	40.0	53.5	10 504.2	3.5	32.0	64.5
衡水市	1 792.6	13.5	45.0	41.5	4 503.0	10.0	43.0	47.0

5.1.2 人口与城镇化情景

北京“十三五”规划建议首提严控人口规模。中共北京市委全会的决议中首次提出了 2 300 万元的“天花板”。2020—2035 年，北京“以业控人”的人口调控方案持续进行，人口结构和布局进一步优化，人口增长将继续放缓，城镇化水平上升空间较小（表 5-2）。

天津“十三五”推动人才引进，主城区人口增长放缓，周边人口增长加速。按照年均人口增长率高水平 3%以内的趋势外推，至 2020 年，天津总人口将达 1 800 万左右；2020—2035 年按照人口增长率中水平 1.3%的趋势外推，至 2035 年天津总人口将达 2 200 万左右。以建设世界级城市为目标，至 2020 年，天津城镇化水平将大幅提升，将达 90%左右；至 2035 年，按照与北京共同打造“双城”的目标，城镇化率将与北京相当，将达 93%（表 5-2）。

河北新型城镇化与承接非首都功能共同推进，带动人口快速增长。《河北省新型城镇化规划（2014—2020 年）》提出到 2020 年，河北城镇人口增加 800 万人。《中共河北省委关于制定河北省“十三五”规划的建议》强调河北将迈出新型城镇化新步伐，即未来五年河北城镇化率要大幅提高近 10 个百分点，至 2020 年，城镇化率达 60%，计算得出总人口达 7 900 万左右。按照《京津冀协同发展规划纲要》要求，津冀将整体建成“以首都为核心的世界级城市群”，预测到 2035 年，河北城镇化水平继续提高 10 个百分点，达 72%，总人口再增加 935 万人，达 8 835 万人（表 5-2）。

表 5-2 京津冀地区各地市 2020 年、2035 年人口与城镇化率预测

城市	总人口/万人		城镇化率/%	
	2020 年	2035 年	2020 年	2035 年
京津冀地区	12 000	13 335	71	80
北京	2 300	2 300	92	98
天津	1 800	2 200	90	93
廊坊	570	820	64	80
保定	1 280	1 500	57	75
石家庄	1 160	1 300	65	78
唐山	850	915	68	76
张家口	480	510	58	70
秦皇岛	320	340	58	68
承德	360	390	60	68
邢台	740	780	56	67
邯郸	950	1 000	58	67
沧州	740	800	63	68
衡水	450	480	52	64

5.1.3 区域发展的生态影响关键因子

根据区域中长期发展情景以及区域主要生态问题驱动因素分析，城镇化、农业生产、资源开发、海岸带开发建设与产业布局是影响区域生态系统格局与功能的关键因子。

（1）城镇化

城镇化发展会导致自然生态系统景观破碎化、生境变化、湿地萎缩、林草人工化，会导致耕地资源占用和优质耕地丧失，生态建设本身也会使生态系统遭受破坏。

（2）农业生产

高强度耕作会带来面源污染、地下水短缺与污水灌溉、土壤污染与重金属累积等问题，耕地资源占用和土壤污染的粮食安全问题。

（3）海岸带开发与建设

围填海、港口建设、各种海洋设施建设、过度捕捞、陆源污染物排海、海水养殖等活动都会带来滨海湿地退化、生物多样性锐减、生境变化、海水水质污染等一系列问题。

（4）工业布局

不合理的产业布局会影响防风固沙、水源涵养、土壤保持等生态功能，加剧水土流失和荒漠化问题、重金属污染，一体化与疏解战略会给产业与人口承接地区带来生态压力、环境污染、基础设施建设压力等。

（5）矿产资源开发与利用

不合理的资源开发会影响区域防风固沙、土壤保持与水源涵养功能，加剧水土流失与荒漠化等生态问题，矿产资源开发对生态保护红线地区产生影响，尤其是在矿产资源开发与生态保护红线相冲突的地区。

（6）水资源开发与利用

长期掠夺性开发利用水资源，粗放式的水资源利用方式，对水资源匮乏的京津冀地区产生重大影响和制约，导致加剧水资源短缺、地下水超采、生态用水严重挤占等一系列问题。

（7）林业发展

京津冀地区人工造林有效地提高了区域森林覆盖率，改善了土地荒漠化等生态问题，但人为地在干旱、半干旱地区大面积造林，对当地生态环境、生物多样性以及当地人的生计可能造成负面影响。

5.2 城镇化生态影响评价

5.2.1 城镇持续开发建设，挤占耕地、湿地等的风险加大

京津冀地区作为未来我国吸纳新增城镇人口的重点地区之一，未来的城镇人口规模还会有较大幅度增长，根据各地市有关规划，到 2020 年京津冀地区总人口规模将达到 12 000 万人，相较于 2014 年的 11 070 万人增长 8.4%，区域城镇人口增加 1 800 万人，城镇化率将由 60.45%增长至 71%，按照人均建设用地控制在 120 m^2 核算，城镇建设用地增量将达到 2 000 km^2，增幅达到 25%以上。京津冀地区城镇建设用地增长集中的区域包括北京市周边县市区（廊坊、保定）和东部沿海地区。未来还将迎来大规模的城市建设用地扩张，而京津冀地区总体上建设用地利用粗放，河北各地市城镇化发展需求旺盛，促进城镇化进程中土地利用集约化，向调结构布局、深度城镇化的阶段调整十分重要。

京津冀地区城市开发强度过大，30 年间，京津冀地区城镇生态系统面积由 1984 年的 11 985 km^2 增加到 2015 年的 24 496 km^2，增幅达 105%，年均上升幅度 3.5%。大量湿地、滩涂永久性丧失，白洋淀、大港等天然湿地面积逐年下降，官厅水库、密云水库面积缩减，水源涵养与洪水调蓄功能下降，天然草地、天然林面积持续缩减，生态用地斑块化、破碎化，已经逐渐威胁到京津冀地区的生态健康与安全。

未来京津冀地区的城镇扩张将加剧占用耕地、湿地等生态空间，威胁重要生态功能区与生态敏感地区，预测 2020 年建设用地范围侵占生态极敏感重要区 988 km^2，自然岸线、滨海湿地、河流廊道、浅山区林地、平原区耕地面临巨大威胁。中部核心区面临城市扩张侵占山体林地、河流廊道等生态风险，沿海地区面临滨海开发占用湿地和岸线资源、港口开发侵占自然岸线，平原地区面临城市扩张侵占耕地等威胁。

京津冀地区规划建设用地、工业园区与生态敏感区叠加见图 5-1。

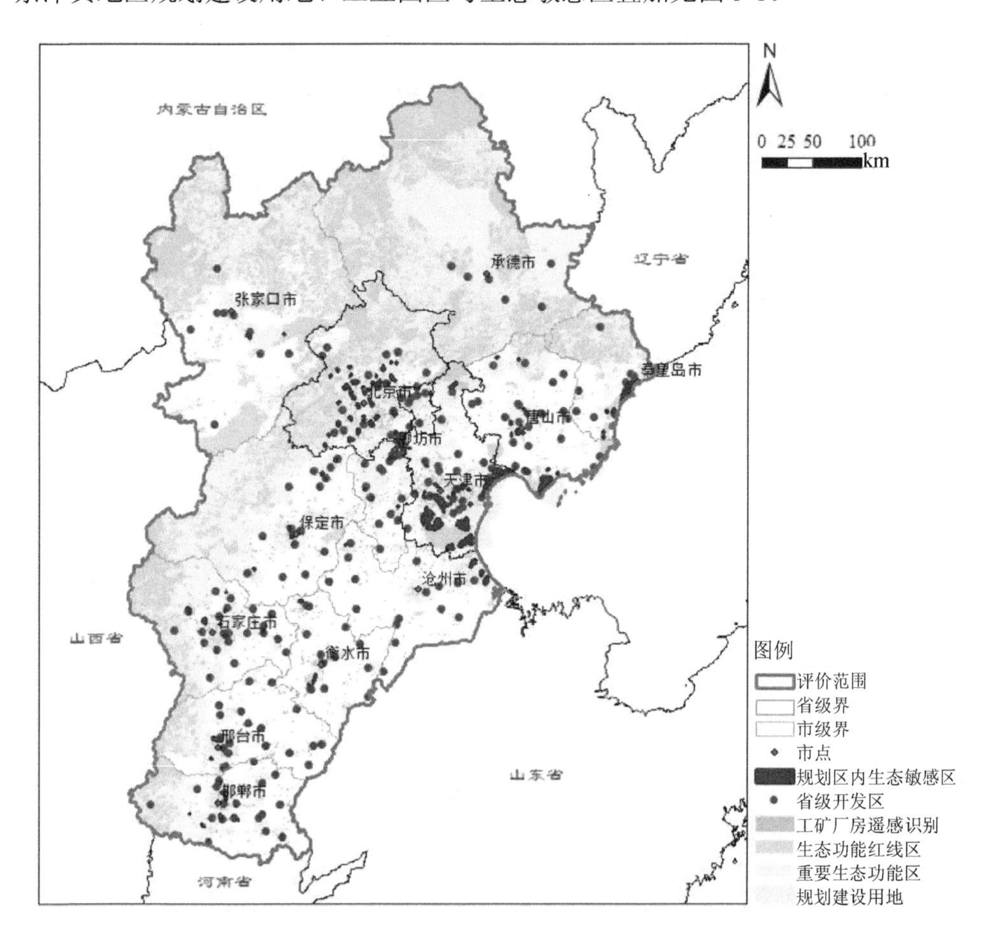

图 5-1　京津冀地区规划建设用地、工业园区与生态敏感区叠加

5.2.2 环首都地区开发建设强度增加，生态保护与修复压力加大

环首都地区开发建设强度持续增加，蔓延式扩张态势持续。北京市和天津市区域内的超大型城市，聚集了京津冀地区 70%以上的城镇人口，城市空间范围大、开发强度大、增长速度快，现状建设用地约 3 893 km²，已与包括廊坊、保定在内的部分城市形成整体发展格局，是京津冀地区协同发展的中部核心功能区。以北京为中心半径 30 km 范围内，现状城市建设用地为 1 628 km²，开发建设强度达到 57.6%，60 km 范围内，现状城市建设用地为 3 065 km²，开发建设强度达到 27%。按照北京人口疏解与京津廊城镇化发展目标，2020 年环首都地区总人口将达到 4 670 万人，其中城镇人口 4 100 万人，相较于 2014 年的 4 138 万人增长了 12.9%，按照人均建设用地控制在 120 m² 核算，2020 年首都圈城镇建设用地将增加 638.4 km²。北京、天津两市市辖区建设用地扩张已接近极限，伴随北京非首都功能疏解、天津新城发展和廊坊、保定主动融入京津发展格局，首都周边地区，包括北三县和天津蓟州、武清、宝坻的京津廊道地区，开发建设仍将保持较高强度，建设用地增长延续蔓延式扩张，资源环境和生态保护压力将进一步加大，人居环境问题十分突出（图 5-2）。

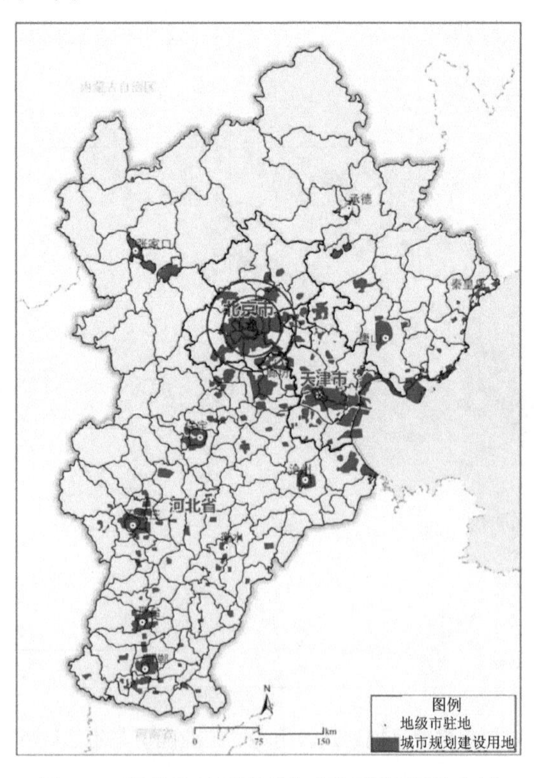

图 5-2 环首都地区现状与规划建设用地布局

5.2.3 城镇化的生态风险评价

结合京津冀地区的城镇化空间分布以及生态敏感脆弱性特征，综合考虑区域当前城镇化水平、未来城镇化率增速、生态系统敏感性和脆弱性等因素，以县域行政单元进行评价，京津冀地区城镇化的生态风险评价等级如图 5-3 和表 5-3 所示。其中，北京市、天津市、廊坊市等地区城镇开发强度高，作为高风险区，是未来风险防控的重点区域，占京津冀地区国土总面积的 12%。涿州市、高碑店市、固安县、霸州市、香河县、大厂回族自治县、三河市、蓟州区、武清区、宝坻区、永清县等地区虽然当前城镇化水平相对不高，但未来城镇化率增速很快，作为较高风险区，应当予以足够重视。

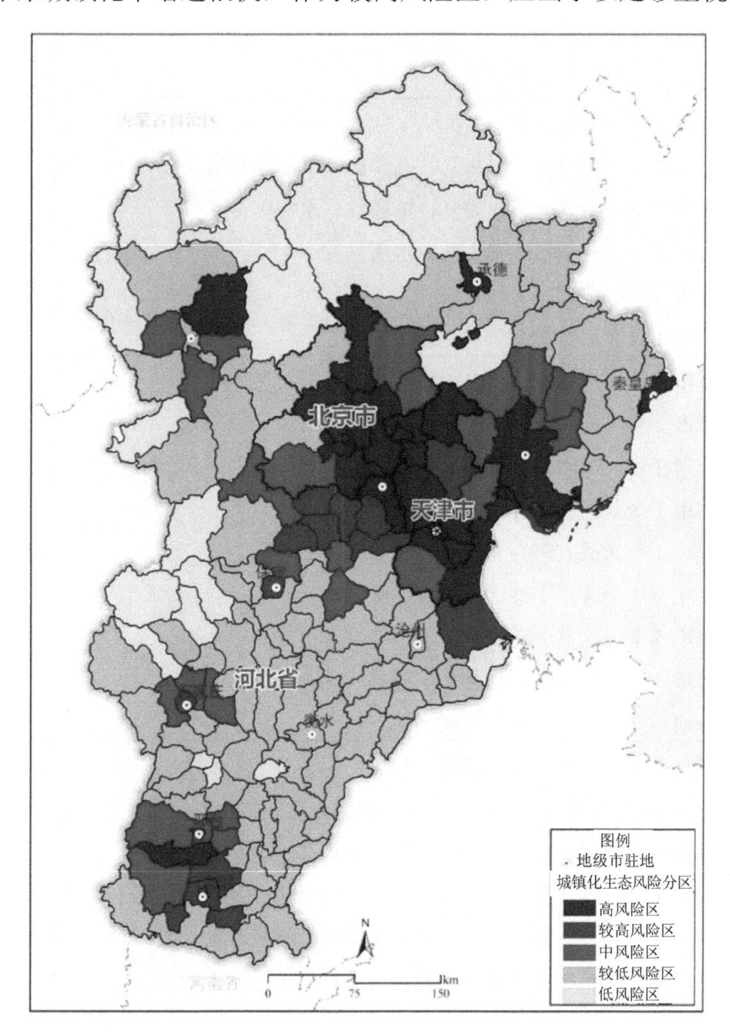

图 5-3 京津冀地区城镇化的生态风险评价等级分布

表 5-3 京津冀地区城镇化的生态风险评价统计

城镇化生态风险分区	空间范围	面积/hm^2	占比/%
高风险区	北京市 11 个（昌平区、朝阳区、大兴区、东城区、丰台区、海淀区、怀柔区、石景山区、顺义区、通州区、西城区）； 天津市 13 个（北辰区、滨海区、东丽区、和平区、河北区、河东区、河西区、红桥区、津南区、南开区、武清区、西青区、蓟州区）； 廊坊市 4 个（大厂回族自治县、市辖区、三河市、香河县）； 唐山市 1 个（市辖区）； 承德市 1 个（市辖区）； 秦皇岛 1 个（市辖区）； 邢台市 1 个（沙河市）； 张家口市 1 个（崇礼县）	25 855.84	12
较高风险区	天津市 1 个（宝坻区）； 保定市 4 个（市辖区、定兴县、高碑店市、涿州市）； 邯郸市 4 个（市辖区、成安县、邯郸县、永年区）； 廊坊市 3 个（霸州市、固安县、永清县）； 邢台市 2 个（市辖区）； 沧州市 1 个（黄骅市）	11 118.97	5
中风险区	北京市 3 个（房山区、密云区、平谷区）； 天津市 2 个（静海区、宁河区）； 保定市 3 个（涞水县、雄县、徐水区）； 沧州市 1 个（任丘市）； 邯郸市 1 个（武安市）； 石家庄市 3 个（正定县、鹿泉市、藁城市）； 唐山市 5 个（滦县、迁安市、迁西县、玉田县、遵化市）； 邢台市 3 个（南和县、任县、邢台县）； 张家口市 2 个（万全区、宣化区）	27 983.37	13
较低风险区	北京市 2 个（门头沟区、延庆区）； 保定市 12 个（安国市、安新县、博野县、定州市、高阳县、蠡县、满城县、清苑区、容城县、顺平县、望都县、易县）； 沧州市 12 个（市辖区、泊头市、沧县、东光县、河间市、孟村回族自治县、南皮县、青县、肃宁县、吴桥县、献县、盐山县）； 承德市 4 个（承德县、宽城满族自治县、滦平县、平泉市）； 邯郸市 11 个（磁县、大名县、肥乡区、馆陶县、广平县、鸡泽县、临漳县、邱县、曲周县、涉县、魏县）； 衡水市 11 个（市辖区、安平县、阜城县、故城县、冀州区、景县、	97 185.57	45

城镇化生态风险分区	空间范围	面积/hm²	占比/%
较低风险区	饶阳县、深州市、武强县、武邑县、枣强县)； 廊坊市 2 个（大城县、文安县)； 秦皇岛市 4 个（昌黎县、抚宁区、卢龙县、青龙满族自治县)； 石家庄市 12 个（行唐县、晋州市、井陉县、栾城县、平山县、深泽县、无极县、辛集市、新乐市、元氏县、赞皇县、赵县)； 唐山市 2 个（乐亭县、滦南县)； 邢台市 11 个（广宗县、巨鹿县、临城县、临西县、隆尧县、南宫市、内丘县、宁晋县、平乡县、清河县、威县)； 张家口市 6 个（市辖区、怀安县、怀来县、蔚县、张北县、涿鹿县)		
低风险区	保定市 4 个（阜平县、涞源县、曲阳县、唐县)； 沧州市 1 个（海兴县)； 承德市 4 个（丰宁满族自治县、隆化县、围场满族蒙古族自治县、兴隆县)； 石家庄市 2 个（高邑县、灵寿县)； 邢台市 2 个（柏乡县、新河县)； 张家口市 5 个（赤城县、沽源县、康保县、尚义县、阳原县)	53 175.92	25

5.3 农业生产的生态影响评价

5.3.1 污水灌溉将造成土壤重金属铜和砷累积风险加大

在没有根本解决水资源短缺问题的前提下，农业用水来源得不到本质性改变，污灌是造成京津冀地区土壤重金属铜和砷累积的一个重要因素。据多年监测数据可知，海河沿线、蓟运河沿线、兴隆县、遵化市、卢龙县、霸州市、大城县、青县、泊头市、沧县、保定东南部、任县、魏县地区河流流域周边农业污灌区的土壤重金属铜累积加剧的风险将加大。在京杭运河西北与子牙河东南相夹地带的农业污灌区土壤重金属砷累积加剧的风险将加大。

京津冀平原区土壤重金属铜和砷含量分布见图 5-4。

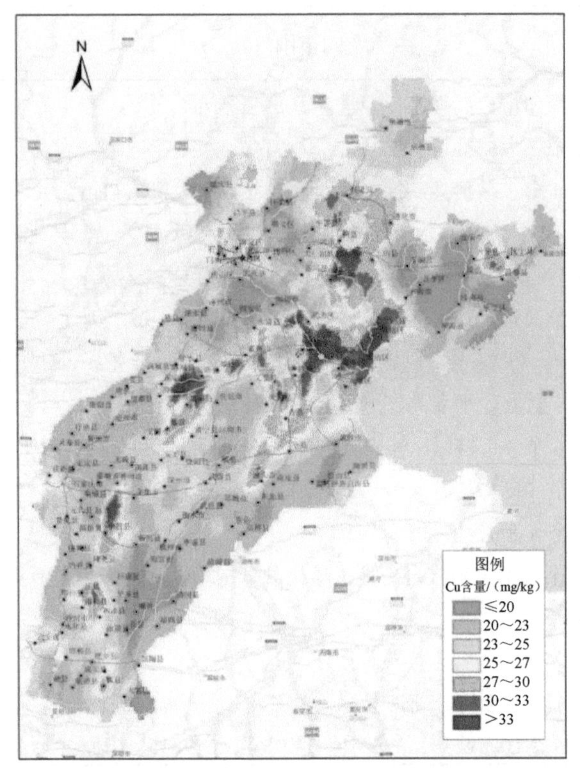

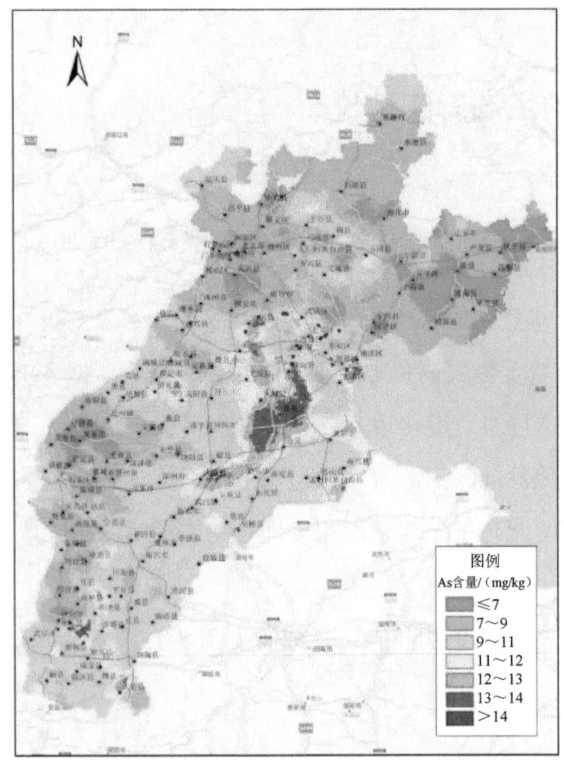

图 5-4　京津冀平原区土壤重金属 Cu 和 As 含量分布

5.3.2 污水灌溉导致土壤有机污染物累积风险加大

（1）污灌区抗生素污染分析

选取北京市凉水河流域通州段（马驹桥至北运河段）24 km 流域作为典型地区，对水和土壤中的污染因子进行分析评价。凉水河作为北京市最早的纳污排水河，沿线共有排污口 1 031 个，其中常年排污口 705 个，大量未经处理的工业废水、生活污水直接排入河道，整个凉水河水系年排放污水高达 3 亿多 t。初步结果显示：水样品中含量较高的主要污染物种类较多，主要有西索米星（抗生素）、自克威（农药）、甘宝素（日化用品添加剂）、替米沙坦（血管紧张素Ⅱ受体阻滞剂）、厄贝沙坦（血管紧张素Ⅱ受体阻滞剂）、罗丹明 B（食品用色素添加剂）和三丁氧基乙基磷酸酯（阻燃剂），经过日晒后的水样品中可检测出的有西索米星和替米沙坦两种污染物；并且均有莠去津成分，且经过流域后含量基本不变。检出农药残留，如克百威、莠去津、甲拌磷、甲氰菊酯、多效唑、仲丁威、异丙威、甲霜灵等；检出药物残留（环境激素及抗生素），如美托洛尔、氧氟沙星、红霉素、恩诺沙星等。检测结果比较中，采自次渠水样（凉水河支流）中含有可挥发有机污染物样品数量与其他样品基本一致，但是环境激素及抗生素检出数目非常少。初步可以判断在径流途中可能还有污水源（生活污水、工业废水）的引入。

（2）污灌区全氟化合物（PFCs）污染分析

大沽排水河是 1958 年海河改造工程的主要组成部分，是天津市南系的排污河道，除主干线外还包括纪庄子排污河和先锋排污河（又称双巨排污河）。三条排污河总长 83.63 km。大沽排水河自 1965 年改造后，数十年来一直是天津市海河以南主要市政污水受纳水体，来水中 60%为工业废水，40%为生活污水，海河以南的市区及沿途郊县的自行车厂、化工厂、煤气厂、造纸厂、印染厂、制革厂、染化厂、电池厂等均直接向大沽河排放工业废水，是造成大沽排水河严重污染的主要原因。

研究表明，大沽排水河污灌区和非污灌区中的土壤、农产品各个组织和灌溉水中均检出 PFCs，检出率达 100%。根据各组织中 PFCs 的含量为叶＞根＞果＞茎＞土，由此可见，叶片中含量最高，可能是蒸腾作用使 PFCs 在叶片上形成一个汇，导致浓度高于其他各组织。而且灌溉水和污染的河水中 PFCs 的同系物比例完全相同，可见灌溉水中 PFCs 完全来自附近的排污河。而且农产品中 PFCs 主要来自水体，可见污染的河水对附近农产品造成了很大的污染。全氟化合物在污灌区中农产品可食部分的浓度远远高于非污灌区的浓度，由此再一次证明污染的河水对附近农产品造成了污染。

5.3.3 化肥、农药、农膜使用对土壤重金属的影响

（1）磷肥施用可使土壤重金属含量增加

有研究表明，化肥造成的土壤重金属累积主要是由磷肥导致的，这是因为制造磷肥的原料为磷矿，除了与它伴存的主要有害元素成分有氟和砷外，加工过程还带进其他重金属，特别是镉，所以许多磷肥中含有重金属元素，其中最值得注意的是镉、汞、砷。

（2）农药的使用对土壤环境质量造成危害

据多年监测数据累积可知，青龙自治县、沧县、东光县、深县、辛集市、赵县、昌黎县、乐亭县、丰南区、盐山县、大名县、永年区、威县、宁晋县、定州市、清苑区等农药使用高值区，土壤中农药残留物较高，如果未来以上区域对农药使用不加以控制，仍将对土壤环境造成危害。

京津冀地区农药使用量分布见图 5-5。

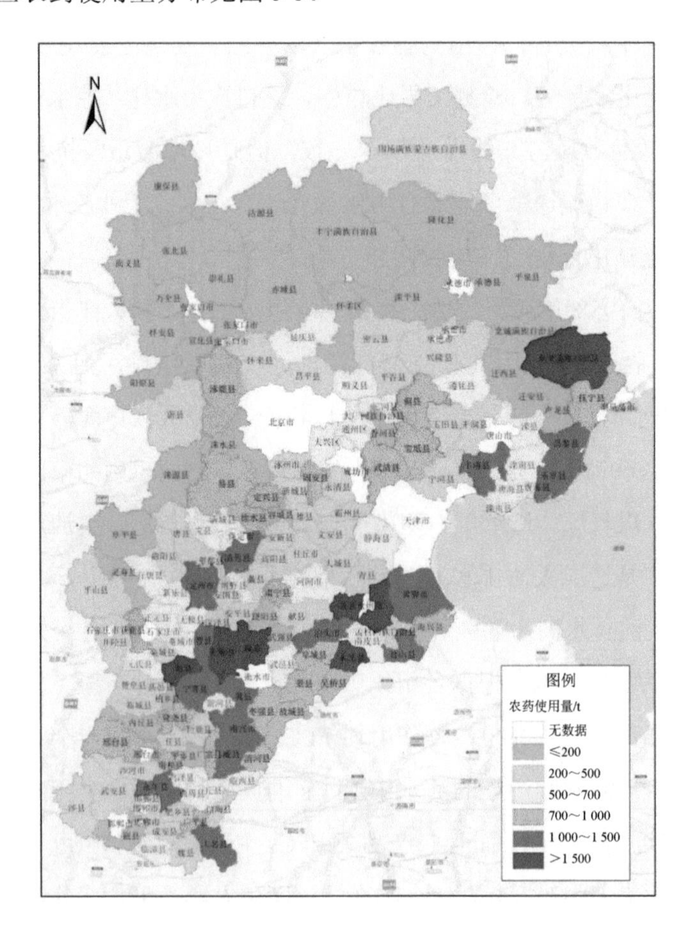

图 5-5 京津冀地区农药使用量分布

（3）农膜的使用对农壤环境质量的影响

河北省的农膜使用量占整个京津冀地区农膜使用总量的 80%，北京市和天津市各占10%左右。北京市的顺义区、通州区、大兴区，天津市的蓟州区、宝坻区、武清区、静海区，河北省的故城县、南宫市、成县的农膜使用量最多，达到了 1 800 t 以上。农膜由于难降解，残留于土壤中严重破坏了土壤结构，造成土壤和水体污染，影响土壤通气和水肥传导。研究表明，农用塑料薄膜生产应用的热稳定剂中含有镉、铅，在大量使用塑料大棚和地膜过程中都可以造成土壤重金属的污染。此外，农膜生产过程中所添加的增塑剂邻苯二甲酸二正丁酯和邻苯二甲酸二异戊酯均被美国国家环保局列为主要污染物。

京津冀地区农膜使用量分布见图 5-6。

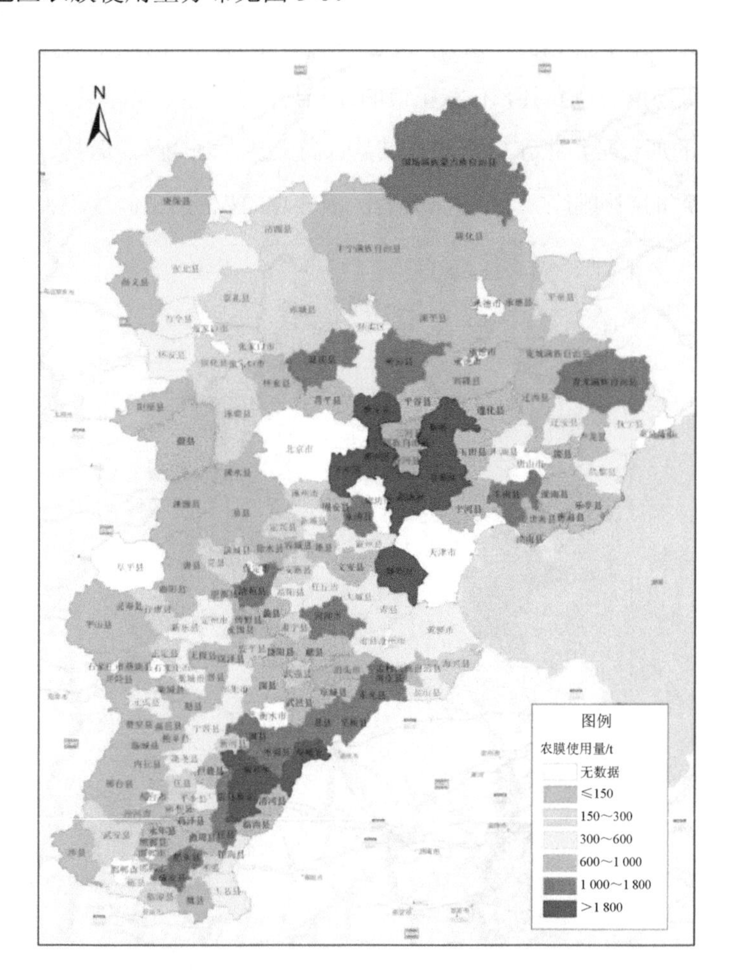

图 5-6　京津冀地区农膜使用量分布

5.3.4 农业生产的生态风险评价

综合考虑京津冀地区坡耕地、水土流失、土壤重金属污染等因素，开展农业生产的生态风险评价。将土壤监测中已发现的超标的区域、土壤重金属含量超过背景+3S值的区域、相关规划如《重金属污染综合防治“十二五”规划》已确定的高风险区、累积性评价中Ⅳ类点位聚集区、重金属排污企业集聚区识别为土壤重金属高风险区，包括安新县、北辰区、朝阳区、大城县、定兴县、东丽区、丰台区、海淀区、和平区、河北区、河东区、河西区、红桥区、津南区、卢龙区、南开区、青县、市辖区、武清区、西青区、遵化市。

京津冀地区农业生产的生态风险评价如图 5-7 和表 5-4 所示，北京市的朝阳区、丰台区、海淀区，保定市的安新县、定兴县，天津市的北辰区、东丽区、和平区、河北区、河东区、河西区、红桥区、津南区、南开区、武清区、西青区，沧州市的青县，邯郸市的涉县、武安市，秦皇岛市的卢龙县，石家庄市的井陉县、栾城县、赞皇县，唐山市的市辖区、遵化市，邢台市的邢台县，张家口市的赤城县、尚义县、万全区、蔚县、宣化区、阳原县等地区是农业生产的高风险区，占京津冀地区国土总面积的 18%，应当予以足够重视。

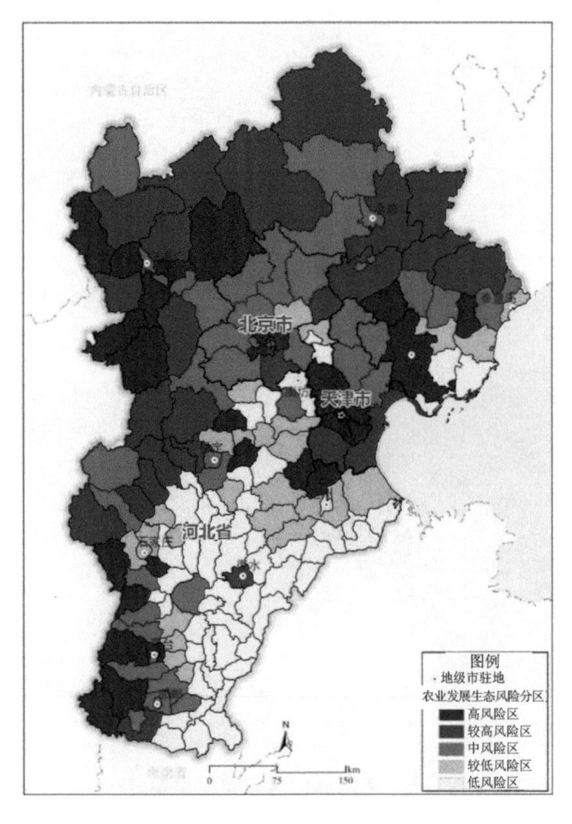

图 5-7 京津冀地区农业生产的生态风险评价

表 5-4 京津冀地区农业生产的生态风险评价统计

土壤污染风险分区	空间范围	面积/hm^2	占比/%
高风险区	北京市 3 个（朝阳区、丰台区、海淀区）； 保定市 2 个（安新县、定兴县）； 天津市 11 个（北辰区、东丽区、和平区、河北区、河东区、河西区、红桥区、津南区、南开区、武清区、西青区）； 沧州市 1 个（青县）； 邯郸市 2 个（涉县、武安市）； 秦皇岛市 1 个（卢龙县）； 石家庄市 3 个（井陉县、栾城县、赞皇县）； 唐山市 2 个（市辖区、遵化市）； 邢台市 1 个（邢台县）； 张家口市 6 个（赤城县、尚义县、万全县、蔚县、宣化县、阳原县）	38 847.49	18
较高风险区	保定市 6 个（涞源县、满城县、曲阳县、顺平县、唐县、易县）； 北京市 2 个（大兴区、平谷区）； 承德市 4 个（承德县、丰宁满族自治县、宽城满族自治县、兴隆县）； 衡水市 1 个（市辖区）； 秦皇岛市 1 个（青龙满族自治县）； 石家庄市 2 个（行唐县、平山县）； 天津市 2 个（滨海区、静海区）； 张家口市 5 个（崇礼区、沽源县、怀安县、张北县、涿鹿县）	67 893.75	31
中风险区	北京市 10 个（昌平区、东城区、房山区、怀柔区、门头沟区、密云区、石景山区、通州区、西城区、延庆区）； 天津市 3 个（宝坻区、蓟州区、宁河区）； 保定市 4 个（市辖区、阜平县、涞水县、清苑区）； 承德市 3 个（市辖区、隆化县、滦平县）； 邯郸市 3 个（市辖区、永年区、邯郸县）； 秦皇岛市 1 个（抚宁区）； 石家庄市 2 个（灵寿县、元氏县）； 唐山市 3 个（迁安市、迁西县、玉田县）； 邢台市 5 个（临城县、内丘县、宁晋县、沙河市、市辖区）； 张家口市 3 个（怀来县、康保县、市辖区）	51 288.74	24
较低风险区	北京市 1 个（顺义区）； 保定市 5 个（蠡县、容城县、雄县、徐水区、涿州市）； 沧州市 5 个（泊头市、沧县、河间市、黄骅市、献县）； 邯郸市 1 个（鸡泽县）； 廊坊市 3 个（霸州市、三河市、文安县）； 秦皇岛市 2 个（昌黎县、市辖区）； 石家庄市 4 个（鹿泉市、无极县、新乐市、正定县）； 唐山市 1 个（滦县）； 邢台市 3 个（隆尧县、南和县、任县）	20 769.19	10
低风险区	京津冀地区其余市县	36 520.50	17

5.4 岸线开发的生态影响评价

5.4.1 围填海的生态影响将长期存在

京津冀地区未来围填海规模增量将趋缓，河北省和天津市 2020 年前年均围填海面积分别控制在 15 km^2 和 10 km^2 以内，新的围填海区域仍然主要集中在黄骅港、曹妃甸和滨海新区，主要用于满足港口码头建设需求，但持续性围填海工程，将海岸线不断向海洋推进，会改变近海的水文过程，永久改变近海的自然生境。通过围填海从海洋变为陆地的区域，对生态环境的影响是永久性的。底栖生态环境全部被破坏，栖息于这一范围内的底栖动物将全部丧失，海域的鱼卵、仔稚鱼、幼鱼、虾类幼、蟹类幼体、鱼类、头足类、甲壳类也将全部消失，局部海洋生态系统消失，形成长期性影响。

（1）河北省围填海面积显著缩小

2004 年以来，在河北省各类用海类型中，工业与城镇用海是面积增长最快的。河北省 2004 年海域使用总面积 126 455 hm^2，海域使用率为 11%。到 2012 年，全省海域使用总面积 146 960 hm^2，海域使用率为 21%，8 年间，海域使用率增长了 10%，同期的工业与城镇用海面积增长了近 9 倍，旅游娱乐用海面积增长了 2 倍，交通用海面积增长约 50%，渔业用海面积略有减少，其他类型用海面积基本维持不变（表 5-5）。

表 5-5 河北省用海类型面积变化　　单位：hm^2

年份	渔业	交通运输	工业与城镇建设	旅游娱乐	海底工程	排污用海	特殊用海
2004	49 167.50	14 784.20	1 478.80	757.83	34.58	2 187.39	58 044.66
2012	48 129.8	21 691.27	14 462.57	2 351.05	34.58	2 245.99	58 044.66

河北省在过去 15 年经历了通过大规模围填海获得工业园建设用地。“十三五”期间，工业与城镇用海将继续增加，但未来围填海规模将大大低于过去 15 年。根据《河北省海洋功能区划（2011—2020 年）》，河北省将合理控制围填海规模、严格实施围填海年度计划制度，按照国民经济宏观调控总体要求和海洋生态环境承载能力合理控制建设用围填海规模，在 2020 年以前建设用围填海规模控制在 14 950 hm^2 以内，年围填海面积大约在 1 500 hm^2，重点保障国家和省级港口航运、工业与城镇建设、滨海旅游等重点工

程项目的用海需求。

根据规划，新的围填海区域仍然主要集中在黄骅港和曹妃甸，主要用于满足港口码头建设需求。相对前期的围填海规模而言，未来的围填海面积小，并且多年受附近港口建设运营的影响，围填海所在区域生态环境已经严重退化，也不存在重要的滨海湿地生态系统，围填海对已经严重受损的海洋生态系统的进一步影响将有限。

（2）天津市围填海面积显著缩小

天津市海域面积小，用海类型简单。当前用海类型中，港口航运占比最大，超过36%，其次是渔业用海区。渔业用海中养殖用海的比例很小，只占全部渔业用海的10%左右。为保障滨海新区建设，在海域资源满足海洋产业发展的基础上，天津市用海将重点保障港口航运、工业与城镇用海、旅游休闲娱乐等重点用海需求。未来，港口航运用海、工业与城镇建设用海面积将继续增长，增长的面积主要通过挤占渔业用海实现。旅游休闲娱乐用海虽然是需要重点保障的用海需求类型，但因天津市未开发利用的岸线海域资源所剩无几，且受港口航运用海、工业与城镇建设用海挤占，旅游休闲娱乐用海增长空间受限，用海增长面积有限。海洋保护区面积将基本保持不变。按规划，天津市在2012—2020年的建设用围填海规模控制在9 200 hm^2以内，年均围填海面积约为10 km^2，远小于过去10年的围填海速度。

根据《天津市海洋功能区划（2011—2020年）》，到2020年，天津市用海将实现以下主要目标：①构建结构合理、生态功能稳定的近海及海岸保护体系，海洋保护区面积不低于1万hm^2。②维持捕捞能力和捕捞产量与渔业资源可承受能力大体相适应，海水养殖用海的功能区面积不少于 6 000 hm^2。③合理控制围填海规模，严格实施围填海年度计划制度。区划期内建设用围填海规模控制在9 200 hm^2以内。④保证天津市近岸海域保留区面积比例不低于5%，严格控制占用海岸线的开发利用活动（表5-6）。

表5-6　天津市海洋功能区划划定的用海类型

基本功能区	个数/个	面积/hm^2	2020年控制目标	比例/%
农渔业区	3	70 838	养殖用海不小于6 000 hm^2	33.0
港口航运区	3	78 061		36.4
工业与城镇用海区	4	29 356	不超过9 200 hm^2	13.7
旅游休闲娱乐区	5	13 845		6.4
海洋保护区	2	11 021	不小于10 000 hm^2	5.1
特殊利用区	2	630		0.3
保留区	2	10 896	不低于5%	5.1
合计		214 647		100.0

汉沽毗邻海域当前以旅游休闲娱乐、农渔业、工业与城镇用海和海洋保护区四大类型为主，还预留了一片待开发的保留区。汉沽的旅游休闲娱乐区是天津市仅存一位置较好、面积较大的完整的旅游用海区域，应该被严格保留。汉沽海域的一处海洋保护区是天津大神堂牡蛎礁国家级海洋特别保护区，主要保护对象是泥质活牡蛎礁生态系统。该处保护区是天津市唯一一处国家级海洋类保护区。受保护区位置限制，汉沽现有工业与城镇用海进一步向海扩展空间受限。

塘沽毗邻海域大部分属于港口航运、工业与城镇用海，包括了天津港的东疆港区、北疆港区、南疆港区、临港经济区等。通过多年的建设，塘沽区的发展已经比较成熟，未来的发展将着重优化工业园区和港口码头资源利用，进一步围填海拓展港口码头的空间不大。

大港毗邻海域主要开发类型包括工业与城镇用海、港口航运、农渔业和海洋保护。靠近海岸线的利用类型是工业与城镇用海和海洋保护区用海。农渔业用海集中在外围。该处保护区是天津市两处海洋保护区之一，应予严格保留。对应陆域的南港工业区是天津市重点发展的工业园区，支撑其发展的大港区也将随之扩展。大港区海域可能进一步扩大围海造地，以满足工业园和港口发展对土地的需求。

5.4.2 沿海地区承接产业转移生态压力大，滨海湿地保护难度大

京津冀地区未来能源重化工企业将集中向滨海新区、曹妃甸新区、渤海新区等几大环渤海基地转移，钢铁、炼油、化工、石材加工、大型设备制造等产业承接会对海洋生态环境和生物群落产生威胁，自然岸线及滨海湿地面临巨大的生态破坏风险。京津冀地区开发建设活动的高风险区主要沿渤海湾分布，环渤海区域岸线利用率整体较高，用海方式多为填海造地，湿地面积大量丧失，不仅导致滨海湿地生境逐年减少，呈破碎化趋势，同时也改变了近岸水动力条件，使自然栖息地环境发生了变化，部分生态过程受到影响。伴随着海上交通运输、临港工业的快速发展，各类海洋船舶活动显著增加，事故性溢油的风险进一步加大。环渤海区域是未来生态风险防控的重点区域，尤其是滨海新区、黄骅市、曹妃甸等沿海地区，其岸线开发、城镇化和工业发展强度高，生态保护压力大。

5.4.3 港口航运业将继续快速发展，运营影响风险加大

河北省制定了雄心勃勃的港口发展“十三五”规划：进一步提高秦皇岛港、唐山港

和黄骅港的运力，形成功能布局合理、优势互补的“航母”型港口群。在5年内计划投资400亿元，新增泊位67个，港口吞吐能力突破12亿t，力争15亿t；港口集装箱吞吐量完成600万标箱，比2015年实现翻番，吞吐能力完成800万标箱，比2015年实现翻番；海运船舶运力达到500万载重吨，比2015年实现翻番。黄骅港规划了一系列航道整治和新建码头工程，规划在“十三五”期间建成或开工建设的码头泊位46个，新增年吞吐能力达到2.9亿t，集装箱吞吐能力350万标准箱。

发展港口航运业是天津海岸带开发的重点内容，也是促进天津滨海新区发展的重要支撑。2015年天津港实现货物吞吐量5.4亿t，规划到2020年要实现货物吞吐量7亿t。港口对海洋生态系统的影响体现在港口建设过程中对滨海湿地生态系统的占用和破坏，以及港口运营过程中污染物排放入海，可能的危险物质泄漏对海洋环境造成严重危害。

根据海洋功能区划，新的港口建设将主要集中在大港区高沙岭附近海域，北临塘沽机场，南近大港港区，这一区域将建成天津八大港区之一的高沙岭港。高沙岭岸段现以盐田为主，有小部分为生活和旅游岸段，受接纳陆源污染物数量大、水交换能力弱、常年进行围填海工程等的影响，天津附近海域海水环境质量常年处于严重污染状态，大部分海域海洋生态系统常年处于不健康状态。

5.4.4 岸线开发的生态风险评价

结合京津冀地区的岸线开发空间分布，以县域行政单元进行评价，京津冀地区岸线开发的生态风险评价等级如图5-8和表5-7所示。其中，滨海区、抚宁区、昌黎县、乐亭县、滦南县、黄骅市等地区岸线开发强度高，作为高风险区，是未来风险防控的重点区域，占京津冀地区国土总面积的5%。

表5-7 京津冀地区岸线开发的生态风险评价统计

矿产资源生态风险分区	空间范围	面积/hm^2	占比/%
高风险区	天津市1个（滨海区）； 秦皇岛市3个（市辖区、抚宁区、昌黎县）； 唐山市2个（乐亭县、滦南县）； 沧州市1个（黄骅市）	10 241.66	5
一般风险区	京津冀地区其他市县	205 078.01	95

图 5-8　京津冀地区岸线开发的生态风险评价等级分布

5.5　工业发展的生态影响评价

5.5.1　产业一体化格局总体合理，沿海地区、太行山前地区和张承地区应强化生态保护

从京津冀地区整体产业发展格局来看，产业发展呈现以区为引擎、产业链带状分布，并以面域带动“点状”特色基地发展的情景，有利于产业集聚，对于资源节约和环境友好型城市群的建设和城市群整体竞争力的提升具有重要意义。从空间布局来看，产业主要分布在京津冀的东部和东南部区域，而生态保护地主要集中分布在西部和西北部地区，总体上有利于经济发展和生态保护的协调发展（图 5-9）。

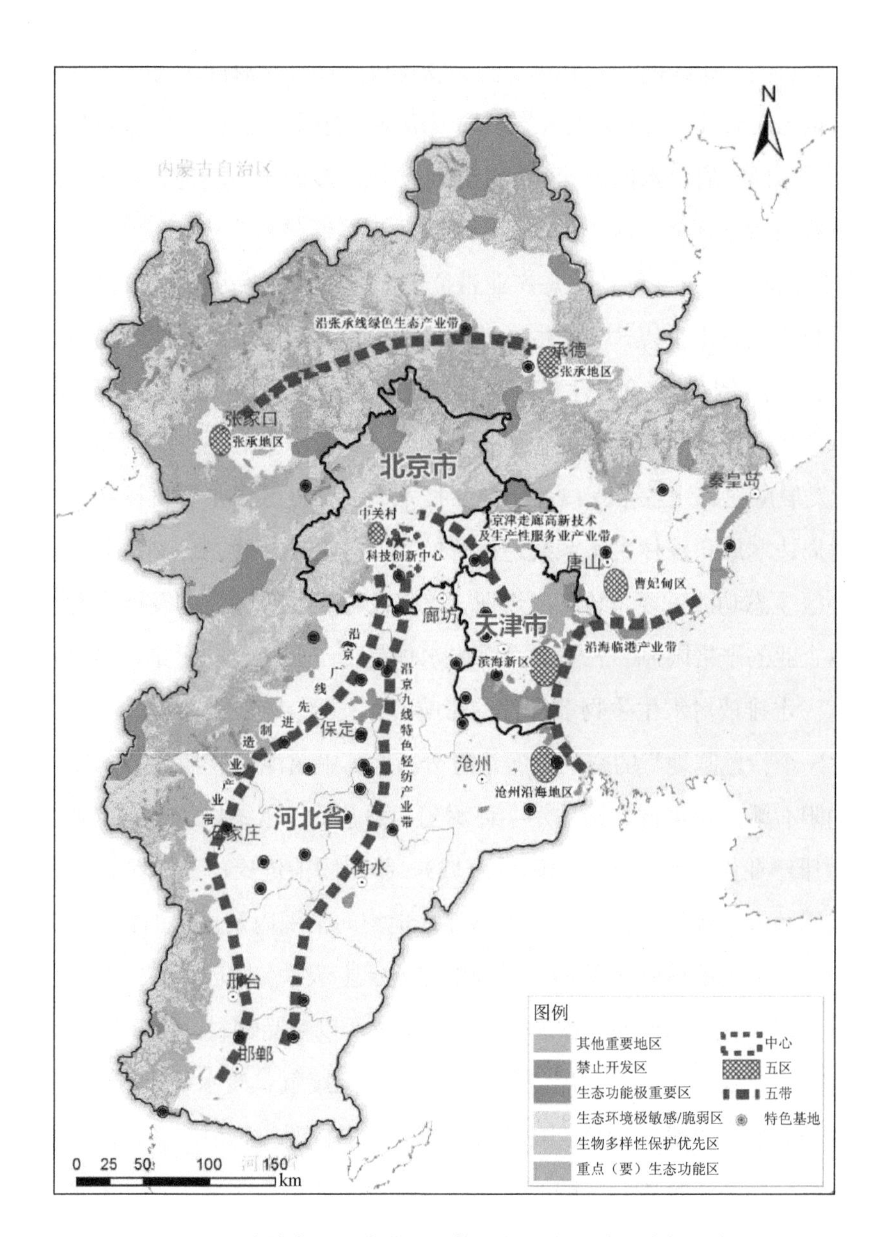

图 5-9　京津冀地区产业发展格局与生态保护地空间分布

“五区”作为京津冀地区未来产业发展的重要突破口，要建成京津冀地区产业升级转移的重要引擎。唐山曹妃甸区、天津滨海新区及沧州沿海地区主要沿着渤海湾分布，是对近岸海域生态系统产生威胁的主要区域。唐山曹妃甸区以港口物流、钢铁、化工、装备制造四大产业为主，天津滨海新区以汽车及装备制造业、航空航天、石油化工、电子信息等产业为主，沧州沿海地区以石油化工、煤化工、氯碱化工、精细化工四大产业为主，这些区域不仅依托沿海的优势，大力发展港口建设，同时作为石油化工、装备制造的集聚区，对港口岸线的开发利用、污染物排放等都会对海洋生态环境和生物群落产生威胁。张承（张家口、承德）地区生态环境敏感、脆弱，尤其是张家口自然条件恶劣、水热条件不足，同时肩负水源涵养和坝上地区防风固沙的生态功能，在承接产业转移过程中，应选择对生态环境影响小的产业，着重发展高新技术产业。

“五带”中的沿张承线绿色生态产业带位于生态环境敏感/脆弱区，沿京广线先进制造业产业带位于太行山重点（要）生态功能区的山前，沿海临港产业带沿着渤海湾近岸海域分布，这 3 个产业带将会对生态保护地产生影响。一是张承地区生态环境较为脆弱，沿张承线绿色生态产业带未来主要以食品加工、云计算产业、生物医药及风电设备产业为主，产业发展应尤其注意张家口西山高新技术产业开发区内工程机械和风电设备的发展，以免对周边草原和森林生态系统造成影响。二是沿京广线先进制造业产业带靠近太行山山前地区生态功能重要，装备制造业、汽车及零配件等行业的发展应对加强对高污染、高排放企业的严格限制。三是渤海湾内水体易受工业企业的污染，沿海临港产业带应尤其注意污水排放对水生生物多样性的影响。

结合“N 个特色基地”的空间分布进行分析，其中冀津（涉县·天铁）循环经济产业示范区、曲阳石雕产业集群、抚昌卢—怀涿葡萄酒基地、承德凤山新兴产业示范区、北戴河生命健康产业创新示范区（国际健康城）、静海团泊健康产业园区、保定易水砚产业集群以及承德双滦经济开发区是在生态保护地空间范围内及周边的特色基地，而对生态保护地可能产生影响的特色基地主要为冀津（涉县·天铁）循环经济产业示范区和承德双滦经济开发区。冀津（涉县·天铁）循环经济示范区以精品钢材、装备制造、新型建材、精细化工等传统产业为重点，发展过程中应尤其注意废气、废水及废渣的处理与处置；承德双滦经济开发区以钒钛冶金、高端装备制造、现代商贸物流、文化旅游服务为主导产业，钒钛冶金和高端装备制造的废水、废气排放对环境影响较大，是未来坝上地区生态管控的重点。

产业转移造成生态影响的主要为唐山、天津、沧州沿海地区及冀中南和冀东地区（表 5-8）。唐山、天津、沧州等沿海地区的钢铁、炼油、化工、石材加工、大型设备制造等产业承接会对海洋生态环境和生物群落产生威胁。冀中南和冀东地区的机械制造业、化工、建材、医药、家电、食品、纺织等传统产业和装备制造业会通过废水、废气、废渣等环境污染进而对生态环境造成威胁，产业的承接应尤其规避环境污染带来的生态风险。

表 5-8 京津冀地区产业承接布局生态影响分析

序号	产业承接的布局特征	生态影响分析
1	重化工业和临港型、加工贸易型产业向唐山、天津、沧州沿海聚集	影响海洋生态
2	战略性新兴产业和高新技术产业向廊坊、秦皇岛及其他环首都地区聚集	生态影响相对较小
3	传统产业和装备制造业向冀中南和冀东地区聚集	通过环境污染影响生态
4	大型批发市场和现代服务业向毗邻首都地区扩散	生态影响相对较小

5.5.2 工业发展对生态空间的影响

从空间布局上看，现有的不合理工业布局即占用生态敏感区现象依然存在，见图 5-10，在水源涵养、水土保持等生态极重要、极敏感区内布局了 8 个工业园区，在坝上高原风沙防治区内布局了 3 个工业园区，在燕山山地水源涵养与水土保持区内布局了 21 个工业园区，在太行山山地水源涵养与水土保持区内布局了 12 个工业园区。

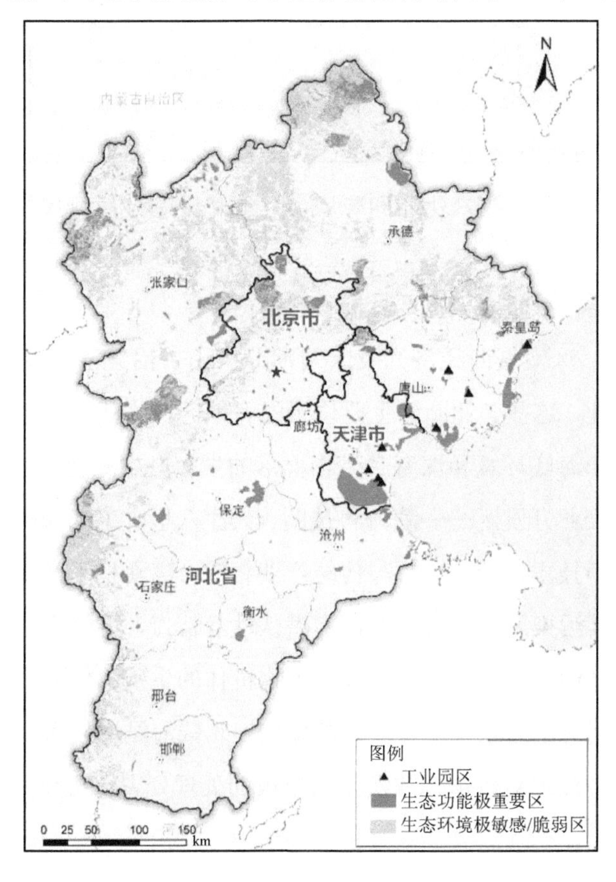

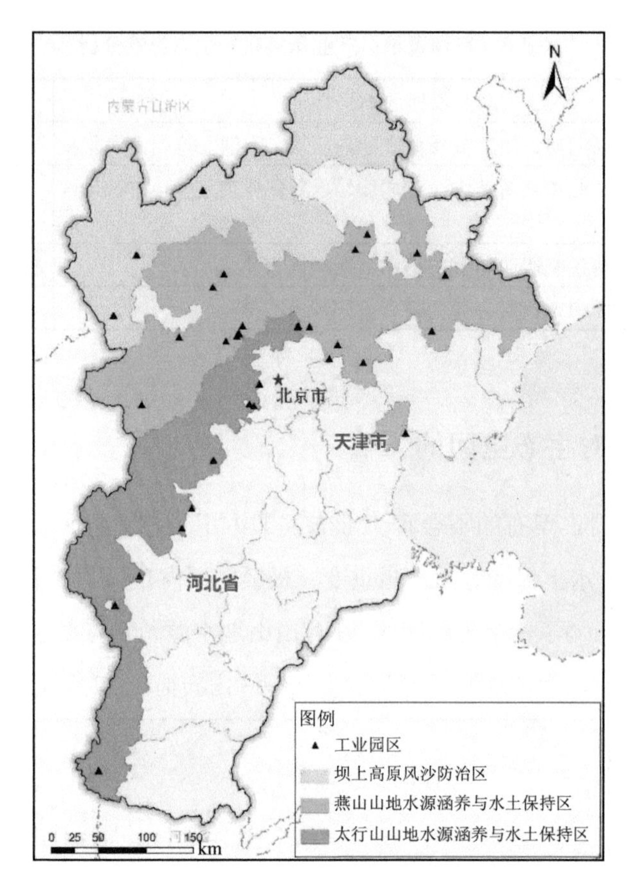

图 5-10 极重要敏感地区和重点（要）生态功能区内工业园区分布

从产业类型来看，在生态极重要、极敏感区内布局的 8 个工业园区（表 5-9），天津大港石化产业园区、滦南城西经济开发区及河北唐山古冶经济开发区主要发展装备制造、钢铁及化工行业，这些工业园区主要位于沿海地区，这些产业运行期间不合理的废水排放可能会对港口海底环境和深海底生物群落的生存产生威胁，从而破坏生态环境。天津滨海高新技术产业开发区——滨海科技园、天津八里台工业园区、天津大港经济开发区主要以发展高新技术产业为主，与传统产业相比，高新技术产业的附加值高，产生污染相对较少，而其污染一般具有隐匿性和潜伏性等特点，可能产生的污染主要包括电磁辐射污染、重金属污染等，其可能通过对生物机体的生殖、代谢功能等造成潜在的威胁和影响，进而可能对生态系统产生一定的影响。北戴河经济技术开发区主要发展现代服务业，发展过程中注意对污水排放及生活垃圾的处理处置，可避免对生态造成影响。

表 5-9 极敏感极重要区内工业园区产业发展类型

序号	地市	名称	级别	产业类型
1	天津市	天津滨海高新技术产业开发区——滨海科技园	国家级	高新技术产业
2	天津市	天津八里台工业园区	市级	高新技术产业
3	天津市	天津大港经济开发区	市级	高新技术产业
4	天津市	天津大港石化产业园区	市级	钢铁、化工、冶金
5	唐山市	滦南城西经济开发区	省级	装备制造、加工业
6	唐山市	河北唐山古冶经济开发区	省级	钢铁、化工、冶金
7	唐山市	南堡经济开发区	省级	钢铁、化工、冶金
8	秦皇岛	北戴河经济技术开发区	省级	现代服务

位于重点（要）生态功能区内的 36 个工业园区（表 5-10），仅位于坝上高原风沙防治区的 1 个工业园区（河北怀安工业园区）以发展装备制造和加工业为主，位于燕山山地水源涵养与水土保持区内的 13 个工业园区发展装备制造、加工业、钢铁、化工等产业，位于太行山山地水源涵养与水土保持区内的 9 个工业园区发展装备制造、加工业、钢铁、化工等产业。装备制造、加工业、钢铁、化工等行业的“三废”排放将对重点（要）生态功能区造成影响，应严格限制或者禁止各种损害生态系统水源涵养和水土保持功能的污染行为。

表 5-10 重点（要）生态功能区内工业园区产业园区类型

重点（要）生态功能区类型	地市	名称	级别	产业类型	
坝上高原风沙防治区	张家口市	河北沽源经济开发区	省级	传统企业	食品、纺织、服装
	张家口市	河北怀安工业园区	省级		装备制造、加工业
	张家口市	河北张北经济开发区	省级		食品、纺织、服装
燕山山地水源涵养与水土保持区	北京市	中关村示范区延庆园	国家级	高新企业	新能源、新材料
	北京市	北京八达岭经济开发区	市级		新能源、新材料
	张家口市	河北涿鹿工业园区	省级		新能源、新材料
	张家口市	河北下花园玉带山经济开发区	省级		新能源、新材料
	张家口市	赤城县产业园区	省级		新能源、新材料
	北京市	北京密云经济开发区	市级		高新技术产业
	天津市	天津宁河经济开发区	市级		高新技术产业
	张家口市	河北沙城经济开发区	省级		高新技术产业

重点（要）生态功能区类型	地市	名称	级别	产业类型	
燕山山地水源涵养与水土保持区	北京市	中关村示范区平谷园	国家级	传统企业	装备制造、加工业
	北京市	北京马坊工业园区	市级		装备制造、加工业
	天津市	天津蓟州区经济开发区	市级		装备制造、加工业
	张家口市	河北蔚县经济开发区	省级		装备制造、加工业
	张家口市	怀来新型产业示范区	省级		装备制造、加工业
	承德市	承德张百湾新兴产业示范区	省级		装备制造、加工业
	承德市	河北宽城经济开发区	省级		装备制造、加工业
	承德市	承德六沟新兴产业聚集区	省级		装备制造、加工业
	北京市	北京兴谷经济开发区	市级		装备制造、加工业
	北京市	中关村示范区密云园	国家级		医药、建材
	北京市	北京延庆经济开发区	市级		食品、纺织、服装
	唐山市	河北迁西经济开发区	省级		钢铁、化工、冶金
	承德市	滦平县红旗矿业循环经济统筹区（河北滦平经济开发区）	省级		钢铁、化工、冶金
太行山山地水源涵养与水土保持区	北京市	中关村示范区门头沟园	国家级	服务业	现代服务
	北京市	中关村示范区房山园	国家级	高新企业	高新技术产业
	北京市	中关村示范区怀柔园	国家级		高新技术产业
	北京市	北京石龙经济开发区	市级	传统企业	装备制造、加工业
	邯郸市	涉县经济开发区	省级		装备制造、加工业
	保定市	顺平经济开发区	省级		装备制造、加工业
	保定市	唐县经济开发区	省级		装备制造、加工业
	保定市	易县易水工业产业园区	省级		装备制造、加工业
	北京市	北京雁栖经济开发区	市级		食品、纺织、服装
	石家庄	河北灵寿经济开发区	省级		食品、纺织、服装
	北京市	北京房山工业园区	市级		钢铁、化工、冶金
	石家庄	河北井陉经济开发区	省级		钢铁、化工、冶金

5.5.3 工业排污对土壤重金属累积的影响依旧

“涉重”企业生产活动中排放的重金属不断进入环境中，并随着废水、雨水、大气沉降等各种途径进入农田，使农产品产地土壤重金属污染迅速恶化。工业“三废”的大量排放导致农用水源、农田土壤和农区大气受到严重影响，从而直接导致农产品产地土壤重金属污染。

不同行业工业企业排放的重金属种类见表 5-11。

表 5-11 不同行业排放的重金属种类

污染源类别	重金属种类
黑色金属矿山	Cd、Cr、Cu、Hg、Pb、Zn
黑色冶金	As、Cd、Cu、Hg、Pb、Zn
有色金属矿山及冶炼	As、Cd、Cr、Cu、Hg、Pb、Zn
火力发电	As、Pb、Cd、Hg
硫铁矿开采	As、Cd、Cr、Cu、Hg、Pb、Zn
磷矿	As、Pb
汞矿	As、Hg
硫酸工业	As、Cd、Cu、Pb、Zn
氯碱工业	Hg
氮肥、磷肥	As
橡胶工业	Cu、Cr、Zn
塑料工业	As、Hg、Pb
化纤工业	Cu、Zn
颜料工业	As、Cd、Cr、Hg、Pb、Zn
油漆工业	Cd、Cr、Pb
电镀工业	Cd、Cr、Cu、Ni、Zn
电子工业	Cd、Cr、Cu、Hg、Pb、Ni、Zn
玻璃工业	As、Pb
陶瓷工业	Cd、Pb
纺织工业	Cr
制浆造纸工业	Hg、Cr
制革业	Cr、Zn
畜牧业	Cu、Zn、As

随着城市化进程加快，各种工业污染物的出现是土壤重金属污染的主要原因。工矿企业“三废”中的重金属都会对周围土壤产生影响，使它们周围的土壤容易富集高含量的有毒重金属。

结合京津冀平原地区 8 项重金属含量分布可以看出，工业发达的地区都存在不同程度的土壤重金属污染问题，如重金属镉、铅、锌的高值分布区与企业集聚区分布一致，一般是大、中城市及其周边郊区。

（1）工业排污导致镉污染风险高

据多年监测数据累积可知，京津冀平原区土壤中重金属镉主要分布在北京、天津城郊、石家庄周边、保定东南部、曹妃甸区、青县西部等主要的工业分布区。通过已有数据对部分的涉镉企业分布与镉含量分布（图 5-11）进行空间分析发现，多数镉含量高值区涉镉企业的分布相对密集，说明该地区镉污染的来源主要是工业污染。

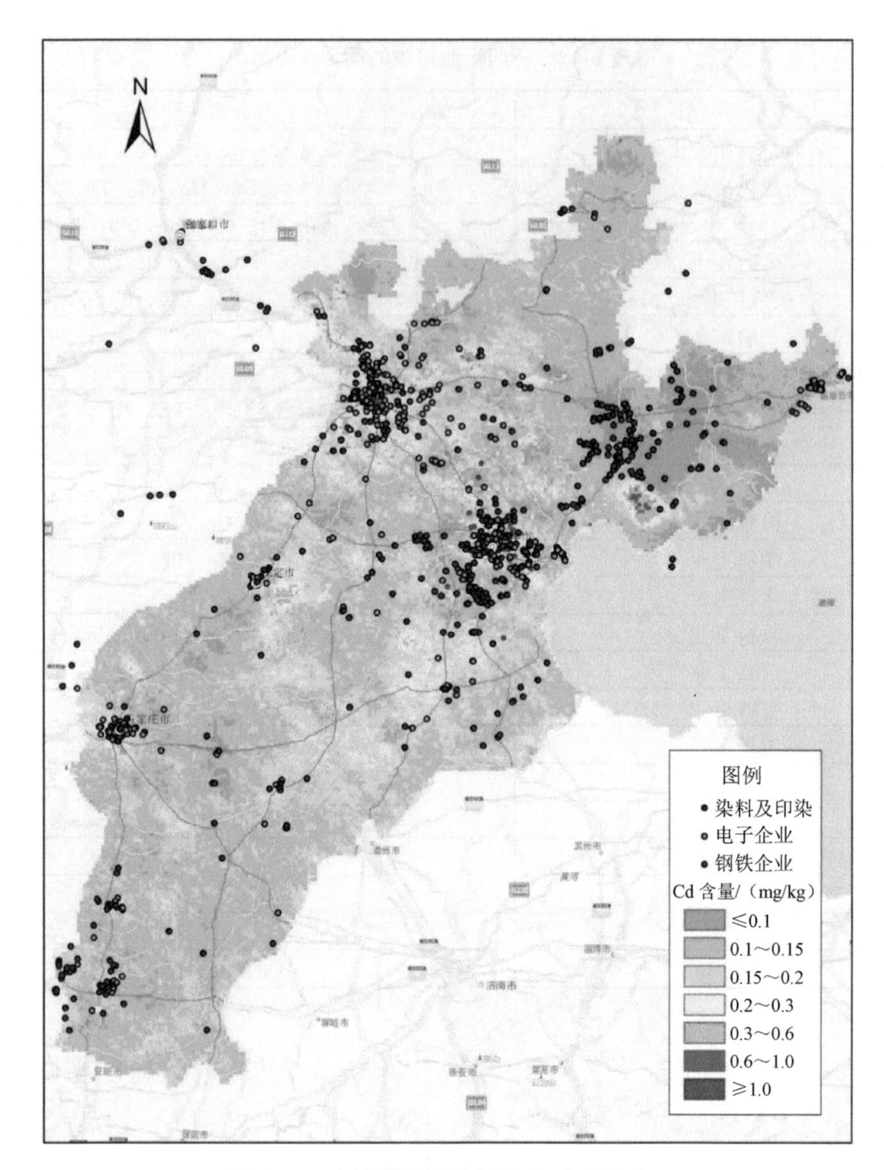

图 5-11 京津冀地区重金属 Cd 含量分布

（2）工业排污导致铅污染风险高

据多年监测数据累积可知，如图 5-12 所示，土壤中重金属铅的高值区主要分布在北京城郊、天津海河沿线、河北石家庄周边、保定东南部，而高值区均有涉铅企业的分布，故工业生产应该是高值区形成的主要原因。但是高值分布区主要在大型城市周边，并不排除交通运输过程中由大气沉降引起的铅累积。

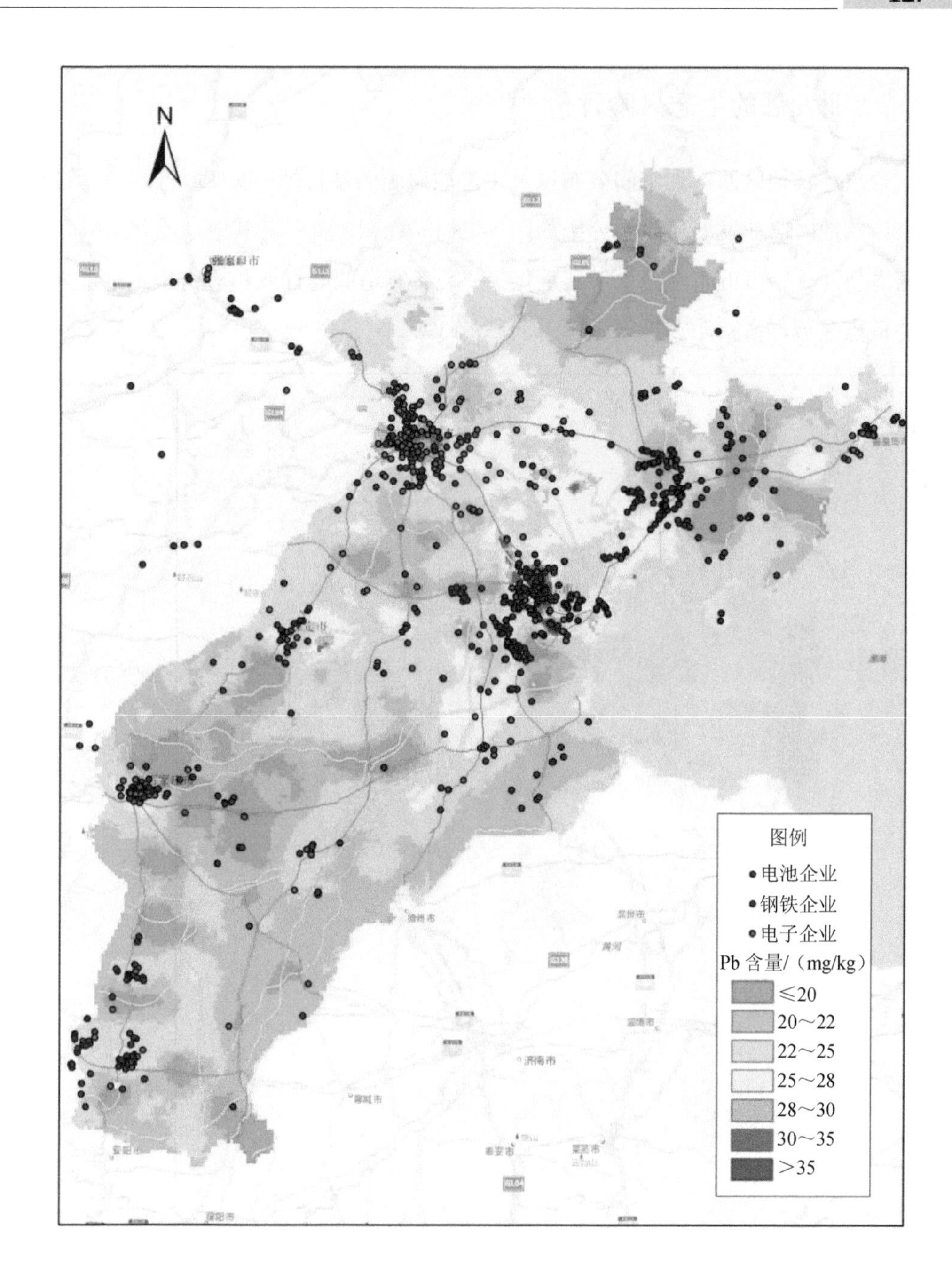

图 5-12　京津冀地区重金属 Pb 含量分布

未来几年，天津、河北将仍以第二产业为主导，对工业生产带来的污染应提高重视。虽然北京的三次产业结构已形成“三二一”的格局，但是由于工业退缩和转移带来的污染依旧不能忽视。

5.5.4 工业发展的生态风险评价

结合京津冀地区的产业空间分布以及生态敏感脆弱性特征，以县域行政单元进行评价，京津冀地区产业发展风险区分级如图 5-13 和表 5-12 所示。其中，沧州黄骅市、天津市滨海新区、唐山市滦南县由于其重化工、装备制造业等行业相对密集，是未来风险防控的重点区域，占京津冀地区国土总面积的 3%。

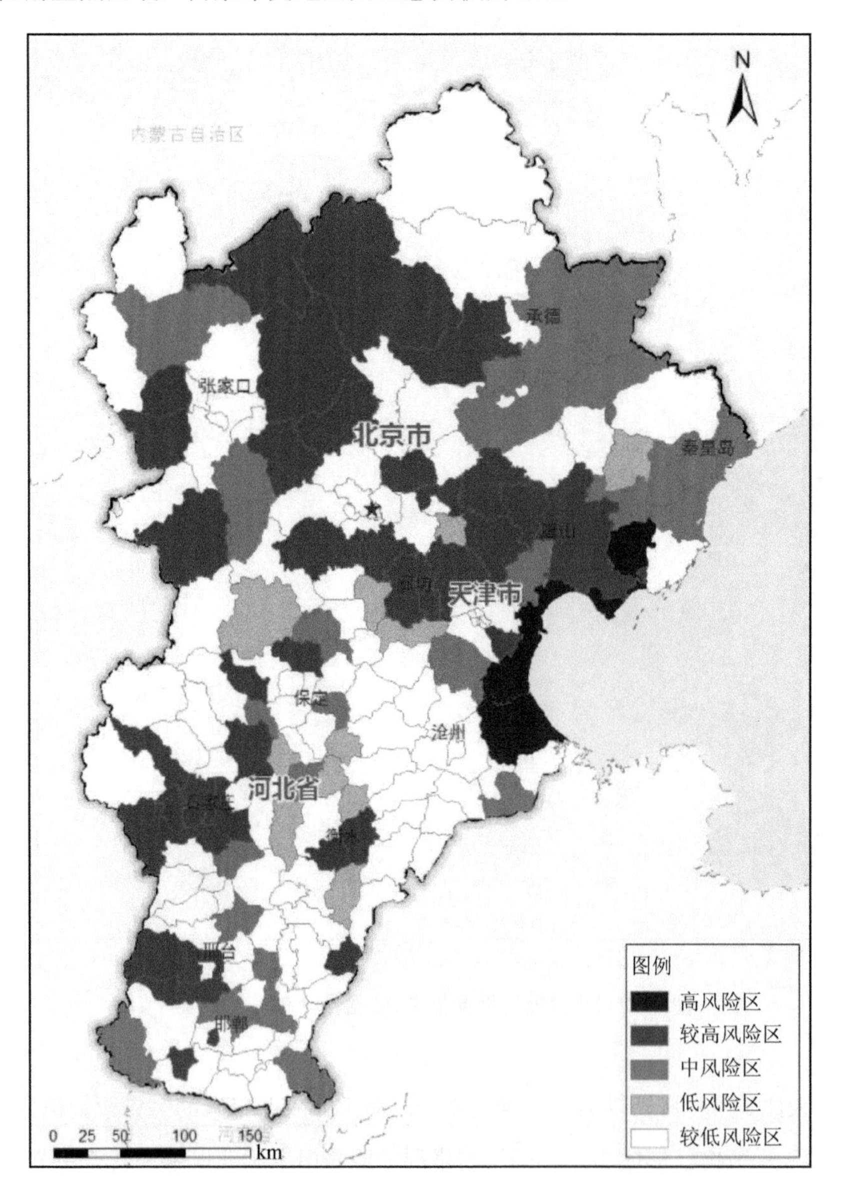

图 5-13 京津冀地区工业发展的生态风险评价等级

表 5-12 京津冀地区产业风险县域分布情况

产业生态风险分区	空间范围	面积/km^2	占比/%
高风险区	沧州市 1 个（黄骅市）； 唐山市 1 个（滦南县）； 天津市 1 个（滨海区）	5 634.49	3
较高风险区	北京市 4 个（大兴区、房山区、顺义区、延庆区）； 天津市 4 个（宝坻区、蓟州区、津南区、武清区）； 保定市 3 个（定州市、顺平县、徐水县）； 承德市 2 个（丰宁满族自治县、滦平县）； 衡水市 2 个（市辖区、武邑县）； 廊坊市 3 个（市辖区、三河市、永清县）； 石家庄市 7 个（藁城市、井陉县、灵寿县、鹿泉市、栾城县、市辖区、正定县）； 唐山市 2 个（市辖区、玉田县）； 邢台市 3 个（清河县、沙河市、邢台县）； 张家口市 6 个（赤城县、沽源县、怀安县、怀来县、万全县、蔚县）	60 623.95	28
中风险区	天津市 2 个（静海区、宁河区）； 保定市 4 个（定兴县、高阳县、容城县、望都县）； 沧州市 1 个（盐山县）； 承德市 4 个（承德县、宽城满族自治县、平泉县、兴隆县）； 邯郸市 4 个（大名县、曲周县、涉县、永年县）； 秦皇岛市 4 个（昌黎县、抚宁区、卢龙县、市辖区）； 唐山市 1 个（滦县）； 石家庄市 1 个（赵县） 邢台市 2 个（隆尧县、平乡县）； 张家口市 2 个（张北县、涿鹿县）； 衡水市 1 个（安平县）	36 600.63	17
较低风险区	保定市 2 个（安国市、易县）； 沧州市 1 个（肃宁县）； 衡水市 3 个（饶阳县、武强县、枣强县）； 廊坊市 3 个（霸州市、固安县、香河县）； 石家庄市 1 个（辛集市）； 唐山市 1 个（迁安市）	9 656.70	4
低风险区	京津冀地区其余市县	102 803.90	48

5.6 矿产资源开发利用的生态影响评价

5.6.1 矿产资源开发与生态空间重叠，影响区域生态功能

京津冀区域内近期（2020 年）矿产资源发展以片区分布为主，与区域自然生态资源所在地及生态功能重要/敏感区交织在一起；西北部在河北张家口市怀来县、宣化区等密集分布；东部则集中分布在秦皇岛以及唐山辖区内，并在渤海湾有延伸；南部则以河北邢台和邯郸为主。其中，国家规划矿区中的河北石家庄市井陉矿区、邢台矿区、峰峰矿区等均与太行山山地水源涵养与水土保持区毗邻；对国民经济具有重要价值矿区——沽源铀矿区和秦皇岛青龙铀，分别分布在坝上高原风沙防护区和燕山山地水源涵养与水土保持区（图 5-14）。

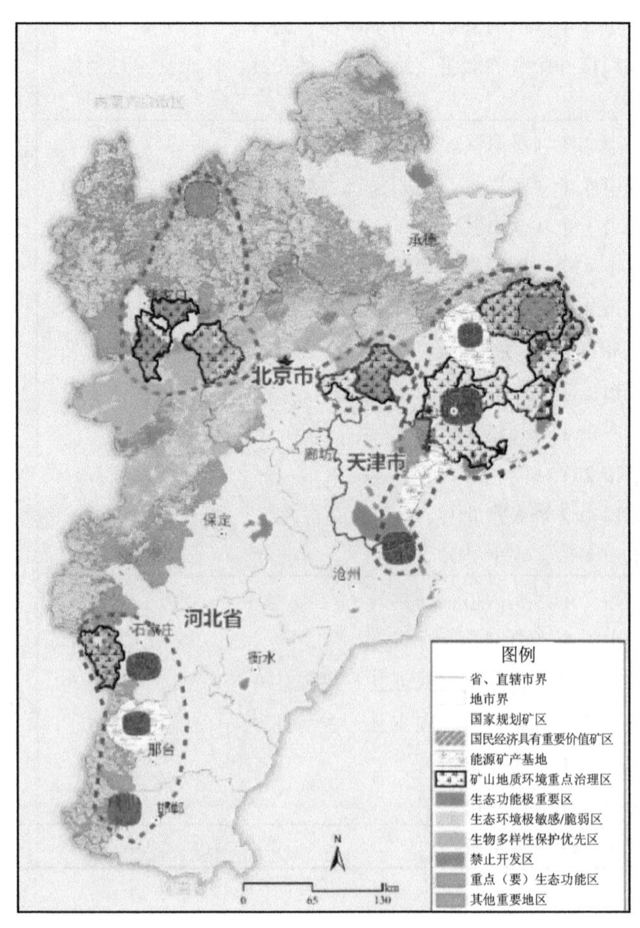

（a）与生态空间的关系

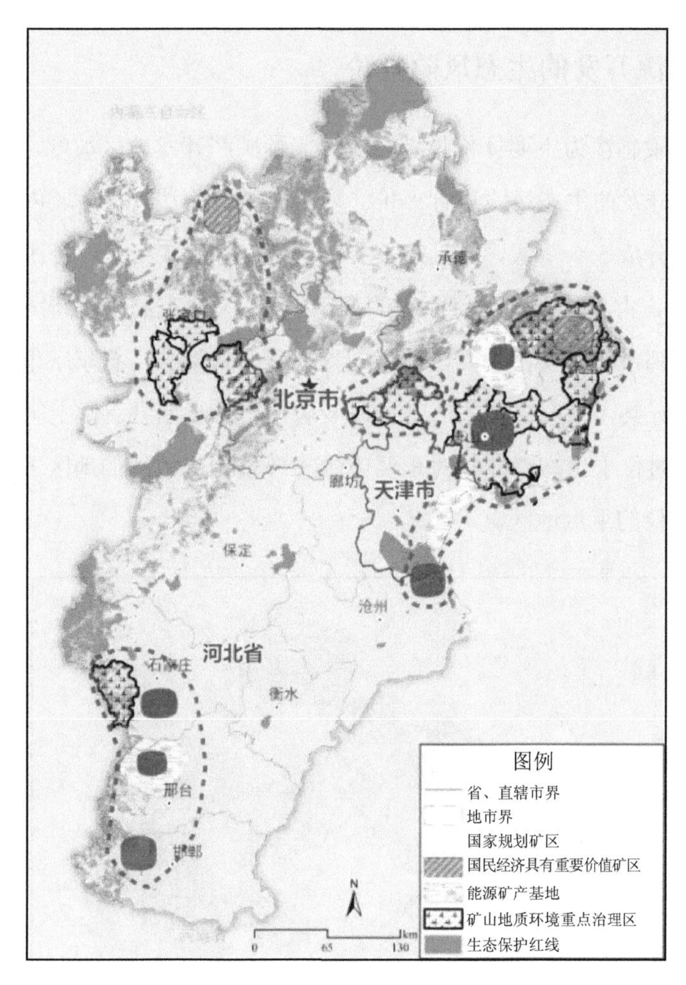

（b）与生态极重要极敏感地区的关系

图 5-14 2020 年京津冀地区矿产资源开发布局

京津冀地区矿产资源开发集中区，集聚分布在区域生态保护空间内，空间交叉明显。受区域特点限制，地区内矿产开发企业多为露天采矿，矿山占用了大面积的森林、草地、农田等，破坏了大量天然植被。若未及时对破坏的植被区域采取恢复保护、复垦还田等措施，或复垦还田等恢复措施程度较低，使植被破坏面积进一步扩大，在具有一定坡度的地区，会加快水土流失和土地荒漠化趋势。另外，矿产资源开发破坏水资源，在建矿、采矿过程中强制性抽排地下水以及采空区上部塌陷使地下水、地表水渗漏，严重破坏水资源的均衡和补径排条件，导致矿区及周围地下水位下降。开发建设活动的不合理分布会严重影响防风固沙、水土保持、水源涵养、生物多样性保护等功能，同时也将加重这些地区水土流失和石漠化等生态问题，从而使区域面临严峻的生态保护挑战。

5.6.2 矿产资源开发的生态风险评价

以区域生态敏感性为主要评价指标，同时兼顾矿产开发地区坡度、地震易发率等因素，对矿产资源开发的生态风险进行评价。采用专家打分法，将区域内矿产资源开发生态风险由高到低分成 5 个等级，详见图 5-15、表 5-13。其中，矿产资源开发高风险区面积 16 656.94 km^2，占京津冀地区总面积的 8%，包括天津市的滨海新区，承德市的宽城满族自治县，邯郸市的武安市，秦皇岛市的青龙满族自治县，石家庄市的赞皇县，邢台市的临城县、内丘县，张家口市的沽源县以及唐山市的迁西县。以上区域的矿产资源开发强度较高，同时位于生态功能相对重要或生态环境相对敏感的地区，是未来矿产资源开发规避生态风险的重点地区。

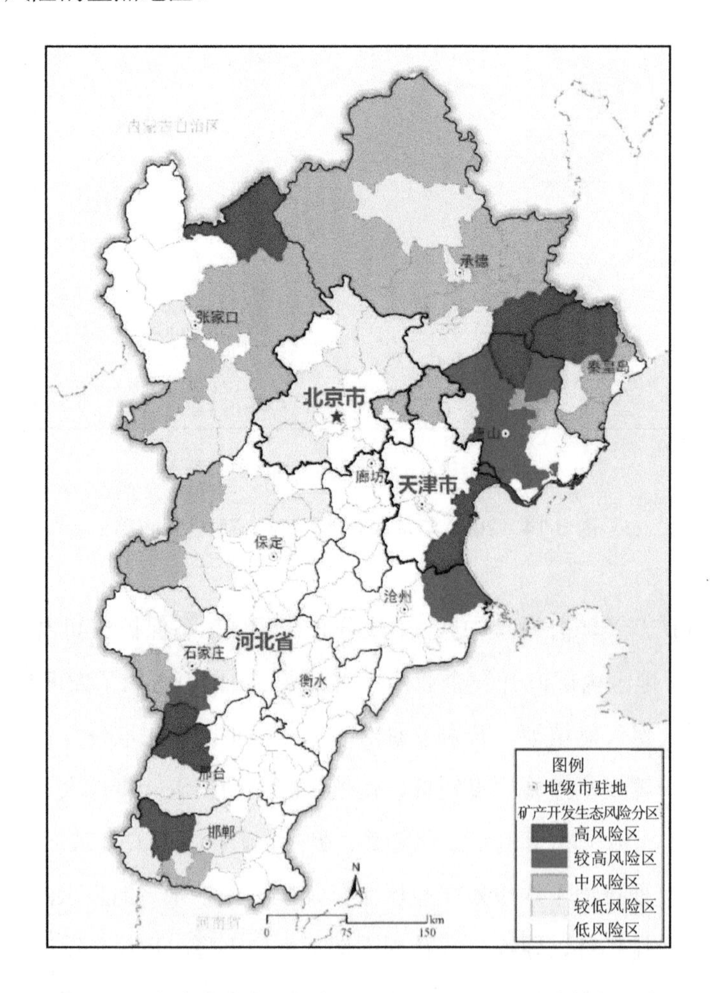

图 5-15 京津冀地区矿产资源开发的生态风险评价等级分布

表 5-13 京津冀地区矿产资源开发的生态风险评价统计

矿产资源生态风险分区	空间范围	面积/km^2	占比/%
高风险区	天津市 1 个（滨海区）； 承德市 1 个（宽城满族自治县）； 邯郸市 1 个（武安市）； 秦皇岛市 1 个（青龙满族自治县）； 石家庄市 1 个（赞皇县）； 邢台市 2 个（临城县、内丘县）； 张家口市 1 个（沽源县）； 唐山市 1 个（迁西县）	16 656.94	8
较高风险区	沧州市 1 个（黄骅市）； 石家庄市 2 个（栾城县、元氏县）； 唐山市 3 个（迁安市、市辖区、遵化市）	10 061.19	5
中风险区	天津市 1 个（蓟州区）； 保定市 2 个（阜平县、涞源县）； 承德市 5 个（承德县、丰宁满族自治区、滦平县、平泉市、围场满族蒙古族自治县）； 邯郸市 1 个（磁县）； 廊坊市 1 个（三河市）； 秦皇岛市 2 个（昌黎县、抚宁区）； 石家庄市 1 个（井陉县）； 唐山市 1 个（滦县）； 张家口市 5 个（赤城县、崇礼区、怀来县、宣化区、阳原县）	54 961.87	26
较低风险区	北京市 6 个（昌平区、房山区、怀柔区、门头沟区、密云区、平谷区）； 保定区 5 个（定兴县、高碑店市、曲阳县、唐县、易县）； 承德市 3 个（市辖区、隆化县、兴隆县）； 邯郸市 7 个（成安县、肥乡区、市辖区、邯郸县、曲周县、涉县、永年县）； 秦皇岛市 1 个（卢龙县）； 石家庄市 2 个（玉田县、行唐县）； 唐山市 1 个（玉田县）； 邢台市 2 个（沙河市、邢台县）； 张家口市 3 个（万全区、蔚县、涿鹿县）	44 778.53	21
低风险区	京津冀地区其余市县	88 861.15	41

5.7 人工造林的生态影响评价

5.7.1 张承地区大面积造林提高了水源涵养和水土保持效益

植被的生长状态对生态系统功能有巨大影响。随着京津冀地区生态保护的加强，森林覆盖率在未来保持上升趋势，坝上地区土地限制开垦、草场过牧等措施会使草地结构得到改良，有利于京津冀地区生态效益的提升。以水源涵养、水土保持效益评估未来张家口承德地区生态效益变化。

水源涵养效益。张家口地区 2015 年森林面积为 13 616 km^2，2020 年森林面积为 16 928 km^2；承德地区 2015 年森林面积为 22 511 km^2，2020 年森林面积为 23 820 km^2。有研究表明，河北省有林地蒸发量占降水量的 60%，有林地地表径流占降水量的 3.3%，张家口地区降水量为 330～400 mm，承德地区降水量为 420～880 mm，分别取其平均值 370 mm 和 650 mm 作为其区域降水量。则张家口地区 2015 年森林水源涵养量 18.5 亿 t，2020 年森林水源涵养量 23 亿 t。承德地区 2015 年森林水源涵养量 53.7 亿 t，2020 年森林水源涵养量 56.8 亿 t。张承地区到 2020 年增加水源涵养量 7.6 亿 t。按照目前张家口、承德人工林比例分别为 40%、50%左右估算，假设在未来人工林比例不变的情况下，2020 年张家口、承德人工林的水源涵养量将增加 3.4 亿 t，到 2035 年，在林地保护力度持续加大的基础上水源涵养能力将进一步加强。

水土保持效益。森林可以显著降低侵蚀模数，根据相关研究，按无林地侵蚀模数 3 521 t/km^2、有林地 1 595 t/km^2 计算。张家口地区 2015 年森林土壤保持量 2 622 万 t，2020 年 3 260 万 t；承德地区 2015 年森林土壤保持量 4 335 万 t，2020 年 4 587 万 t。张承地区在 2020 年增加土壤保持量 890 万 t。研究表明，当地区植被覆盖率在 60%以上，将土壤侵蚀量削减到 10%以下，当植被覆盖率达到 75%以上时水土流失很轻微。到 2035 年，张承地区的植被覆盖度将达到 70%以上，水蚀和风蚀均会下降，水土流失会大大降低。

5.7.2 张家口坝上地区人工造林违背自然规律，导致地下水位下降

京津冀地区因水量不足，生态用水受到极大限制，在生态建设中，必须充分考虑水资源承载力，以水确定生态建设规模、布局。张家口、承德地区人工林乔木以杨树、刺槐、油松等为主，以气候条件相似的山西省研究为例，2 年、3 年、5 年、7 年、13 年生

刺槐的年需水量分别为 390.65 mm、398.85 mm、411.4 mm、529.7 mm、633.95 mm，17～19 龄级段、19～20 龄级段、25～28 龄级段油松的年需水量分别为 653.5 mm、658.7 mm、655.6 mm，目前研究区森林以幼龄林居多，未来会逐渐成熟，假设目前森林耗水量为 5 年生刺槐和 17～19 年生油松的平均值，2020 年为 7 年生刺槐和 19～20 年生油松的平均值，则张家口地区目前人工林耗水量为 27 亿 t，2020 年为 38 亿 t；承德地区目前人工林耗水量为 55 亿 t，2020 年为 65 亿 t。张承地区人工林 2020 年比目前需要多耗水 21 亿 t。考虑到森林中有部分为耗水相对较低的灌木，此数据高于实际值，但有一定参考价值。

按目前张家口地区森林平均耗水量为 532 mm，张家口降水量平均为 370 mm 计算，在大部分地区无法支持成熟森林生长，森林从土壤中吸水导致地下水位进一步下降，在严重缺水地区森林会因为干旱死亡。2020 年，张家口人工林耗水量相比 2015 年增加 11 亿 t，人工林水源涵养量相比 2015 年仅增加 1.8 亿 t，在降水量不变的情况下，人工林大规模种植将导致地下水位进一步下降。

按照中科院植物专家的观点，在年降水量低于 400 mm 的地方，盲目种植杨柳树等乔木林，是违反自然规律的行为，这些区域的地带性原生植被为温带草原，在清代初期以游牧为主，草场、草滩十分广阔。在年降水量低于 400 mm 的干旱地区种树需要浇大量的水，尚义县、康保县、塞北管理区缺水率大于 50%，种树非但不能建立起稳定有效的生态防护体系，还会进一步导致当地水资源的萎缩和枯竭，加剧生态环境恶化。

5.8 水生态风险评价

5.8.1 地下水漏斗、河流断流短期难以消除

京津冀地区水资源环境改善存在较大压力：一方面来自现有已经恶化的水生态系统状态，如衡水、沧州和天津等区域；另一方面还来自以牺牲水资源环境为代价的社会经济发展诉求，如秦皇岛、张家口、承德等区域。结合京津冀地区 3 个高耗水行业及生态保护的分区特征（图 5-16）进行分析，耗水型工业主要分布在天津、沧州、邯郸、石家庄及唐山等市域，且主要沿渤海湾进行分布，是未来发展节水型工业的重点区域。2014—2017 年，河北省预计压减 6 000 万 t 钢铁和 4 000 万 t 燃煤，可在一定程度上缓解区域水生态危机。然而，高耗水工业依然是对水生态造成威胁的重要因素，水资源的

过度消耗及造成的水污染直接影响当地的水生态系统。

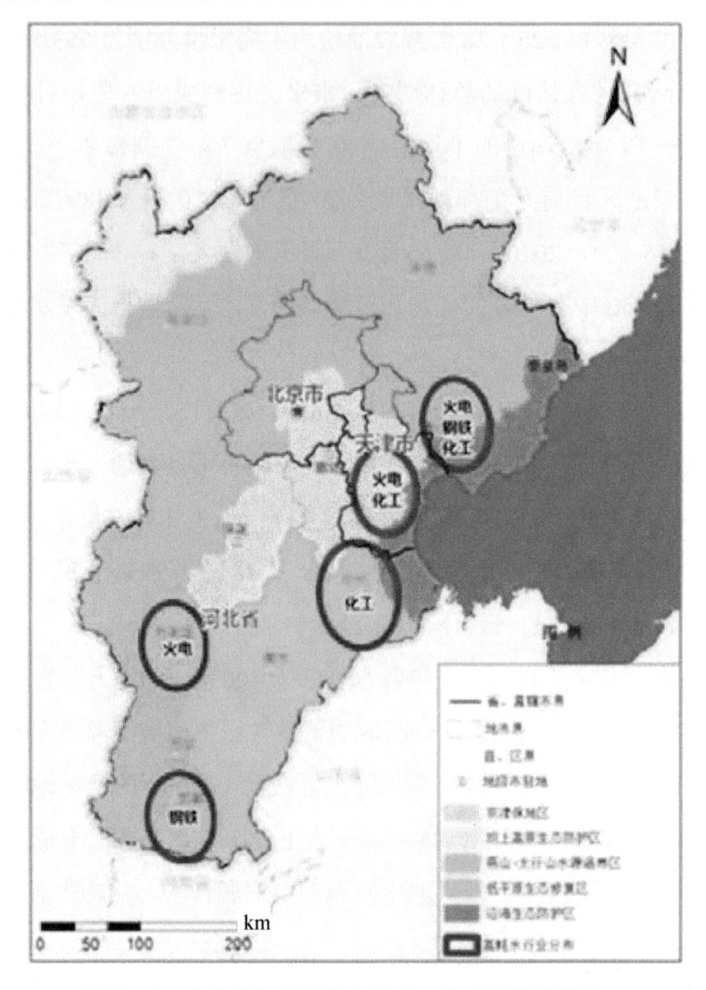

图 5-16　京津冀地区高耗水行业及生态保护分区特征

根据水专题研究成果，2020 年、2035 年京津冀地区工业、农业和生活的用水总量分别达到 268.0 亿 m^3 和 315.0 亿 m^3，京津冀地区的用水量在未考虑生态用水的情况下就已经超出了当地的多年平均水资源量，即使考虑相关水利工程规划中设定的 2020 年和 2030 年的引江、引黄等外调水量 50 亿 m^3 和 60 亿 m^3，不少城市仍然存在一定的用水缺口。衡水、天津、廊坊、石家庄、沧州等地区，未来社会经济发展的水资源制约强，对外调水的依赖性大，地下水超采区域恢复难，对河道生态用水保障难。区域地下水漏斗问题仍将长期存在，河道断流现象短期难以消除，河湖湿地水源涵养功能依旧低下，京津冀未来水生态系统依旧面临巨大危机。

5.8.2 极端条件下将难以抵御干旱和洪涝灾害

极端条件下将难以抵御干旱和洪涝灾害，具体体现在两种情形下，一种情形是京津冀地区自身发生极端干旱条件或者连续强降雨天气，另一种情形是外调水源地汉江发生干旱，无法保障正常的外调水资源量时，京津冀地区都将发生重大生态危机。

在极端干旱条件下，外调水无法保障区域生态安全。即使有南水北调供水，在极度缺水、地表水与地下水连接中断、未来人口持续增长与京津人口集聚分布的情况下，一旦发生严重的连续干旱，外调水将无法支撑区域所需用水。除人民生活用水难以保障外，地下水漏斗问题将更加严峻，河湖湿地水源涵养和调蓄功能将急剧下降，林草等自然生态系统也将面临生死存亡难关。另外，由于区域地下水漏斗、河流断流等问题短期内难以消除，区域洪水调蓄功能提升需要经历长期的过程，因此，持续强降雨条件下，难以抵御洪水灾害。在区域水生态系统功能尚未恢复的情况下，若遇到暴雨天气，上游水库的水位不断升高，下游的防洪压力增大，引发洪水灾害的风险较大。

在未来人口持续增长，用水压力远超水资源承载力的情况下，京津冀地区对外调水和非传统水资源的依赖日益增大。一旦外调水资源无法保障，如汉江水资源不足无法保障正常的外调水资源量时，区域河湖湿地等水源涵养能力尚未提高，地表水与地下水连接尚未恢复，京津冀地区将发生重大生态危机。

5.8.3 水资源开发利用的生态风险评价

依据水资源与水环境专题研究成果，廊坊、衡水、石家庄和天津的地表水供给指数很低，廊坊、衡水、沧州的地下水供给指数很低，这些城市支撑发展的水资源条件极差。中下游地区的地表水资源需求指数整体偏低，尤其是廊坊、衡水，以及石家庄、保定和邢台的部分地区，地表水资源量仅能够支撑供水总量的 10%，大量供水仍来自地下水和外部水资源分配和调动，这些地区地下水超采控制难度大且对外调水资源的依赖性高。衡水和沧州等地区地下水漏斗修复难度比较高。

综合考虑地表水供给、地下水供给、地表水资源需求、地下水漏斗修复难度等因素，开展水资源开发利用的生态风险评价。其中，水资源开发利用高风险区面积 15 201 km^2，占京津冀地区总面积的 7%，包括衡水市和廊坊市，以上区域地表水和地下水资源支撑条件极差，同时地下水漏斗问题比较突出。沧州市、邯郸市辖区、石家庄东部、邢台东部地区是水资源开发利用较高风险区，占京津冀国土面积的 21%。

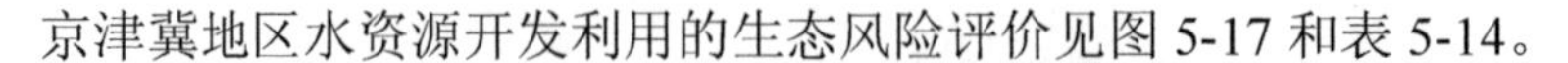

京津冀地区水资源开发利用的生态风险评价见图 5-17 和表 5-14。

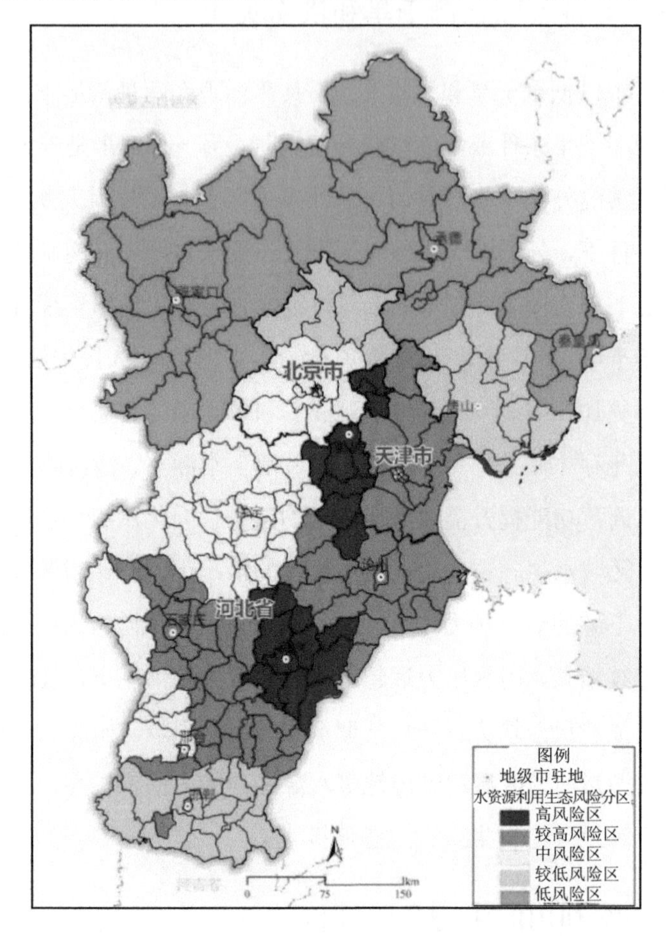

图 5-17 京津冀地区水资源开发利用生态风险评价

表 5-14 京津冀地区水资源开发利用生态风险评价

水资源利用生态风险分区	空间范围	面积/km²	占比/%
高风险区	衡水市全部市县； 廊坊市全部市县	15 201.67	7
较高风险区	天津市全部市县； 沧州市全部市县； 邯郸市 1 个（市辖区）； 石家庄市 15 个（灵寿县、行唐县、新乐市、正定县、藁城市、深泽县、无极县、鹿泉市、晋州市、市辖区、辛集市、栾城县、元氏县、赵县、高邑县）； 邢台市 15 个（宁晋县、柏乡县、新河县、隆尧县、南宫市、巨鹿县、广宗县、威县、任县、清河县、平乡县、市辖区、南和县、沙河市、临西县）	44 221.86	21

水资源利用生态风险分区	空间范围	面积/km^2	占比/%
中风险区	北京市12个（昌平区、顺义区、门头沟区、海淀区、朝阳区、通州区、石景山区、东城区、西城区、房山区、丰台区、大兴区）； 石家庄市3个（平山县、井陉县、赞皇县）； 保定市全部市县； 邢台市3个（临城县、内丘县、邢台县）	39 733.46	18
较低风险区	北京市4个（怀柔区、密云区、延庆区、平谷区）； 邯郸市全部市县； 唐山市全部市县	32 104.75	15
低风险区	京津冀地区其余市县	84 057.93	39

5.9　人类活动的生态风险综合评价

综合以上城镇化、工业布局、矿产资源开发、水资源开发利用、农业生产、海岸带开发利用等人类活动的生态风险评价，区域生态风险评价指标体系见表5-15。

表5-15　区域生态风险评价指标体系

目标层	原则层	准则层	参考性指标层
综合风险强度	人为风险	城市建设扩张	城镇建设用地面积变化、城镇化率、未来城镇化率增速
		农业生产	农业用地面积、坡耕地面积与分布、土壤重金属污染
		海岸带开发利用	海岸带开发强度、产业集聚强度、行业类型分布、沿海滩涂湿地面积变化
		工业集聚区发展	工业用地面积变化、园区分布密度、园区空间布局、行业类型布局
		矿产资源开发	矿产资源开发企业数量变化、矿产资源开发空间布局
		水资源开发利用	地表水供给、地下水供给、水资源利用需求、地下水漏斗修复难度
综合生态损失度	生态重要性	水源涵养重要性	植被覆盖度、土壤厚度、林地水源涵养量、湿地面积、湿地平均蓄水深度
		土壤保持重要性	降雨侵蚀性、土壤可侵蚀性、坡长坡度、植被覆盖
		防风固沙重要性	坡度、风速、相对湿度、大风日数、植被覆盖度和土壤平均粒径
		洪水调蓄重要性	丰水期水位、枯水期水位、蓄水面积、水库调节库容
	生态敏感性	水土流失敏感性	水土流失面积、土壤侵蚀强度、坡度、植被覆盖度
		荒漠化敏感性	湿润指数、土壤质地、起沙风天数
	生态压力	人口压力	人口密度
		资源压力	生态用地挤占、水资源量、用水总量

综合分析京津冀地区各项人类活动的干扰程度，分为5个等级，见图5-18和表5-16。滨海区的岸线开发、城镇化、工业发展、矿产资源开发强度高，且土壤污染风险高；天津蓟州区的城镇化、工业发展强度高，且土壤污染和水资源开发利用风险高；黄骅市工业发展、矿产资源开发、岸线开发强度高，且水资源开发利用风险较高；廊坊三河市的城镇化、工业发展强度大，水资源开发利用风险高；唐山市曹妃甸的工业发展、岸线开发强度大；这些区域作为高风险区，是未来风险防控的重点区域，占京津冀国土面积的3%。

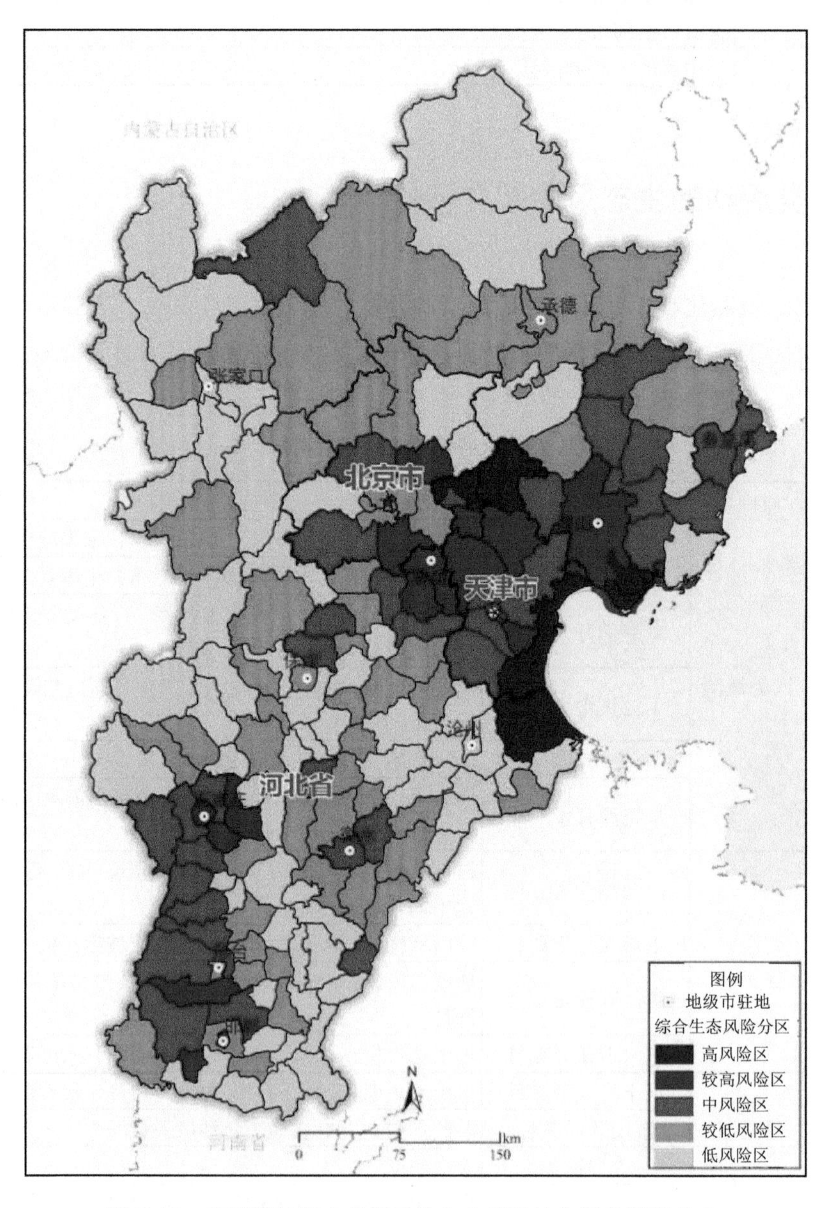

图5-18　京津冀地区人类活动的生态风险综合评价等级分布

表 5-16 京津冀地区人类活动的生态风险综合评价统计

生态风险综合分区	空间范围	面积/km^2	占比/%
高风险区	天津市 2 个（滨海区、蓟州区）； 沧州市 1 个（黄骅市）； 廊坊市 1 个（三河市）； 唐山市 1 个（曹妃甸）	7 067.83	3
较高风险区	北京市 2 个（大兴区、顺义区）； 天津市 3 个（宝坻区、津南区、武清区）； 邯郸市 1 个（市辖区）； 廊坊市 3 个（市辖区、香河县、永清县）； 石家庄市 3 个（藁城市、栾城县、市辖区）； 唐山市 1 个（市辖区）； 邢台市 1 个（沙河市）	14 777.27	7
中风险区	北京市 2 个（昌平区、房山区）； 天津市 11 个（北辰区、东丽区、和平区、河北区、河东区、河西区、红桥区、静海区、南开区、宁河区、西青区）； 保定市 2 个（定兴县、徐水区）； 承德市 1 个（宽城满族自治县）； 邯郸市 2 个（武安市、永年区）； 衡水市 3 个（安平县、市辖区、武邑县）； 廊坊市 3 个（霸州市、大厂回族自治县、固安县）； 秦皇岛市 3 个（昌黎县、抚宁区、市辖区）； 石家庄市 5 个（井陉县、鹿泉市、元氏县、赞皇县、正定县）； 唐山市 5 个（滦南县、滦县、迁安市、迁西县、玉田县）； 邢台市 4 个（临城县、内丘县、清河县、邢台县）； 张家口市 1 个（沽源县）	38 110.51	18
较低风险区	北京市 9 个（朝阳区、东城区、丰台区、海淀区、石景山区、通州区、西城区、延庆区、怀柔区）； 保定市 9 个（市辖区、定州市、高碑店市、高阳县、容城县、顺平县、望都县、易县、涿州市）； 沧州市 3 个（任丘市、肃宁县、盐山县）； 承德市 2 个（滦平县、平泉市）； 邯郸市 4 个（成安县、邯郸县、曲周县、涉县）； 衡水市 8 个（阜城县、故城县、冀州区、景县、饶阳县、深州市、武强县、枣强县）； 廊坊市 2 个（大城县、文安县）； 秦皇岛市 1 个（青龙满族自治县）； 石家庄市 4 个（行唐县、灵寿县、辛集市、赵县）； 唐山市 1 个（遵化市）； 邢台市 5 个（隆尧县、南和县、平乡县、任县、市辖区）； 张家口市 5 个（赤城县、崇礼区、怀来县、万全区、蔚县）	72 821.84	34
低风险区	京津冀地区其余市县	82 542.22	38

从图 5-18 可以看出，高风险区主要沿渤海湾分布。然而，渤海是我国唯一的半封闭型内海，上承黄河、海河和辽河三大流域，下接黄海、东海生态体系，是世界上典型的半封闭海之一，也是我国诸多海域中生态环境最为脆弱的海域。环渤海区域岸线利用率高，用海方式多为填海造地，湿地面积大量丧失，不仅导致滨海湿地生境逐年减少，呈破碎化趋势，同时也改变了近岸水动力条件，使自然栖息地环境发生了变化，部分生态过程受到影响。渤海海域生物物种数量在全国 4 个海域中最低，海洋生物多样性指数也偏低，生态系统结构偏向单一，生态服务功能减弱。伴随着海上交通运输、临港工业的快速发展，各类海洋船舶活动显著增加，事故性溢油的风险进一步加大。现代化工农业的发展也加剧了富营养化，赤潮灾害发生的频率、规模和持续时间均呈上升趋势。因此，环渤海区域是未来生态风险防控的重点区域。

6

空间管控对策

围绕落实“三条铁线”工作思路，依据《京津冀、长三角和珠三角地区战略环境评价空间、总量和准入环境管控的技术原则与要点（试行）》，落实“生态保护红线、环境质量底线、资源利用上线”和“环境准入负面清单”（以下简称“三线一单”）的环境管理要求，结合生态影响评价专题任务要求，构建京津冀地区生态空间管控体系，对不同地区实施差异化的生态保护对策，制定产业调控的负面清单，并将京津冀地区的生态空间管控思路落实到地级市，明确每个地级市的生态空间管控及控制单元。

6.1 构建生态安全格局

基于从山体到海洋的地理构成，以森林、河湖、湿地为基础，以自然保护区、森林公园、湿地公园、饮用水水源保护地等为重点，以太行山、燕山、大清河、永定河、潮白河、滨海湿地等生态廊道为主体，以保护生态系统完整性为目标，建屏障、保廊道、育节点，形成点、线、面形态完备、功能完善、质量完美的山水林田湖海生命共同体，构建“两屏、三带、六廊道、多节点”复合型、立体化、网络式的生态安全格局，保障京津冀地区生态安全。

“两屏”是指坝上生态屏障区和燕山—太行山生态屏障区。坝上生态屏障区以防风固沙、涵养水源为核心，恢复和建设疏林灌草景观，营造多树种、多层次的防风固沙林，构建结构合理的绿色生态屏障，缓解京津风沙危害。燕山—太行山生态屏障区重点推进京津风沙源治理、太行山绿化、退耕还林等生态工程建设，在河流上游，矿山、水库、沙源、风口、风道周边及宜林荒山荒地，大力营造水源涵养林和水土保持林，开展“三化”草原治理和人工种草建设，缓解天然草原放牧压力，保护草原生态环境。

“三带”是指南水北调东、中线保护带和沿海防护林带。南水北调东、中线保护带重点加强沿线生态建设和环境保护，确保水质安全，通过防护林带、城镇园林绿地和生态农业建设，营造高标准防护林带、景观绿地、农田林网，大幅度提高工程沿线森林覆盖和园林绿化率，形成沿线城乡美好的生态景观，调节小气候，改善人居环境质量。沿海防护林带要重点恢复和扩建滨海湿地，整治和改善河口生态环境，加强沿海防护林体系、自然保护区、国家级水产种质资源保护区、滨海生态城镇和生态景观带建设，构建海岸生态防御体系，减轻海洋灾害。

“六廊道”是指滦河、潮白河、永定河、大清河、子牙河、南北运河 6 条主要河流生态廊道。重点保护河流水系，提升生态廊道之间、生态廊道与大型自然斑块之间的关键区域生态恢复，强化廊道和区域生态系统的连通性和自然属性。保持生态廊道连通性，避免开发建设活动造成生境破碎化，发挥动物迁移、生物信息传递、过滤污染物、改善城市景观等生态功能。

“多节点”是指官厅水库、密云水库、潘家口水库、于桥水库、岗南—黄壁庄水库、王快—西大洋水库、东石岭—东风水库水源保护地、白洋淀湿地、衡水湖、天津七里海—北大港湿地等水库湖泊生态保育节点，严格生态节点保护与管理，禁止一切可能损害其生态功能的开发建设活动，维护生态节点的生态流传输，发挥生物多样性保护、调节城市热岛效应等生态调节功能。

京津冀区域生态安全格局见图 6-1。

6.2 分区生态管控

分区生态管控是在生态现状调查、生态空间识别的基础上，综合考虑人类活动的生态影响和风险评价结果，分析区域空间分布规律，形成分区管控方案：生态保护红线、非红线生态空间、城镇和农业空间，详见图 6-2。将区域内生态功能极重要、生态环境极敏感/脆弱区域和禁止开发区域纳入生态保护红线，作为生态保护红线建议区域，实施强制性保护。将生态保护红线之外的生态空间划为生态功能保障区，包括重点（要）生态功能区、生物多样性保护优先区、重要湿地等区域，实施严格的生态保护，维护并提升区域的生态服务功能。将生态空间之外的区域划为城镇和农业空间，针对中部核心地区、东部沿海地区、南部平原地区、西北部生态涵养区等不同区块的经济社会发展和生态环境特征，实施差异化的生态保护对策。

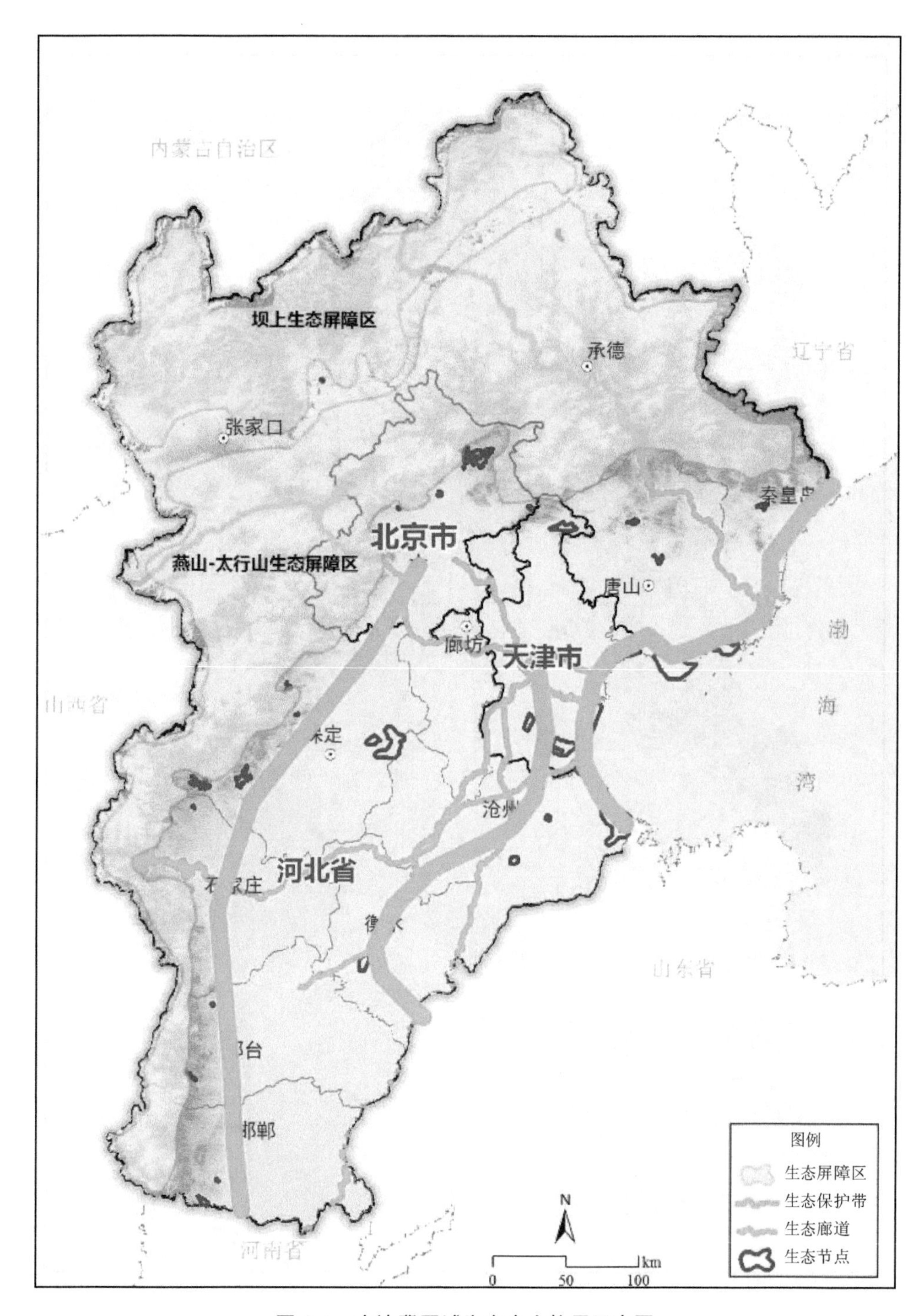

图 6-1 京津冀区域生态安全格局示意图

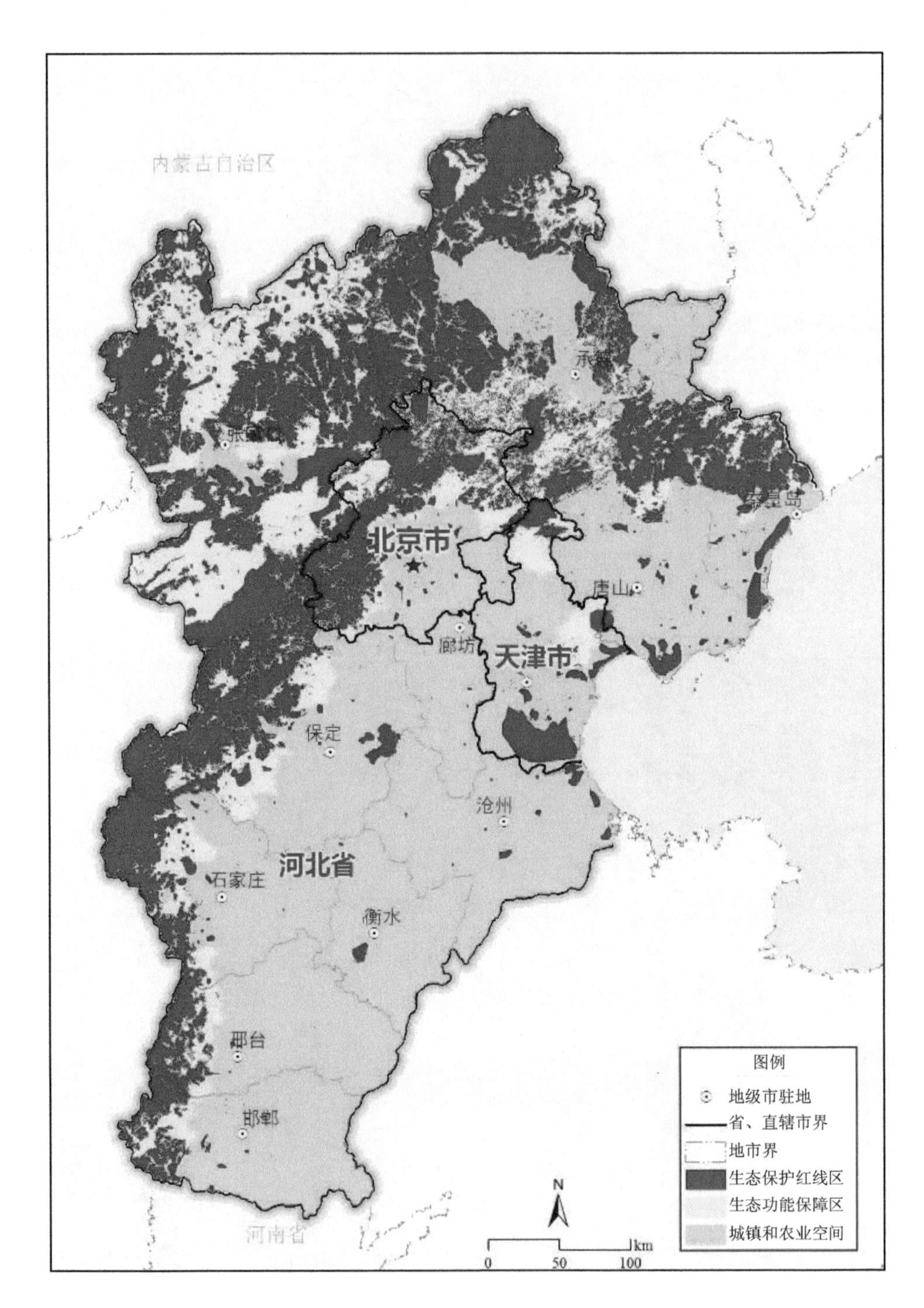

图 6-2 京津冀分区空间管控

京津冀地区生态保护红线建议区域占区域面积的 31.5%，生态功能保障区面积占区域国土面积的 20.1%，城镇和农业空间的面积占区域国土面积的 48.4%（表 6-1）。

表 6-1 京津冀各地生态空间分级管控分布表

地区	生态保护红线		生态功能保障区		城镇和农业空间	
	面积/km²	占比/%	面积/km²	占比/%	面积/km²	占比/%
北京	6 668	40.6	4 818	29.4	4 925	30.0
天津	2 494	20.9	2 298	19.3	7 128	59.8
石家庄	3 806	18.8	2 180	10.8	14 249	70.4
保定	7 749	35.0	2 835	12.8	11 575	52.2
沧州	329	2.4	0	0.0	13 090	97.6
承德	19 313	48.9	10 996	27.8	9 210	23.3
邯郸	1 578	13.1	1 128	9.3	9 381	77.6
衡水	229	2.6	0	0.0	8 586	97.4
廊坊	222	3.4	0	0.0	6 278	96.6
秦皇岛	3 553	45.5	1 285	16.5	2 974	38.0
唐山	1 851	13.7	645	4.8	10 976	81.5
邢台	1 520	12.2	611	4.9	10 355	82.9
张家口	18 774	50.9	16 593	45.0	1 492	4.1
合计	68 085		43 391		104 549	

6.2.1 严守生态保护红线

（1）生态保护红线划定建议

1）陆域生态保护红线

除将自然保护区、风景名胜区、森林公园、地质公园、湿地公园、水产种质资源保护区、自然文化遗产、水源地保护区等禁止开发区域核心区划为生态保护红线之外，建议：①将具有重要防风固沙功能，位于坝上高原三大沙区、六大风口、五大沙滩和九条风沙通道的防风固沙带纳入生态保护红线；②将具有重要水源涵养功能，位于燕山南侧和太行山东侧的大片水源涵养林纳入生态保护红线；③将区域重要的集水区和滞洪区纳入生态保护红线；④将平原地区白洋淀、衡水湖、南大港、北大港、密云水库、滦河河口等重要湿地纳入生态保护红线；⑤将位于承德隆化县和平泉县的山前水土流失极敏感地区纳入生态保护红线；⑥将位于天津滨海新区、秦皇岛、唐山曹妃甸和滦南县乐亭县丰南区的土地沙化极敏感地区纳入生态保护红线；⑦不将私人所有的经济林划入生态保护红线。建议京津冀地区生态保护红线面积比例不低于 31.5%（图 6-3 和表 6-2），对生态保护红线实施严格保护，原则上禁止以开发建设为目的的各种人为活动。

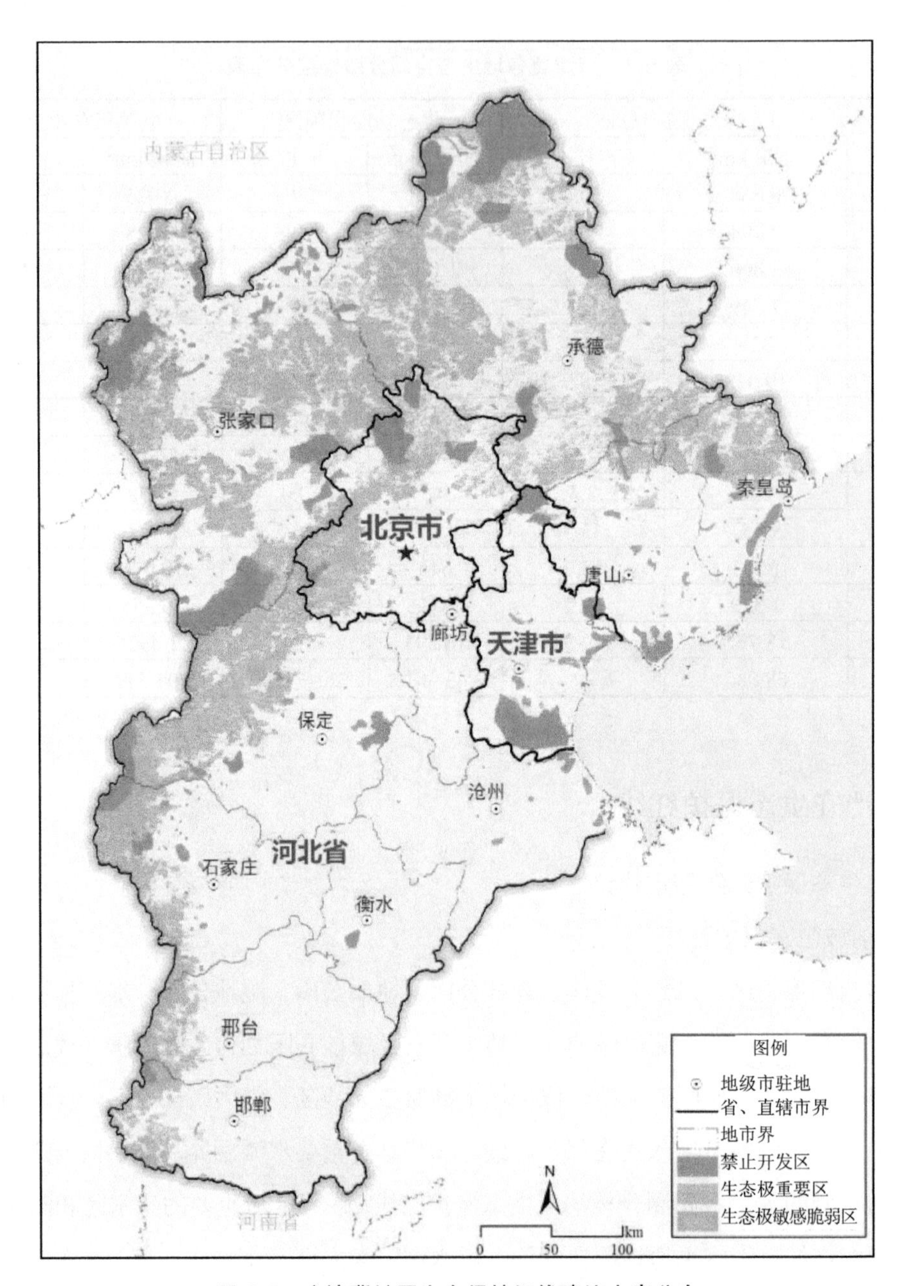

图 6-3 京津冀地区生态保护红线建议方案分布

表 6-2 京津冀各地生态保护红线建议方案分布表

地区	生态功能极重要区面积/km²	生态敏感/脆弱区面积/km²	禁止开发区面积/km²	不计重复总面积/km²	面积比例/%
北京	4 974	1 694	3 023	6 668	40.6
天津	2 411	83	1 492	2 494	20.9
石家庄	3 231	575	2 954	3 806	18.8

地区	生态功能极重要区面积/km²	生态敏感/脆弱区面积/km²	禁止开发区面积/km²	不计重复总面积/km²	面积比例/%
保定	3 249	4 500	3 465	7 749	35.0
沧州	329	0	313	329	2.4
承德	15 405	3 909	4 208	19 313	48.9
邯郸	1 355	223	1 638	1 578	13.1
衡水	229	0	211	229	2.6
廊坊	222	0	220	222	3.4
秦皇岛	2 997	555	1 544	3 553	45.5
唐山	1 602	249	886	1 851	13.7
邢台	1 214	305	1 025	1 520	12.2
张家口	11 569	7 205	2 024	18 774	50.9
合计	48 781	19 304	23 003	68 085	31.5

2）海域生态保护红线

根据《河北省海洋生态红线》《天津市海洋功能区划（2011—2020 年）》等相关资料，京津冀地区海域需要严格保护的地区包括 115.83 km 自然岸线和 2 100.79 km² 海域，详见表 6-3、图 6-4。其中，河北省划定自然岸线 17 段，总长 97.20 km，占全省大陆岸线总长的 20.05%；划定各类海洋生态红线区 44 个，总面积 1 881 km²，占全省管辖海域面积的 26.02%。具体包括：①海洋保护区类生态红线区 4 个，面积 380.3 km²；②重要河口生态系统类生态红线区 3 个，面积 18.05 km²；③重要滨海湿地类生态红线区 2 个，面积 94.59 km²；④重要渔业海域类生态红线区 6 个，面积 380.2 km²；⑤自然景观与历史文化遗迹类生态红线区 3 个，面积 0.70 km²；⑥重要滨海旅游区类生态红线区 6 个，面积 484.47 km²；⑦重要沙质岸线 16 段，长 54.08 km；⑧沙源保护海域类生态红线区 4 个，面积 522.61 km²。天津市划定的海洋生态红线区包括 219.79 km² 海域和 18.63 km 岸线。红线区包括天津大神堂牡蛎礁国家级海洋特别保护区、汉沽重要渔业海域、北塘旅游休闲娱乐区、大港滨海湿地以及天津大神堂自然岸线 5 个区域。

《河北省海洋生态红线》中明确了自然岸线的界定标准，自然岸线指天然形成的沙质岸线、粉砂淤泥质岸线、基岩岸线和生物岸线，以及整治修复后具有自然海岸生态功能的人工海滩和海岸湿地（图 6-4）。

表 6-3 京津冀地区海域生态保护红线统计

区域	海域生态保护红线类型	红线类型	空间范围	长度或面积
河北省	自然岸线	17 段	—	97.20 km
	海洋生态红线区	海洋保护区类生态红线区	北戴河湿地公园、昌黎黄金海岸保护区、乐亭菩提岛诸岛保护区、黄骅古贝壳堤保护区	380.3 km^2
		重要河口生态系统类生态红线区	石河河口生态系统、滦河河口生态系统、大清河河口生态系统	18.05 km^2
		重要滨海湿地类生态红线区	滦河河口沼泽湿地、沧州歧口浅海湿地	94.59 km^2
		重要渔业海域类生态红线区	—	—
		自然景观与历史文化遗迹类生态红线区	—	—
		重要滨海旅游区类生态红线区	海关旅游区、东山旅游区、北戴河旅游区、大清河口海岛旅游区、龙岛旅游区和大口河口旅游区	484.47 km^2
		重要沙质岸线	—	—
		沙源保护海域类生态红线区	—	—
天津市	自然岸线	滨海湿地	大港滨海湿地	18.63 km
		自然岸线	天津大神堂自然岸线	
	海域	海洋特别保护区	天津大神堂牡蛎礁国家级海洋特别保护区	219.79 km^2
		渔业海域	汉沽重要渔业海域	
		旅游区类生态红线	北塘旅游休闲娱乐区	
京津冀地区	自然岸线	天津市与河北省自然岸线	北塘旅游休闲娱乐区	115.83 km
	海域	天津市与河北省海域生态红线	北塘旅游休闲娱乐区	2 100.79 km^2

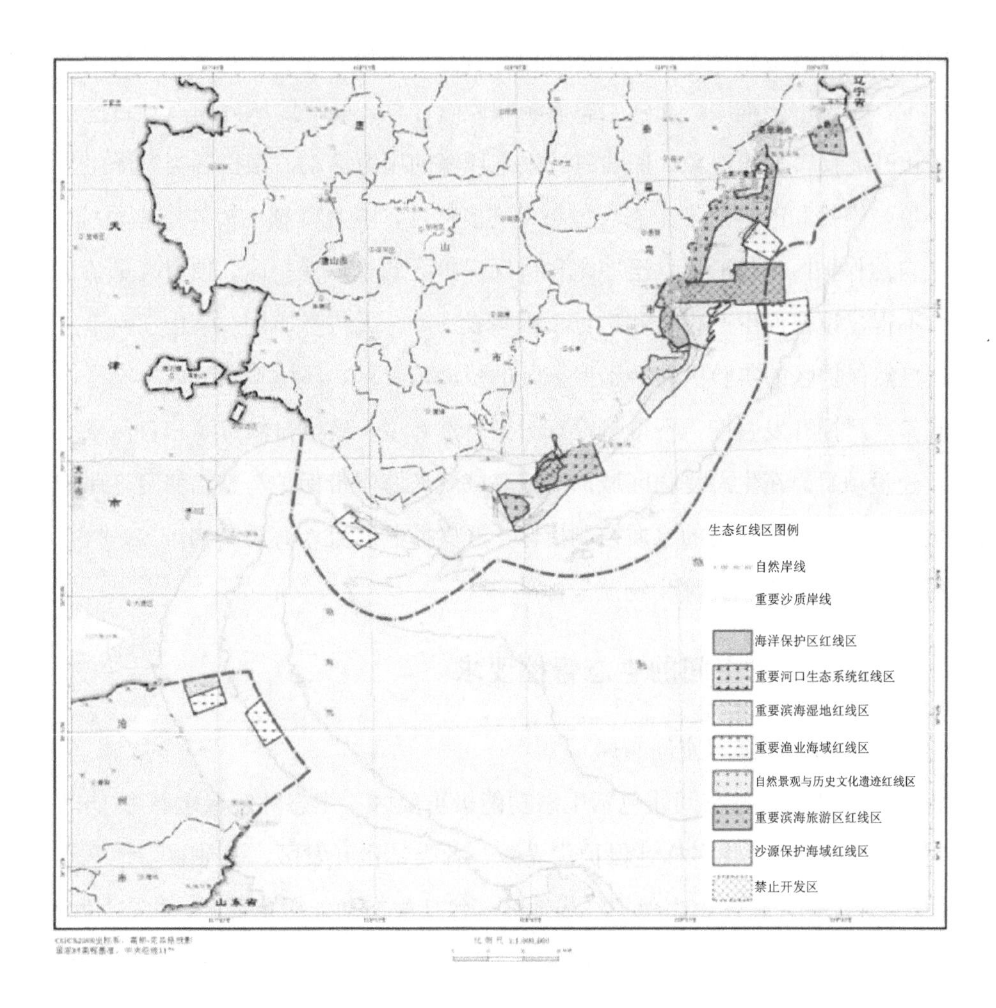

图 6-4 河北省海洋生态红线区

（2）生态保护红线管控对策

1）对陆域生态保护红线实施严格管控

按照法律法规实行严格保护，原则上禁止以开发建设为目的的各种人为活动（详见附表 2）。

2）严格保护自然岸线和各类海洋生态红线区

严格保护岸线的自然属性和海岸原始景观，禁止在海岸退缩线（海岸线向陆一侧 500 m 或第一个永久性构筑物或防护林）内和潮间带构建永久性建筑、围填海、挖沙、采石等改变或影响岸线自然属性和海岸原始景观的开发建设活动；禁止新设陆源排污口，严格控制陆源污染排放；清理不合理岸线占用项目，实施岸线整治修复工程，恢复岸线的自然属性和景观。

海洋生态红线区将实施严格的区域限批政策，严控开发强度，实行严格的项目准入环境标准，完善审核程序，加强生态影响和风险评估，强化区域内用海项目产业控制措施。禁止开展损害保护对象、影响海域生态环境的用海活动。维护各类海洋生态红线区生态环境，维护和改善海洋生态环境与生物多样性，修复受损的海洋生态系统。

在自然保护区的核心区、缓冲区和特别保护区的重点保护区、预留区是禁止开发的区域，不得建设任何生产设施和进行工程建设活动，无特殊原因，禁止任何单位或个人进入；自然保护区的实验区和特别保护区的资源恢复区、环境整治区内实施严格的区域限批政策，严控开发强度，不得建设有污染自然环境、破坏自然资源和自然景观的生产设施及建设项目。在生态受损区域，实施海域海岛海岸带保护与整治修复，保护与恢复海洋生态环境。实施严格的水质控制指标，严格控制河流入海污染物排放，执行一类海水水质、海洋沉积物和海洋生物质量标准。

6.2.2 非红线生态空间的生态管控要求

（1）生态功能保障区空间布局

将书中识别的生态空间［包括生态功能极重要区、生态环境极敏感/脆弱区、重点（要）生态功能区、生物多样性保护优先区、各类禁止开发区、其他重要地区等，占国土总面积 51.7%］，除去生态保护红线地区（包括生态功能极重要区、生态环境极敏感/脆弱区、各类禁止开发区，占国土总面积 31.5%）之外剩余的地区，作为生态功能保障区，实施严格的生态保护，包括坝上高原风沙防治区、燕山山地水源涵养与水土保持区、太行山山地水源涵养及水土保持区、环渤海生物多样性保护地区（图 6-5，表 6-4）。

表 6-4 京津冀地区生态功能保障区分布表

名称	分布县（市、区）	面积/km^2
坝上高原风沙防治区	张家口市：张北县、康保县、沽源县、尚义县、万全县、怀安县； 承德市：丰宁满族自治县、围场满族蒙古族自治县	13 642
燕山山地水源涵养与水土保持区	北京市：密云区、怀柔区北部、平谷区、延庆区； 天津市：蓟州区、宁河区； 张家口市：宣化区、蔚县、阳原县、怀安县、万全区、怀来县、涿鹿县、赤城县、崇礼县； 承德市：承德县、兴隆县、滦平县、宽城满族自治县； 唐山市：迁西县； 秦皇岛市：青龙满族自治县	21 437

名称	分布县（市、区）	面积/km²
太行山山地水源涵养与水土保持区	北京市：房山区、门头沟区、昌平区西北部、怀柔区南部； 保定市：易县、涞水县、涞源县、唐县、阜平县、曲阳县、顺平县； 石家庄市：井陉县、灵寿县、赞皇县、平山县； 邢台市：邢台县、临城县、内丘县、沙河市的西部； 邯郸市：涉县、武安市西部	7 922
环渤海生物多样性保护地区	滦河河口湿地：唐山市乐亭县、秦皇岛市昌黎县； 天津古海岸湿地：天津宁河区； 天津北大港湿地：天津滨海新区； 沧州南大港湿地：沧州市南大港区	—

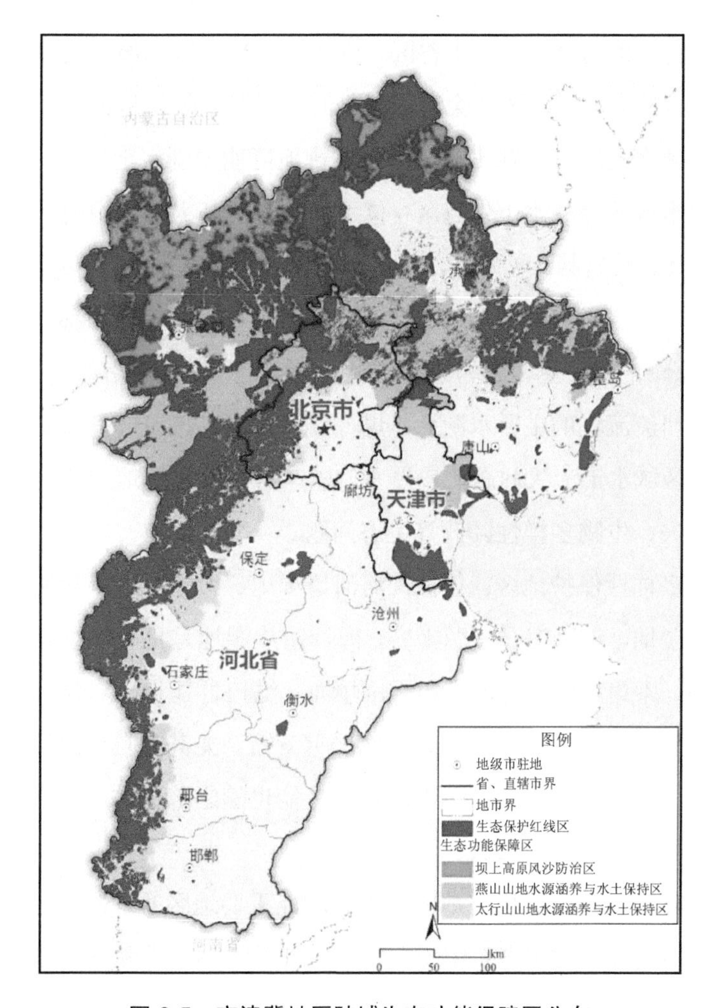

图 6-5　京津冀地区陆域生态功能保障区分布

坝上高原风沙防治区：位于张家口市的张北县、沽源县、康保县和尚义县，承德市的丰宁满族自治县和围场满族蒙古族自治县，面积为 13 642 km²，是滦河、潮河和白河的发源地。区域土地沙化问题比较严重，对京津风沙天气影响比较大，最为直接的是三大沙区、六大风口、五大沙滩和九条风沙通道。自然条件差异明显，张家口坝上地区土壤质量差，植被退化，坡耕地问题和山区开矿问题都较突出。农业生产方式较粗放，资源开发与农业生产可能加剧水土流失和荒漠化等生态问题，干旱地区大规模人工造林可能导致地下水位下降，进而影响大区域的水源调节功能。

燕山山地水源涵养与水土保持区：位于河北省北部燕山山地区，包括唐山市的迁西县，秦皇岛市的青龙满族自治县、抚宁县，承德市的滦平县、宽城满族自治县、兴隆县、承德县，张家口市的赤城县、崇礼区、阳原县、蔚县、涿鹿县、怀安县、怀来县、万全区、宣化区等，北京市的密云区、平谷区、延庆区、怀柔区北部，天津市的蓟州区、宁河区，面积为 21 437 km^2。本区是滦河、潮白河主要汇流区，是黄土丘陵、片麻岩山地集中分布区。区域水土流失问题比较严重，坡耕地可能加剧水土流失等生态问题。

太行山山地水源涵养与水土保持区：位于河北省西部太行山山地区，包括石家庄市的平山县、井陉县、赞皇县、灵寿县，保定市的涞源县、阜平县、涞水县、易县、唐县、曲阳县、顺平县，邢台市的临城县、内丘县、邢台县、沙河市的西部，邯郸市的涉县、武安市西部，北京市的房山区、门头沟区、昌平区西北部、怀柔区南部，面积为 7 922 km^2。本区为海河南支河流流域的主要水源地，煤、铁、石灰岩等战略资源集中，红色和生态旅游资源丰富。区域水土流失问题比较严重，矿产资源开发对地质环境破坏严重，可能加剧区域水土流失、生物多样性降低等生态问题。

环渤海生物多样性保护地区：包括滦河河口湿地、天津古海岸湿地、天津北大港湿地及沧州南大港湿地，该区海洋资源丰富，海洋沿岸湿地是鸟类的重要栖息地，也是海洋生物的产卵场、索饵场和越冬场，由于围填海、港口群建设、陆源污染等原因，大面积滨海湿地转变为城镇建设用地，滨海湿地严重萎缩，尤其是自然湿地退化速度很快，导致生物多样性降低，调节气候、改善环境的功能也随之降低。

（2）生态功能保障区管控对策

生态功能保障区包括生态敏感地区和生态功能重要地区等。对生态功能保障区要控制开发，有目的性地限制对生态系统影响较大的开发活动，或者在能够补偿产业所造成的生态环境影响的前提下有条件地批准开发建设活动。实施严格的区域产业环境准入标准，提高城镇化、工业化和资源开发的生态环境准入门槛。加强生态保护与建设，恢复和提高水源涵养、土壤保持、生物多样性保护功能。

坝上高原风沙防治区：加强天然草场保护和人工草场建设。转变畜牧业生产方式，实行禁牧休牧和划区轮牧，推行舍饲圈养，以草定畜，严格控制载畜量。加强对内陆河流的规划和管理，保护内流湖淖和河流湿地，改善风口地区和沙化土地集中地区生态环境。控制高耗水农业面积和用水总量，保持水资源的供求平衡。适度发展矿产采选业，大力发展节水种植业、舍饲畜牧业和生态林业，壮大生态旅游和休闲度假服务业。禁止在主要河流两岸、干线公路两侧、风口地区和沙化土地进行采石、取土、采沙等活动。禁止任何形式的毁林、开荒等破坏植被的行为，25°以上陡坡耕地逐步实施退耕，提升区域水土保持和防风固沙功能。

燕山山地水源涵养与水土保持区：加强永定河、潮白河和滦河流域综合治理，提升中游地区生态保护功能。重点建设水源涵养、水土保持、造林绿化、农田水利等工程，继续实施风沙源治理、退耕还林还草、“三北”防护林、首都水资源恢复和保护等重点生态工程。加快推进农业节水、稻改旱、禁牧舍饲等生态工程建设。大力发展生态文化旅游和休闲度假产业，有序开发煤铁等矿产资源，加强节水工程建设和基本农田保护。禁止侵占水面行为，保护好河湖湿地，最大限度地保留原有自然生态系统。

太行山山地水源涵养与水土保持区：重点加强饮用水水源地保护区和水产种质资源保护区建设，严格保护具有水源涵养作用的自然植被。推进造林绿化、退耕还林和围栏封育等生态工程建设，提高森林覆盖率。禁止过度放牧、无序采矿、毁林开荒等行为，加大对矿山环境整治修复力度。加强小流域综合治理，恢复和提升区域生态功能。积极发展旱作节水农业和生态畜牧业，适度发展、改造提升矿产采选及加工业。在湖库型饮用水水源上游的水源涵养区和集雨区设立禁止规模化畜禽养殖区。任何开发建设活动不得破坏珍稀野生动植物的重要栖息地，不得阻隔野生动物的迁徙路径。

环渤海生物多样性保护地区：系统规划和推进湿地修复工程，恢复和扩建滨海湿地，滨海湿地总面积保持稳定的基础上有所增长，整治和改善河口生态环境，改善近岸海域水质，提高近岸海域生态系统生物多样性。实施生态养殖，开展增殖放流，恢复海洋渔业资源。实施海域海岛海岸带整治修复保护工程，典型受损海洋生态系统得到全面恢复，重要海岛、河口、潟湖等典型生态敏感脆弱区环境质量明显改善，海洋资源环境和生态价值得到充分彰显。

6.2.3 城镇和农业空间的生态管控要求

（1）城镇和农业空间布局

生态空间之外的区域（非生态空间）作为城镇和农业空间，区内生态低敏感、脆弱或生态服务功能一般重要，总面积为 104 549 km^2，约占区域总面积的 48.3%，包括京津保生态型城市发展区、燕山山前和黑龙港平原农业区、冀中南城市发展区、冀北城市发展区和东部沿海产业发展区，具体分布情况见图 6-7 和表 6-5。

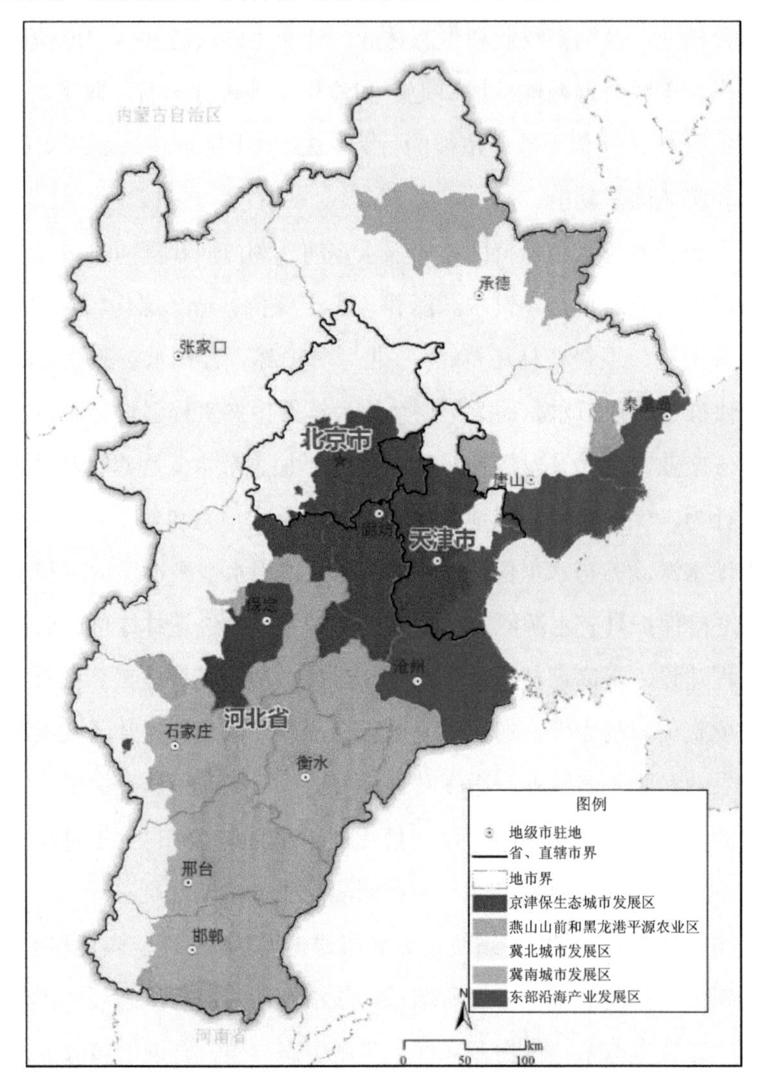

图 6-7 京津冀地区城镇和农业空间分布

表 6-5 京津冀地区城镇和农业空间分布表

名称	分布县（市、区）	面积/km^2
京津保生态型城市发展区	北京市：东城区、西城区、朝阳区、丰台区、海淀区、通州区、昌平区、顺义区、大兴区、石景山区； 天津市：和平区、河东区、河西区、南开区、河北区、红桥区、东丽区、西青区、津南区、北辰区、武清区、宝坻区、静海区	23 277

名称	分布县（市、区）	面积/km^2
京津保生态型城市发展区	保定市：新市区、北市区、南市区、涿州市、定州市、高碑店市、清苑区、徐水区、望都县； 廊坊市：安次区、广阳区、固安县、永清县、香河县、大城县、文安县、大厂回族自治县、霸州市、三河市； 沧州市：任丘市	23 277
燕山山前和黑龙港平原农业区	承德市：隆化县、平泉市； 秦皇岛市：卢龙县； 唐山市：玉田县； 保定市：安国市、定兴县、高阳县、容城县、安新县、蠡县、博野县、雄县、满城县西部； 沧州市：肃宁县、南皮县、吴桥县、献县、泊头市、河间市； 石家庄市：深泽县、无极县东部、晋州市、赵县、行唐县、元氏县西部； 衡水市：枣强县东部、武邑县、武强县、饶阳县、安平县、故城县、景县、阜城县、深州市； 邢台市：柏乡县、隆尧县、任县、南和县、宁晋县、巨鹿县、新河县、广宗县、平乡县、威县、清河县、临西县、南宫市； 邯郸市：临漳县、大名县、磁县南部、肥乡县东部、邱县、鸡泽县、广平县、馆陶县、魏县、曲周县	39 431
冀中南城市发展区	石家庄市：长安区、桥东区、桥西区、新华区、裕华区、正定县、栾城区、高邑县、深泽县、无极县西部、元氏县西部、辛集市、藁城区、新乐市、鹿泉区； 邢台市：桥东区、桥西区、临城县西部、内丘县西部、任县西部、沙河市东部； 邯郸市：邯山区、丛台区、复兴区、邯郸县、成安县、磁县北部、永年县、武安市东部、肥乡区西部； 衡水市：桃城区、枣强县西部、武邑县西南部、冀州市	15 545
冀北城市发展区	张家口市：桥东区、桥西区、宣化区、下花园区； 承德市：双桥区、双滦区； 唐山市：路南区、路北区、古冶区、开平区、遵化市、迁安市、滦县、丰润区	10 728
东部沿海产业发展区	天津市：滨海新区； 秦皇岛市：海港区、山海关区、北戴河区、昌黎县、抚宁区； 唐山市：丰南区、曹妃甸区、滦南县、乐亭县； 沧州市：黄骅市、海兴县、新华区、运河区、沧县、青县、盐山县、孟村回族自治县	15 957

京津保生态型城市发展区：该区人口稠密，城镇化水平高，区域开发建设强度大。主要的生态问题是自然生态系统呈破碎化，城市生态空间遭建设用地挤占，自然生态系统生态功能退化，城市热岛效应突出。随着城镇化率不断提高，人口持续增加，城市用地规模及生活能源、资源消耗量增大，水、土地等资源承载压力加大。

燕山山前和黑龙港平原农业区：主要生态问题是农业用水方式粗放，地下水超采严重，土壤污染问题较为突出。未来应转变农业用水方式，大力推进农业节水，提高用水效率；开展地下水超采控制与修复工程，地下水超采现象得到控制，基本农田得到有效保护，维持良好的农业生态和耕地土壤的微生态环境。

冀中南城市发展区：该区产业转移与承接会加大区域生态保护压力，城镇化和工业化发展与耕地保护矛盾突出，水资源对农业和工业发展的制约明显。应强化产业结构优化升级与创新驱动发展结合，加快发展绿色产业，鼓励技术创新，提高用水效率，防范生态环境风险。

冀北城市发展区：该区周边生态环境重要性和敏感性较高，地区发展意愿强烈，应避免人口过度增长、城镇化过度扩张、污染型项目对周边生态功能保障区的影响，加大发展绿色产业，调整产业结构和布局。

东部沿海产业发展区：该区主要的生态问题是污染和围填海等海岸工程导致海岸带与近岸海域生态系统严重退化，滨海湿地破坏严重，自然岸线退化，生物多样性资源严重丧失。沿海临港产业带的建设将加快岸线开发活动，持续的填海造地工程将对滨海湿地和自然岸线保护造成威胁。人口和产业的集聚将增大对淡水的需求量，进一步削减入海生态淡水，影响河口湿地生态系统的稳定性。陆源污染物的大量排放将加剧海洋环境污染和生态破坏的风险。

（2）城镇和农业空间管控对策

城镇和农业空间相对集中于中部核心区的东南部、南部平原区、东部沿海地区，这些区域生态敏感性和重要性相对较低，人口和产业集聚度高，土壤污染、地下水漏斗、自然岸线退萎缩、城市生态空间不足等生态问题较突出，针对这些区域的经济社会发展和生态环境特征，实施差异化的生态管控对策。

京津保生态型城市发展区：充分利用旧城改造和机构搬迁腾出空间，加大社区公园、街头游园、郊野公园、绿道绿廊等规划建设力度，推动生态宜居城市建设。建设城市湿地公园，提升城市绿地功能，结合城市污水管网、排水防涝设施改造建设，通过透水性铺装，选用耐水湿、吸附净化能力强的植物等，新建和改造一批下凹式绿地，提升城市绿地汇集雨水、补充地下水、净化生态等功能，构建多功能兼顾的复合城市绿色空间，提升城市生态安全系数。对划定的生态过渡区域，在确保土地属性不变和占补平衡的原则下，以调整种植结构为抓手适度退出城郊耕地、保护地周边耕地和土壤污染严重区耕地，以主要交通干线、河流水系等绿色廊道为骨架，以村镇为组团，用大网格宽林带建设成片森林和恢复连片湿地，扩大生态空间。对京津保城市建成区整体构建环首都生态圈，扩大绿地面积，提供宜居环境。

燕山山前和黑龙港平原农业区：加强基本农田保护，严格限制非农项目占用耕地，杜绝“以次充好”，切实保护耕地，提升耕地质量。落实国家关于地下水超采综合治理工作部署，调整农业种植结构，发展节水型农业。采取发展高效节水灌溉、退减灌溉面积、回灌补源等方式，压减深层地下水开采。推进交通干线、河流绿化及农田林网建设，加强湿地和农田保护。禁止新建、扩建和改建涉及重金属、持久性有毒有机污染物排放的工业企业，现有的要逐步关闭搬迁。加强农业面源污染治理，严格控制化肥农药使用量。

冀中南城市发展区：优化城镇与产业布局，引导人口分布和城镇、产业布局与区域资源环境承载能力相适应。开展地下水超采控制与修复，改善地下水漏斗问题。强化产业结构优化升级与创新驱动发展结合，加快发展绿色产业。加强环境管理，严格执行各类生态环境保护标准，大幅削减污染物排放量，改善环境质量，防范环境风险，改善人居环境，促进产业和人口集聚，推进新型工业化和城镇化进程。

冀北城市发展区：严格控制城市人口规模，科学规划生态保护空间，确立城市生态红线，避免人口过度增长和城镇化过度扩张对周边生态功能保障区的影响，促进形成有利于污染控制和降低居民健康风险的城市空间格局。优化城镇与产业布局，调整产业结构，积极发展绿色产业。严格控制建设规模，提高绿化质量，加强绿地的连通性。

东部沿海产业发展区：加强沿海防护林体系、自然保护区、国家级水产种质资源保护区、滨海生态城镇和生态景观带建设，构建海岸生态防御体系，减轻海洋灾害。严格控制岸线开发强度，保护自然岸线。鼓励对化工、钢铁、有色金属加工等产业进行淘汰和提升改造，严格控制养殖业发展数量和规模。优化生产、生活功能区布局，在居住区和工业功能区、工业企业之间设置隔离带，确保人居环境安全和群众身体健康。

6.3 产业调控的负面清单

根据京津冀地区生态空间管控思路，按照“非禁即入”的原则，提出各类地区的产业准入负面清单，负面清单详见附表 2。

6.3.1 生态保护红线

生态保护红线禁止以开发建设为目的的各种人为活动。

6.3.2 非红线生态空间

限制区域开发强度，形成点状开发、面上保护的空间结构。工业企业负面清单见附表 2。应鼓励因地制宜发展生态旅游、休闲度假、保健康复、生态农业等优势产业，禁止新建、扩建、改建三类工业项目，现有三类工业项目应限期搬迁关闭。禁止新建、扩建有毒有害污染物排放、高耗水的二类工业项目（矿产资源点状开发加工利用除外），现在这类工业项目应转型升级，减少污染物排放。限制矿山开发。

6.3.3 城镇和农业空间

①禁止工艺落后、不符合国家产业政策与相关名录的项目；

②禁止发展与本区域规划发展特征不协调的项目；

③禁止新设高耗能、高耗水、高污染、落后生产工艺的项目；

④严格限制金属矿山及冶炼行业、火力发电、电镀工业、电子工业、制革业、化肥生产工业等重金属排污企业的入驻；

⑤禁止技术落后，项目清洁生产水平不能达到行业清洁生产标准二级标准要求或低于全国同类企业平均清洁生产水平的项目；

⑥国内产业政策明令禁止和名录淘汰的设备不得引进；

⑦对妨碍国防建设、危及国家安全的产业禁止引进；

⑧禁止国家明令禁止的“十五小”“新五小”企业及工艺设备落后、污染严重且污染物不能进行有效治理的项目。

6.4 一市一策生态空间管控方案

根据京津冀地区生态空间管控思路，将生态保护红线、生态功能保障区、城镇和农业空间的空间分布及管控对策落到行政单元，以地市为单元的统计结果见附表 3。

6.4.1 北京市

生态保护红线地区主要分布在密云区、怀柔区、平谷区、延庆区、房山区、门头沟区、昌平区、丰台区、海淀区、顺义区的部分地区。应实施强制性保护，禁止所有开发建设活动。

生态功能保障区主要分布在密云区、怀柔区、平谷区、延庆区、房山区、门头沟区、昌平区西北部等部分地区，面积为 4 818 km^2，占全市总面积的 29.3%。其中，密云区、怀柔区北部、平谷区、延庆区位于燕山山地水源涵养与水土保持区，应重点加强饮用水水源地保护区建设，加强小流域综合治理，提升水源涵养功能，禁止侵占水面行为，保护好河湖湿地，最大限度地保留原有自然生态系统。房山区、门头沟区、昌平区西北部、怀柔区南部位于太行山山地水源涵养及水土保持区，应严格保护具有水源涵养作用的自然植被，加强小流域综合治理，提升水源涵养功能。

城镇和农业空间主要分布在东城区、西城区、朝阳区、丰台区、海淀区、通州区、昌平区、顺义区、大兴区、石景山区，面积为 4 925 km^2，占全市总面积的 30.1%。应有序疏解非首都核心功能，加大社区公园、街头游园、郊野公园、绿道绿廊等建设，建设城市湿地公园，提升城市绿地功能，扩大城市生态空间。

6.4.2 天津市

生态保护红线地区主要分布在蓟州区、宁河区、滨海新区、津南区、宝坻区、北辰区、红桥区、西青区、静海区、武清区的部分地区。应实施强制性保护，禁止所有开发建设活动。

生态功能保障区主要分布在蓟州区、宁河区等部分地区，面积为 2 298 km^2，占全市总面积的 19.3%。该区位于燕山山地水源涵养与水土保持区，应重点加强饮用水水源地保护区建设，加强小流域综合治理，提升水源涵养功能，禁止侵占水面行为，保护好河湖湿地，最大限度地保留原有自然生态系统。

城镇和农业空间主要分布在和平区、河东区、河西区、南开区、河北区、红桥区、东丽区、西青区、津南区、北辰区、武清区、宝坻区、静海区、滨海新区，面积为 7 128 km^2，占全市总面积的 59.8%。应参与构建环首都国家公园，加大社区公园、街头游园、郊野公园、绿道绿廊等建设，建设城市湿地公园，提升城市绿地功能，扩大城市生态空间。

6.4.3 石家庄市

生态保护红线地区主要分布在井陉县、灵寿县、赞皇县、平山县、藁城市、鹿泉市、行唐县、深泽县、元氏县、赵县、新乐市、辛集市的部分地区。应实施强制性保护，禁止所有开发建设活动。

生态功能保障区主要分布在井陉县、灵寿县、赞皇县、平山县等部分地区，面积为2 180 km^2，占全市总面积的10.8%。该区位于太行山山地水源涵养与水土保持区，应严格保护具有水源涵养作用的自然植被，推进造林绿化、退耕还林和围栏封育等生态工程建设，提高森林覆盖率；加强小流域综合治理，提升水源涵养功能。

城镇和农业空间主要分布在深泽县、无极县、晋州市、赵县、行唐县、元氏县、长安区、桥东区、桥西区、新华区、裕华区、正定县、栾城区、高邑县、辛集市、藁城区、新乐市、鹿泉区，面积为14 249 km^2，占全市总面积的70.4%。其中，深泽县、无极县东部、晋州市、赵县、行唐县、元氏县西部位于燕山山前和黑龙港平原农业区，应加强基本农田保护，提升耕地质量；调整农业种植结构，发展节水型农业；采取发展高效节水灌溉、退减灌溉面积、回灌补源等方式，压减深层地下水开采；禁止新建、扩建和改建涉及重金属、持久性有毒有机污染物排放的工业企业。长安区、桥东区、桥西区、新华区、裕华区、正定县、栾城区、高邑县、深泽县、无极县西部、元氏县西部、辛集市、藁城区、新乐市、鹿泉区位于冀南城市发展区，应开展地下水超采控制与修复，改善地下水漏斗问题；强化产业结构优化升级，加快发展绿色产业，优化城镇与产业布局。

6.4.4 保定市

生态保护红线地区主要分布在易县、涞水县、涞源县、唐县、阜平县、曲阳县、顺平县、安国市、安新县、容城县、雄县、高阳县、博野县、定兴县、定州市、高碑店市、蠡县、满城县、清苑区、望都县、徐水区、涿州市的部分地区。应实施强制性保护，禁止所有开发建设活动。

生态功能保障区主要分布在易县、涞水县、涞源县、唐县、阜平县、曲阳县、顺平县等部分地区，面积为2 835 km^2，占全市总面积的12.8%。该区位于太行山山地水源涵养与水土保持区，应严格保护具有水源涵养作用的自然植被，推进造林绿化、退耕还林和围栏封育等生态工程建设，提高森林覆盖率；加强小流域综合治理，提升水源涵养功能。

城镇和农业空间主要分布在新市区、北市区、南市区、涿州市、定州市、高碑店市、清苑区、徐水区、望都县、安国市、定兴县、高阳县、容城县、安新县、蠡县、博野县、雄县、满城县西部，面积为 11 575 km^2，占全市总面积的 52.2%。其中，新市区、北市区、南市区、涿州市、定州市、高碑店市、清苑县、徐水县、望都县位于京津保生态型城市发展区，应参与构建环首都国家公园，加大社区公园、街头游园、郊野公园、绿道绿廊等建设，建设城市湿地公园，提升城市绿地功能，扩大城市生态空间。安国市、定兴县、高阳县、容城县、安新县、蠡县、博野县、雄县、满城县西部位于燕山山前和黑龙港平原农业区，应加强基本农田保护，提升耕地质量；调整农业种植结构，发展节水型农业；采取发展高效节水灌溉、退减灌溉面积、回灌补源等方式，压减深层地下水开采；禁止新建、扩建和改建涉及重金属、持久性有毒有机污染物排放的工业企业。

6.4.5 沧州市

生态保护红线地区主要分布在黄骅市、海兴县、任丘市、南大港区、东光县、泊头市、河间市的部分地区。应实施强制性保护，禁止所有开发建设活动。

城镇和农业空间主要分布在任丘市、肃宁县、南皮县、吴桥县、献县、泊头市、河间市、黄骅市、海兴县、新华区、运河区、沧县、青县、盐山县、孟村回族自治县，面积为 13 090 km^2，占全市总面积的 97.6%。其中，肃宁县、南皮县、吴桥县、献县、泊头市、河间市位于燕山山前和黑龙港平原农业区，应加强基本农田保护，提升耕地质量；调整农业种植结构，发展节水型农业；采取发展高效节水灌溉、退减灌溉面积、回灌补源等方式，压减深层地下水开采；禁止新建、扩建和改建涉及重金属、持久性有毒有机污染物排放的工业企业。黄骅市、海兴县、新华区、运河区、沧县、青县、盐山县、孟村回族自治县位于东部沿海产业发展区，应严格控制岸线开发强度，保护自然岸线，构建海岸生态防御体系，鼓励对化工、钢铁、有色金属加工等产业进行淘汰和提升改造，严格控制养殖业发展数量和规模。

6.4.6 邯郸市

生态保护红线地区主要分布在涉县、武安市、磁县、峰峰矿区、永年县、邯郸县、临漳县、大名县、肥乡县、邯郸市区、曲周县的部分地区。应实施强制性保护，禁止所有开发建设活动。

生态功能保障区主要分布在涉县、武安市西部，面积为 1 128 km^2，占全市总面积的 9.3%。该区位于太行山山地水源涵养与水土保持区，应严格保护具有水源涵养作用的自然植被，推进造林绿化、退耕还林和围栏封育等生态工程建设，提高森林覆盖率；加强小流域综合治理，提升水源涵养功能。

城镇和农业空间主要分布在临漳县、大名县、磁县、肥乡区、邱县、鸡泽县、广平县、馆陶县、魏县、曲周县、邯山区、丛台区、复兴区、邯郸县、成安县、永年区、武安市东部，面积为 9 381 km^2，占全市总面积的 77.6%。其中，肃临漳县、大名县、磁县南部、肥乡区东部、邱县、鸡泽县、广平县、馆陶县、魏县、曲周县位于燕山山前和黑龙港平原农业区，应加强基本农田保护，提升耕地质量；调整农业种植结构，发展节水型农业；采取发展高效节水灌溉、退减灌溉面积、回灌补源等方式，压减深层地下水开采；禁止新建、扩建和改建涉及重金属、持久性有毒有机污染物排放的工业企业。邯山区、丛台区、复兴区、邯郸县、成安县、磁县北部、永年区、武安市东部、肥乡区西部位于冀南城市发展区，应开展地下水超采控制与修复，改善地下水漏斗问题；强化产业结构优化升级，加快发展绿色产业，优化城镇与产业布局。

6.4.7 衡水市

生态保护红线地区主要分布在涉县、武安市、磁县、峰峰矿区、永年县、邯郸县、临漳县、大名县、肥乡县、邯郸市区、曲周县的部分地区。应实施强制性保护，禁止所有开发建设活动。

城镇和农业空间主要分布在枣强县、武邑县、武强县、饶阳县、安平县、故城县、景县、阜城县、深州市、桃城区、冀州区，面积为 8 586 km^2，占全市总面积的 86.9%。其中，枣强县东部、武邑县、武强县、饶阳县、安平县、故城县、景县、阜城县、深州市位于燕山山前和黑龙港平原农业区，应加强基本农田保护，提升耕地质量；调整农业种植结构，发展节水型农业；采取发展高效节水灌溉、退减灌溉面积、回灌补源等方式，压减深层地下水开采；禁止新建、扩建和改建涉及重金属、持久性有毒有机污染物排放的工业企业。桃城区、枣强县西部、武邑县西南部、冀州区位于冀南城市发展区，应开展地下水超采控制与修复，改善地下水漏斗问题；强化产业结构优化升级，加快发展绿色产业，优化城镇与产业布局。

6.4.8 廊坊市

生态保护红线地区主要分布在廊坊市区、霸州市、三河市的部分地区。应实施强制性保护，禁止所有开发建设活动。

城镇和农业空间主要分布在安次区、广阳区、固安县、永清县、香河县、大城县、文安县、大厂回族自治县、霸州市、三河市，面积为 6 278 km^2，占全市总面积的 96.6%。该区位于京津保生态型城市发展区，应参与构建环首都国家公园，严控城市过快扩张，加大社区公园、街头游园、郊野公园、绿道绿廊等建设，建设城市湿地公园，提升城市绿地功能，扩大城市生态空间。

6.4.9 秦皇岛市

生态保护红线地区主要分布在青龙满族自治县、海港区、山海关区、北戴河区、昌黎县、抚宁区、卢龙县的部分地区。应实施强制性保护，禁止所有开发建设活动。

生态功能保障区主要分布在青龙满族自治县等部分地区，面积为 1 285 km^2，占全市总面积的 16.4%。该区位于燕山山地水源涵养与水土保持区，应重点加强饮用水水源地保护区建设，加强小流域综合治理，提升水源涵养功能，禁止侵占水面行为，保护好河湖湿地，最大限度地保留原有自然生态系统。

城镇和农业空间主要分布在卢龙县、海港区、山海关区、北戴河区、昌黎县、抚宁县，面积为 2 974 km^2，占全市总面积的 38.1%。其中，卢龙县位于燕山山前和黑龙港平原农业区，应加强基本农田保护，提升耕地质量；调整农业种植结构，发展节水型农业；采取发展高效节水灌溉、退减灌溉面积、回灌补源等方式，压减深层地下水开采；禁止新建、扩建和改建涉及重金属、持久性有毒有机污染物排放的工业企业。海港区、山海关区、北戴河区、昌黎县、抚宁区位于东部沿海产业发展区，应严格控制岸线开发强度，保护自然岸线，构建海岸生态防御体系，鼓励对化工、钢铁、有色金属加工等产业进行淘汰和提升改造，严格控制养殖业发展数量和规模。

6.4.10 唐山市

生态保护红线地区主要分布在迁西县、丰南区、曹妃甸区、滦南县、乐亭县、昌黎县、迁安市、丰润区、玉田县、遵化市的部分地区。应实施强制性保护，禁止所有开发建设活动。

生态功能保障区主要分布在迁西县部分地区，面积为 645 km^2，占全市总面积的 4.8%。该区位于燕山山地水源涵养与水土保持区，应重点加强饮用水水源地保护区建设，加强小流域综合治理，提升水源涵养功能，禁止侵占水面行为，保护好河湖湿地，最大限度地保留原有自然生态系统。

城镇和农业空间主要分布在玉田县、路南区、路北区、古冶区、开平区、遵化市、迁安市、滦县、丰润区、丰南区、曹妃甸区、滦南县、乐亭县，面积为 10 976 km^2，占全市总面积的 81.5%。其中，玉田县位于燕山山前和黑龙港平原农业区，应加强基本农田保护，提升耕地质量；调整农业种植结构，发展节水型农业；采取发展高效节水灌溉、退减灌溉面积、回灌补源等方式，压减深层地下水开采；禁止新建、扩建和改建涉及重金属、持久性有毒有机污染物排放的工业企业。路南区、路北区、古冶区、开平区、遵化市、迁安市、滦县、丰润区位于冀北城市发展区，应严格控制城市人口规模，科学规划生态保护空间，避免人口过度增长和城镇化过度扩张对周边生态功能保障区的影响。丰南区、曹妃甸区、滦南县、乐亭县位于东部沿海产业发展区，应严格控制岸线开发强度，保护自然岸线，构建海岸生态防御体系，鼓励对化工、钢铁、有色金属加工等产业进行淘汰和提升改造，严格控制养殖业发展数量和规模。

6.4.11 邢台市

生态保护红线地区主要分布在邢台县、临城县、内丘县、沙河市、清河县、南宫市、广宗县、巨鹿县、平乡县、威县的部分地区。应实施强制性保护，禁止所有开发建设活动。

生态功能保障区主要分布在邢台县、临城县、内丘县、沙河市的西部等部分地区，面积为 611 km^2，占全市总面积的 4.9%。该区位于太行山山地水源涵养与水土保持区，应严格保护具有水源涵养作用的自然植被，推进造林绿化、退耕还林和围栏封育等生态工程建设，提高森林覆盖率；加强小流域综合治理，提升水源涵养功能。

城镇和农业空间主要分布在柏乡县、隆尧县、南和县、宁晋县、巨鹿县、新河县、广宗县、平乡县、威县、清河县、临西县、南宫市、桥东区、桥西区、临城县西部、内丘县西部、任县西部、沙河市东部，面积为 10 355 km^2，占全市总面积的 82.9%。其中，柏乡县、隆尧县、任县、南和县、宁晋县、巨鹿县、新河县、广宗县、平乡县、威县、清河县、临西县、南宫市位于燕山山前和黑龙港平原农业区，应加强基本农田保护，提升耕地质量；调整农业种植结构，发展节水型农业；采取发展高效节水灌溉、退减灌溉面积、回灌补源等方式，压减深层地下水开采；禁止新建、扩建和改建涉及重金属、持久性有毒有机污染物排放的工业企业。桥东区、桥西区、临城县西部、内丘县西部、任县西部、沙河市东部位于冀南城市发展区，应开展地下水超采控制与修复，改善地下水漏斗问题；强化产业结构优化升级，加快发展绿色产业，优化城镇与产业布局。

6.4.12 承德市

生态保护红线地区主要分布在丰宁满族自治县、围场满族蒙古族自治县、承德县、兴隆县、滦平县、宽城满族自治县、双桥区、双滦区、营子区、隆化县、平泉市的部分地区。应实施强制性保护，禁止所有开发建设活动。

生态功能保障区主要分布在丰宁满族自治县、围场满族蒙古族自治县、承德县、兴隆县、滦平、宽城满族自治县等部分地区，面积为 10 996 km^2，占全市总面积的 27.8%。其中，承德县、兴隆县、滦平县、宽城满族自治县位于燕山山地水源涵养与水土保持区，应重点加强饮用水水源地保护区建设，加强小流域综合治理，提升水源涵养功能，禁止侵占水面行为，保护好河湖湿地，最大限度地保留原有自然生态系统。丰宁满族自治县、围场满族蒙古族自治县位于坝上高原风沙防治区，应提高森林覆盖率，禁止任何形式的毁林、开荒等破坏植被的行为，改善风口地区和沙化土地集中地区生态环境；控制高耗水农业面积和用水总量，25°以上陡坡耕地逐步实施退耕，提升区域水土保持和防风固沙功能。

城镇和农业空间主要分布在隆化县、平泉市、双桥区、双滦区，面积为 9 210 km^2，占全市总面积的 23.3%。其中，隆化县、平泉市位于燕山山前和黑龙港平原农业区，应加强基本农田保护，提升耕地质量；调整农业种植结构，发展节水型农业；采取发展高效节水灌溉、退减灌溉面积、回灌补源等方式，压减深层地下水开采；禁止新建、扩建和改建涉及重金属、持久性有毒有机污染物排放的工业企业。双桥区、双滦区位于冀北城市发展区，应严格控制城市人口规模，科学规划生态保护空间，避免人口过度增长和城镇化过度扩张对周边生态功能保障区的影响。

6.4.13 张家口市

生态保护红线地区主要分布在张北县、康保县、沽源县、尚义县、万全区、怀安县、宣化区、蔚县、阳原县、涿鹿县、赤城县、崇礼区、怀来县、桥东区、桥西区、下花园区的部分地区。应实施强制性保护，禁止所有开发建设活动。

生态功能保障区主要分布在张北县、康保县、沽源县、尚义县、万全区、怀安县、宣化区、蔚县、阳原县、怀来县、涿鹿县、赤城县、崇礼区等部分地区，面积为 16 593 km^2，占全市总面积的 45%。其中，宣化区、蔚县、阳原县、怀安县、万全区、怀来县、涿鹿县、赤城县、崇礼区位于燕山山地水源涵养与水土保持区，应重点加强饮用水水源地保护区建设，加强小流域综合治理，提升水源涵养功能，禁止侵占水面行为，保护好河湖湿地，最大限度地保留原有自然生态系统。张北县、康保县、沽源县、尚义县、万全县、怀安县位于坝上高原风沙防治区，应限制乔木林发展，适当建设灌木林，加强天然草场保护和人工草场建设，增加植被覆盖，改善风口地区和沙化土地集中地区生态环境，控制高耗水农业面积和用水总量，25°以上陡坡耕地逐步实施退耕，保障防风固沙功能。

城镇和农业空间主要分布在桥东区、桥西区、宣化区、下花园区，面积为 1 492 km^2，占全市总面积的 4%。该区位于冀北城市发展区，应严格控制城市人口规模，科学规划生态保护空间，避免人口过度增长和城镇化过度扩张对周边生态功能保障区的影响，合理开展产业承接，避免高耗水、高污染的企业入驻。

6.4.14 人类活动与生态保护冲突激烈的地区

生态保护红线地区作为强制性保护地，是生态保护的重中之重。人类活动的生态高风险区是人类活动对区域生态环境干扰程度比较大的地区，是未来发展中需要重点关注的地区。将生态风险评价结果与生态保护红线地区进行空间耦合分析，识别出人类活动干扰与生态保护冲突最激烈的地区。分析结果如图 6-8 和表 6-6 所示。

（1）沿海地区是人类活动与生态保护冲突最激烈的区域

滨海区、黄骅市、唐山市辖区、津南区等沿海地区人类开发活动的生态风险等级较高，同时，各县域内生态保护红线面积比例较大，是生态保护与人类活动冲突最激烈的区域。在区域发展过程中，应严格控制岸线开发强度，保护自然岸线、滨海湿地、各类海洋红线区，鼓励对化工、钢铁、有色金属加工等产业进行淘汰和提升改造，限制高耗水、高污染项目企业入驻，严格控制养殖业发展数量和规模。推进湿地修复工程，整治和改善河口生态环境，改善近岸海域水质，提高近岸海域生态系统生物多样性。实施生态养殖，开展增殖放流，恢复海洋渔业资源。典型受损海洋生态系统得到全面恢复，重要海岛、河口、潟湖等典型生态敏感脆弱区环境质量明显改善。

（2）中部核心区的部分地区人类活动与生态保护冲突激烈

位于中部核心区的蓟州区、三河市、顺义区等区域人类开发活动的生态风险等级较高，同时，各县域内生态保护红线面积比例较大，是生态保护与人类活动冲突最激烈的区域。这些区域的产业开发、城镇化强度较大，水资源压力较大。在区域发展过程中，应控制城区无序扩张，以调整种植结构为抓手适度退出城郊耕地、保护地周边耕地和土壤污染严重区耕地，扩大绿地面积，保障生态空间。优化城镇与产业布局，调整产业结构，积极发展绿色产业。

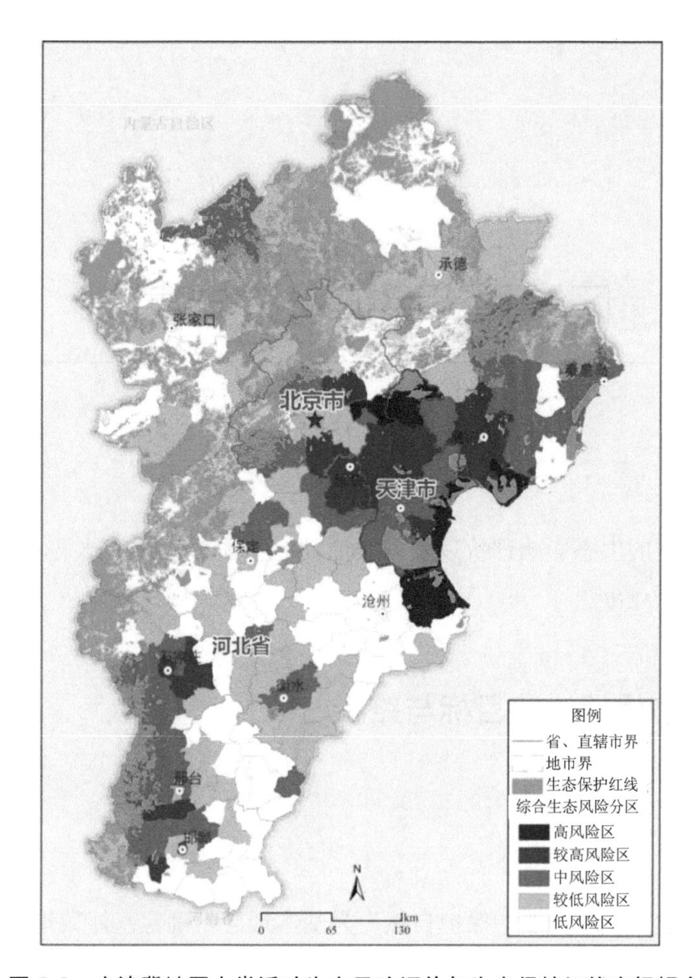

图 6-8 京津冀地区人类活动生态风险评价与生态保护红线空间耦合

表 6-6 京津冀地区生态风险与生态保护红线耦合分析表

矛盾激烈地区	县域	生态保护红线面积占比/%	生态风险等级
沿海地区	滨海区	48	高风险区
	黄骅市	9.4	高风险区
	唐山市辖区	11.4	较高风险区
	津南区	7.5	较高风险区
中部核心地区	蓟州区	33.3	高风险区
	三河市	1.8	高风险区
	顺义区	6.8	较高风险

7 区域生态保护对策与建议

依据区域发展的生态影响评价以及开发活动的空间影响评价结果，提出具有针对性的生态保护对策和建议。

7.1 区域生态保护战略目标与路径

7.1.1 生态保护目标

以“尊重自然、顺应自然、保护自然”为基本理念，确定京津冀地区生态保护总体目标如下：

一是构建京津冀地区生态安全格局、自然岸线格局，划定并严守生态保护红线，构建生态廊道和生物多样性保护网络。重要生态空间面积比例在51%以上，生态保护红线面积比例不低于31.5%，自然岸线长度在115 km、占比在20%以上。

二是坚持保护优先、自然恢复为主，实施“山水林田湖”生态保护和修复工程，修复湿地、森林、草地等受损的自然生态系统，扭转河湖湿地等水生态系统持续恶化的态势，严格保护自然岸线，全面提升生态系统稳定性和服务功能。到2020年，人工湿地自然化比例提升、近岸海域水质良好比例不变、农田污染物高积区及污染区面积下降、森林覆盖率达到30%以上、“三化”草原治理面积达到50%以上、湿地保有量达到130万 hm^2 以上、自然岸线保有率不低于20%，其中天津市自然岸线长度不减少，河北省自然岸线长度达170 km以上，且保护比例不低于35%，合理配选植被恢复类型；到2035年，基本实现地下水采补平衡、地表水与地下水连通性逐步恢复，区域生态系统质量和功能得到进一步提升，成为全国生态环境显著改善区域之一。

三是促进区域协调发展，运用生态系统方式管理理念，构建区域发展生态安全长效管理机制，全面促进区域社会经济与生态保护协调发展。

7.1.2　实施路径

近期（到 2020 年）：着手方向明确又立即可行的、当务之急要加快解决的重大问题。根据《关于划定并严守生态保护红线的若干意见》，2017 年年底前划定生态保护红线，对具有极重要生态功能的地区和极敏感生态地区进行强制性保护，确保生态功能不降低、面积不减少、性质不改变。结合海洋生态红线，将海洋保护区、重要滨海湿地、重要河口、特殊保护海岛和沙源保护海域、重要沙质岸线等进行强制性保护，实施岸线修复工程，编制实施专项的自然岸线修复规划，确保自然岸线比例不降低，滨海湿地得到保护和修复。

远期（2021—2035 年）：按照区域生态服务重要性、生态敏感和脆弱性，科学建设生态安全屏障，结合水系、林带、重要生物栖息地等元素建立生态网络，在降水充沛的地带建设水源涵养林、干旱或半干旱地区恢复草原植被、创新雨洪管理理念、适当推行海绵城市建设等，扭转水生态系统持续恶化的趋势，实现京津冀地区生态系统格局与功能的整体改善。健全区域发展生态安全长效管理机制，实现区域联防联控管理。

7.1.3　目标可达性分析

未来京津冀地区通过落实《全国生态保护“十三五”规划纲要》《关于划定并严守生态保护红线的若干意见》《京津冀协同发展生态环境保护规划》（发改环资〔2015〕2952）等，将具有重要生态价值的山区、森林、河流湖泊等生态资源和自然保护区、风景名胜区、水源保护区、重点公益林等法定保护空间通过划定生态保护红线进行强制性保护，生态系统连通性将进一步加强，更有效地维护区域“一核四区”生态空间格局，生态系统完整性将有望得到提升。

充分落实“尊重自然、顺应自然、保护自然”的理念，根据区域降水线来合理推进林草植被恢复，在降水最充沛的燕山—太行山水源涵养地区大力建设水源涵养林，在降水低于 400 mm 的干旱或半干旱地区植被恢复以灌木和草地为主，坚决杜绝抽取地下水进行林木绿化，禁止山区开采露天煤矿，有望实现全面提升森林和草地生态系统稳定性和服务功能。

水生态系统恢复的难度巨大。当前水生态系统持续恶化，河流断流、湿地萎缩、地下水漏斗等问题十分突出，要想实现扭转河湖湿地等水生态系统持续恶化的态势，只有充分运用生态智慧，通过提升区域水源涵养能力来改善区域生态质量和提高生态承载力，科学构建区域生态安全屏障，即大力推进丰水地带水源涵养林建设、保障河湖湿地生态用水、取缔干旱或半干旱地区杨树等耗水林建设、设置地下水禁采区、充分利用雨洪资源、海绵城市建设等一系列措施，才有可能实现扭转水生态系统持续恶化的生态保护目标。

当前现存的自然岸线所剩无几，自然岸线保护迫在眉睫，须通过海洋生态红线，将现存自然岸线全部保护起来，确保自然岸线比例不下降。

当前生态环境管理体制机制缺乏先进的生态系统方式管理理念，缺乏长期稳定的生态补偿机制，在水资源和土壤的污染防治上缺乏联防联控管理机制，区域生态环境监管一体化机制尚未形成，构建区域发展生态安全长效管理机制是个持续的过程，是今后京津冀地区生态系统功能整体改善的必备保障条件。

7.2 着重提升水源涵养能力，提高区域生态承载力

7.2.1 大力推进湿地保护与修复，恢复河湖湿地生态功能

构建京津冀生态基础设施网络。提升山地林地、大中型湿地、沿水系、林带、重要生物栖息地等元素之间的生态连通性。创新雨洪管理技术，充分利用雨洪资源，有效回补地下水，调节内涝和地下水采补平衡问题，综合提升河流湖泊湿地的旱涝调节、水源涵养、生物多样性保护等生态功能。促进湿地周边植被改善，提高湿地拦蓄洪水的能力。改造已有水利工程或新建生态水库，用于拦洪和削减洪峰，洪峰过后下泄蓄水，利用河道补充地下水。禁止抽取地下水维持湿地等反生态的湿地建设行为。

强化湿地生态系统修复。以自然恢复为主、与人工修复相结合，采取退耕还湿、轮牧禁牧限牧、植被恢复、构建湿地生态驳岸等措施，重建或者修复已退化的湿地，恢复湿地生态功能，扩大湿地面积。在国际和国家重要湿地、湿地自然保护区、国家湿地公园，实施湿地保护与修复。建议将入湖入淀的河流修复及人工湿地工程、重要湿地生态修复工程纳入国家重大生态工程。

建立重要湿地生态补水长效机制。通过生态补水、引水河道综合疏浚和整治、闸站修建和改造、引水渠修建、堤坝修筑和维护等，对白洋淀、衡水湖、南大港和永年洼周

期性缺水严重的湿地进行生态补水，建立重要湿地生态补水长效机制，恢复湿地功能。

衡水湖生态修复与环境综合整治。加大衡水湖东湖生态保护力度，重点对水生植物腐烂区的腐殖质进行清理。结合底泥疏浚，实施湖区水生植物平衡收割工程，缓解内源污染释放，减轻衡水湖水体的富营养化程度。继续实施增殖放流工程，控制衡水湖草类、藻类的生长，恢复湖泊生态系统生物链。实施盐河故道衡水湖段循环湿地净化工程，拦截面源污染，增强衡水湖水动力条件，净化调水入湖水质，到 2017 年年底，衡水湖（东湖）天然湖滨带/湖堤比例达到 80%，生物多样性明显增加。结合“南水北调”工程，开展衡水湖西湖湿地恢复与生态环境综合整治，通过全面实施西湖保护区退耕还湿、退渔还湿、农村环境整治、湖滨带建设等工程，将保护区范围内的西湖逐步恢复为湿地，逐步建立良好的鸟类生活栖息地，扩大湿地面积，恢复自然面貌，恢复衡水湖西湖湿地面积达 32.5 km^2。

7.2.2 因地制宜优化林草空间，合理推进林草植被恢复

国家重大生态工程设计。建议将京津冀集水区天然林保护与修复工程、山地森林保育与修复工程纳入国家重大生态工程。

科学布局水源涵养林。对于深远山和河流上游、水库周围以营造水源涵养林和水土保持林为主，尤其是在降水最充沛的燕山—太行山水源涵养地区、燕山南麓低山丘陵地区（遵化、迁西、抚宁、青龙和兴隆一带）大力建设水源涵养林。树种以栎类、山杨、桦树和椴树等为宜，提高该地区水源涵养能力，回补地下水资源。

强化防风固沙区植被保护。在降水低于 400 mm 的干旱或半干旱地区，植被恢复以草原为主，将效益低下且耗水多的防护林改造为可以起到固沙效果的灌木、草原植被。坚决杜绝抽取地下水进行林木绿化，禁止种植杨树等耗水型树种。着力治理退化草原，改善草原生态，重点实施退牧还草、退耕还林还草、已垦草原治理、牧区草原防灾减灾等工程，强制草地轮休禁牧制度。全面实施草原生态保护补助奖励政策，巩固生态安全屏障。

优化宜林宜草空间。建议多年平均降水量 500 mm 以上的沟道和 700 mm 以上的山体进行造林，多年平均降水量 400～500 mm 的地区根据实地情况采取乔灌草结合方式，多年平均降水量 350～400 mm 的地区采用灌草结合方式，350 mm 以下的地区以草本为主，其空间分布见图 7-1。北京、天津、邯郸、邢台、唐山、秦皇岛、沧州东部、廊坊植被恢复以乔木为主，乔灌结合；石家庄、保定、衡水、沧州西部、承德西部、张家口

东部地区植被恢复建议乔灌草结合，综合考虑区域降水条件、土壤特征等；张家口中西部降水较少区域应以灌草结合为主，减少对地下水资源的消耗；张家口坝上西部地区是区域降水量最低的地方，区域植被恢复以草原为主，减少植被破坏，保证草原植被覆盖度即可保证较好的防风固沙等功能。对于北部的森林—草原过渡带，应严格保护植被，严禁崇礼区冬奥会伐林建设等行为，保证桦树等森林植被不被破坏，维持林线稳定。

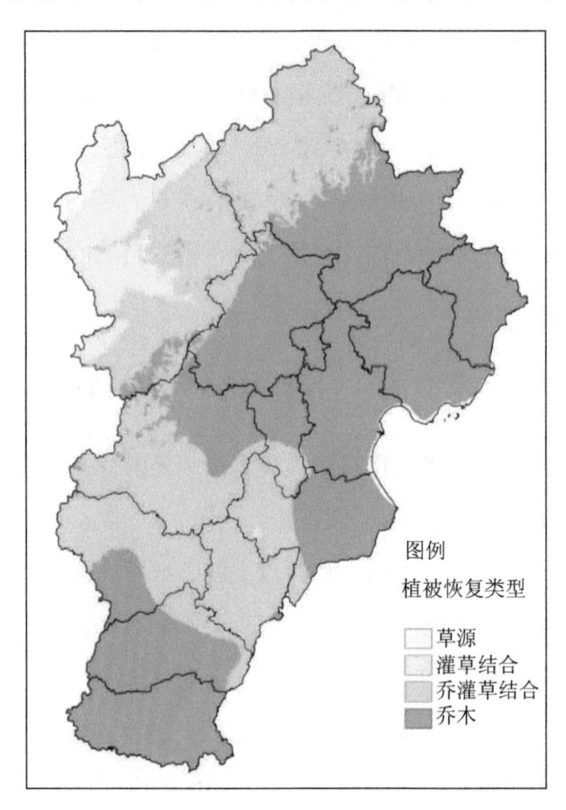

图 7-1 京津冀地区植被恢复类型建议

7.2.3 推进海绵城市建设，保护和恢复城市生态

推进海绵城市建设。综合采取“渗、滞、蓄、净、用、排”等措施，加强海绵型建筑与小区、海绵型道路与广场、海绵型公园和绿地、雨水调蓄与排水防涝设施等建设。大力推进城市排水防涝设施的达标建设。到 2020 年，能够将 70%的降雨就地消纳和利用的土地面积达到城市建成区面积的 20%以上。

加强城镇生态环境保护与建设。以北京、天津、石家庄和保定等中心城市为重点，优化城市绿地布局，建设绿道绿廊，加大社区公园、街头游园、郊野公园、绿道绿廊、城市公共绿地、环城林带等建设力度，形成网络化的区域生态廊道。推行生态绿化方式，广植当地树种，乔灌草合理搭配、自然生长。开展城市山体、水体、废弃地、绿地修复，通过自然恢复和人工修复相结合的措施，实施城市生态修复示范工程项目。

加强污水再生水、雨水和海水利用。加快建设污水再生利用设施，在工业生产、城市绿化、道路清扫、车辆冲洗、建筑施工及生态景观等领域优先使用污水再生水，到2020年京津冀地区城市再生水利用率达到30%以上。加强城镇雨水收集、处理和资源化利用，恢复城市雨水的自然循环，涵养城市水源。因地制宜建设海水淡化或利用工程，将海水淡化水优先用于适用的工业企业。

7.2.4 加强地下水保护，持续推进地下水补给与修复

实施地下水禁采和限采。在地下水漏斗区和海水入侵区实施地下水禁采和限采政策，加强地下水污染防治。对宁河唐海漏斗、廊坊漏斗、天津漏斗、青县大城漏斗、沧州漏斗实施地下水取用水总量控制和水位控制，划定限采区和禁采区，全面取缔禁采区地下水开采。对于地下水超采区域，根据超采程度划定一定比例的禁采区。

实施地下水补给工程。实施地下水替代水源工程、封填井工程和地下水人工回灌工程，治理地下水超采区域。北京市通过集雨和提高地下水入渗率，增加雨水下渗量；利用通惠河、潮白河等河道和蓄滞洪区拦蓄洪水，增加地下水补给量。河北省建设七里河、白马河、滹沱河、沙河及一亩泉等回灌补源工程，利用“南水北调”中线工程退水补给地下水。

调整种植业结构。严格限制种植高耗水作物、限制大水漫灌、限制地下水超采。调整种植结构，实施“一季休耕、一季雨养”，将需抽水灌溉的冬小麦休耕，只种植雨热同季的春玉米、马铃薯和耐旱耐贫瘠的杂粮杂豆，减少使用地下水。

7.3 区域发展的优化调控对策

7.3.1 转变用水方式，提高全社会用水效率

明确水权，利用水价政策倒逼高耗能产业。完善区域用水总量控制指标体系，制定主要河流水量分配方案，确定区域取用水总量和权益。通过水价政策，提高“南水北调”供水的用水效率。适当上调火电、钢铁、化工、造纸、纺织、有色金属等高耗水行业的

水价，完善阶梯水价制度，拉大价差，用高水价倒逼高耗水产业。结合农业休耕轮作和地下水禁采区制度，分级制定农业水价，探索实行分类水价，建立有利于节水和农田水利体制机制创新的农业水价机制。建立农业用水精准补贴和节水奖励机制，多渠道筹集精准补贴和节水奖励资金。对洗车、洗浴桑拿、住宿和餐饮业等高用水第三产业适当提高水价，完善阶梯水价制度，促进第三产业高效节水。

推广高效节水农业模式。加大高效节水灌溉工程建设力度，推广工程节水和农艺节水措施，因地制宜铺设防渗输水管道，推广微喷灌、膜下滴灌、膜下沟灌，发展节水型设施农业，提高农田用水效率。调减高耗水作物种植面积，促进农业用水节约化，提高农业用水效率，实现节水灌溉全覆盖。优化农作物种植结构，推广耐旱低耗水农作物，将需抽水灌溉的冬小麦休耕，只种植雨热同季的春玉米、马铃薯和耐旱耐贫瘠的杂粮杂豆。推广集成农艺节水技术、水肥一体化技术。

提高工业节水效率。建立节水经济示范区。淘汰落后的高耗水设备和工艺。大力推广工业水循环利用、高效冷却、热力系统节水、洗涤节水等通用节水工艺和技术。新建、改建、扩建项目用水指标应达到行业先进水平。

大力推广使用生活节水器具。京津冀地区联合制定节水器具分级认定标准和重点节水产品推广目录。公共建筑必须采用节水器具，鼓励居民家庭选用节水器具。更新改造使用超过 50 年及落后管材的供水管网，控制管网漏损。2020 年以前地级及以上缺水城市全部达到国家节水型城市标准要求。

7.3.2 提高土地利用效率，调控城镇开发建设

调控环首都地区开发建设强度。严格控制首都周边地区建设用地蔓延式扩张态势，包括廊坊北三县（三河市、大厂回族自治县以及香河县）和天津蓟州区、武清区、宝坻区的京津廊道地区，合理规划城市整体发展格局和扩张规模，避免无序扩张造成的资源环境和生态保护问题。科学合理划定城乡建设用地规模和扩展边界，促进集约和节约用地。

严格控制开发建设占用耕地。全面推进城镇、工矿、农村、基础设施等各类建设节约集约用地，严格控制对耕地的占用，禁止侵占优质耕地和生态用地。强化节约集约用地目标考核和约束，推动有条件的地区实现建设用地减量化或零增长，促进新增建设不占或尽量少占耕地。在严格保护生态前提下，科学划定宜耕土地后备资源范围，禁止开垦严重沙化土地，禁止在 25°以上陡坡开垦耕地，禁止在燕山和太行山迎雨坡等重要水源涵养地区 15°以上缓坡开垦耕地，禁止违规毁林开垦耕地。

7.3.3 推进绿色农业发展，有效防控与治理土壤污染

适当推行休耕轮作。在地下水严重超采、水环境严重超标的黑龙港、子牙河、大清河水系平原农业地区，以及由于污灌造成土壤严重污染的天津北辰、东丽及静海的南运河污灌区，试点休耕、轮作制度。将天津南运河污灌区、衡水东部、沧州西部的滏阳河、江河衡水控制单元和北排河沧州控制单元划为休耕区，建议区域内每年休耕面积比例不低于20%。衡水、沧州和廊坊三地作为轮作区，远期推广到京津冀全域，从两年三熟转变为一年一熟的耕作制度，限制高耗水的水稻、蔬菜等种植面积。

严控灌区农业用水标准。对于农业污灌引起的重金属污染地区，应该积极调整灌溉方式，北京市大兴南红门再生水灌区、天津市再生水灌区、河北省洨河、邯郸市再生水灌区上游应严控水源，避免工业废水混入，污水处理厂必须达到一级A排放标准，确保灌区农业灌溉用水符合《城市污水再生利用　农田灌溉用水水质》（GB 20922—2007）标准。避免在渗透性强、地下水位高、地下水露头区进行再生水灌溉。

分类推进土壤环境治理与修复。强化未污染土壤保护，严控新增土壤污染。加大污灌区、设施农业集中区域土壤环境监测和监管。对中轻度污染的农用地土壤优先采取以农艺措施为主的修复治理措施。对重度污染的农用地土壤划定“农产品禁止生产区”，开展种植结构调整。对污染地块集中分布的地区，要规范、有序地开展再开发利用污染地块治理与修复。

7.3.4 严控围填海规模，积极开展海洋和海岸带生态保护与修复

严格执行海洋生态红线，不得新建有污染自然环境、破坏自然资源和自然景观的生产设施及建设项目，现有的排污企业必须实施停产整治或搬迁。

强化自然岸线保护与修复。禁止围海造地活动，港城发展在产业代换、提高效率上完成，真正走内涵提高型发展道路。清理不合理岸线占用项目，实施岸线整治修复工程，恢复岸线的自然属性和景观。编制实施专项的自然岸线修复规划，实施受损岸线修复工程，确保津冀的自然岸线保有率不低于20%。

实施人工岸线生态化工程。开展拟自然岸线建设工程，包括城市岸线、工业区外非码头岸线、港口防浪堤外侧等，制定相应规划，跟进监测与评估效益，实施动态更新。

开展河口、近岸海域受损生态系统修复。实施滨海湿地和河口湿地生态修复工程，重点对自然景观受损严重、生态功能退化、防灾能力减弱、利用效率低下的海域海岸带

进行修复整治，加快受损近岸海域生态系统生态功能恢复。加强海洋自然保护区、海洋特别保护区和水产种质资源保护区建设。

实施海域生物多样性保护与生境多样化建设工程。强化以珊瑚礁、海草床、湿地等为主体的沿海生态带建设，提高近岸海域生态系统生物多样性。大力实施海域生境多样化建设工程，大幅度提高海洋自然生态生产力，提高渔业产量和渔获品种。实施生态岛礁工程，加强海洋珍稀物种保护。

水污染流域性综合治理。以陆源防治为重点，加强重点河口、海湾综合整治，严格控制陆源污染物排放，禁止新设陆源排污口，强化入海排污口监管。建设入海河口湿地工程，除汛期洪水外，全部入海河水（大多浊臭）都须经湿地净化，入海河流水质必须达到Ⅴ类及以上。每个入海河口均需建设一项湿地工程，对已有的规划建设项目进行复核，提升规模和效益。

7.3.5 优化工业布局，推进产业绿色转型

严格管控敏感区内的工业园区。对位于生态极重要、极敏感区内的8个工业园区，重点关注天津大港石化产业园区、滦南城西经济开发区及唐山古冶经济开发区等发展装备制造、钢铁及化工行业的工业园区，提高环境准入条件，促进产业转型升级，强化污染物减排，实现污染物“零排放”，杜绝环境污染。对位于重点（要）生态功能区内的36个工业园区，应强化污染物减排，实施产业改造升级，实现污染物达标排放，尤其关注位于坝上高原风沙防治区的1个工业园区（怀安工业园区）、位于燕山山地水源涵养与水土保持区内的13个工业园区（中关村示范区平谷园、北京马坊工业园区、天津蓟州区经济开发区、河北蔚县经济开发区、怀来新型产业示范区、承德张百湾新兴产业示范区、河北宽城经济开发区、承德六沟新兴产业聚集区、北京兴谷经济开发区、中关村示范区密云园、北京延庆经济开发区、河北迁西经济开发区、河北滦平经济开发区）、位于太行山山地水源涵养与水土保持区内的9个工业园区（北京石龙经济开发区、涉县经济开发区、顺平经济开发区、唐县经济开发区、易县易水工业产业园区、北京雁栖经济开发区、河北灵寿经济开发区、北京房山工业园区、河北井陉经济开发区），这些工业园区以发展装备制造、加工业、钢铁、化工等产业为主，必须提高园区环境准入条件，严格禁止高耗能、高污染、严重浪费资源的建设项目入园，加强环境综合治理与监管。

加快产业承接绿色转型。加强沿海地区环境污染物防治，避免对海洋生态环境和生物群落产生威胁。张承地区优先发展高新技术产业，规避对生态敏感脆弱区域的生态影

响。产业转移应通过技术链低碳创新、产业链生态重构、价值链绿色提升，加快承接产业转移模式的绿色转型，注意规避环境污染带来的生态影响。

防控沿海地区能源重化工产业承接风险。重点关注沧州渤海新区、天津市滨海新区、唐山市曹妃甸区的生态风险防控，对沿海环境风险隐患进行排查，重大环境风险企业编制风险防控预案，对可能产生的风险实行全过程管理。鼓励对化工、钢铁、有色金属加工等产业进行淘汰和提升改造，严格控制养殖业发展数量和规模。实施沿海地区生态环境风险监测预警与应急处理试点工程，提高近岸海域环境监管、环境风险防范和应急处置能力，建立海陆统筹、区域联动的海洋生态环境保护修复机制。

7.3.6 提高矿产资源开发等重点行业环境准入条件

严格矿产资源开发整合调整。禁止在生态保护红线内新设与资源环境保护功能不相符的矿产开发项目，已有矿产开发项目应逐步退出。对位于京津冀西北部、燕山—太行山丘陵地区等水土保持、水源涵养地区，禁止露天开采的矿产资源开发项目。对环首都地区包括廊坊北三县（三河市、大厂回族自治县以及香河县）和天津蓟州区、武清区、宝坻区的京津廊道地区，禁止露天开采的矿产资源开发项目。在张家口市推行无矿市，矿产资源开发企业全面退出。

限制高污染、高耗水行业发展。严格限制太行山前地区、沿海地区及张承地区发展高污染、高排放企业。在京津廊和衡水、沧州西部、石家庄东部的北四河、子牙河、黑龙港平原区，禁止新建、改建、扩建火电、钢铁、化工、造纸、纺织、有色金属等高耗水行业。

限制重金属排污行业发展。在安新县、北辰区、朝阳区、大城县、定兴县、东丽区、丰台区、海淀区、和平区、河北区、河东区、河西区、红桥区、津南区、卢龙区、南开区、青县、武清区、西青区、遵化市等土壤重金属污染高风险地区，严格限制金属矿山及冶炼行业、火力发电、电镀工业、电子工业、制革业、化肥生产工业等重金属排污企业的入驻。

严格控制坡耕地建设。禁止在 25°以上陡坡开垦耕地，现有的 25°以上陡坡耕地在 2020 年年底前逐步实施退耕。禁止违规毁林开垦耕地，禁止开垦严重沙化土地。禁止在燕山和太行山迎雨坡等重要水源涵养地区 15°以上缓坡开垦耕地。坡度在 15°以上且水土流失问题严重的坡耕地逐步实施退耕，以养为主进行改良。

7.4 分区域生态保护对策建议

7.4.1 张承地区生态保护对策

该区域主要位于河流上游的水源涵养区和山前水库带，生态功能重要，主要的生态问题是山前水库过度修建加剧了平原地带的河流断流，坝上等干旱半干旱地区防风固沙林建设违背自然规律，消耗大量地下水资源，大量原生的落叶阔叶类树种被人工林替代导致水源涵养功能下降。

应科学布局林草空间，促进植被恢复，提升植被生态功能。在深远山和河流上游、水库周围以营造水源涵养林和水土保持林为主。在降水低于 400 mm 的干旱或半干旱地区，植被恢复以草原为主，将效益低下且耗水多的防护林改造为可以起到固沙效果的灌木、草原植被。坚决杜绝抽取地下水进行林木绿化，禁止种植杨树等耗水型树种。着力治理退化草原，重点实施退牧还草、退耕还林还草、已垦草原治理、牧区草原防灾减灾等工程，强制草地轮休禁牧制度。

该区周边生态环境重要性和敏感性较高，地区发展意愿强烈，应避免人口过度增长、城镇化过度扩张、污染型项目对周边生态功能保障区的影响，加大发展绿色产业，调整产业结构和布局。禁止在生态保护红线内新设与资源环境保护功能不相符的矿产开发项目，已有矿产开发项目应逐步退出。禁止露天开采的矿产资源开发项目。在张家口市推行无矿市，矿产资源开发企业全面退出。

7.4.2 京津保地区生态保护对策

区域主要生态问题是所处的海河北系主要河流潮白河、北运河、蓟运河、永定河 2015 年劣Ⅴ类断面比例达到 47.6%，主要河流季节性断流普遍，河流生态廊道面临城镇开发建设的蚕食，生态退化严重。

推进海绵城市建设。加强海绵型建筑与小区、海绵型道路与广场、海绵型公园和绿地、雨水调蓄与排水防涝设施等建设。大力推进城市排水防涝设施的达标建设。到 2020 年，能够将 70%的降雨就地消纳和利用的土地面积达到城市建成区面积的 20%以上。

加强城镇生态环境保护与建设。以北京、天津、石家庄和保定等中心城市为重点，优化城市绿地布局，建设绿道绿廊，加大社区公园、街头游园、郊野公园、绿道绿廊、城市公共绿地、环城林带等建设力度，形成网络化的区域生态廊道。推行生态绿化方式，广植当地树种，乔灌草合理搭配、自然生长。开展城市山体、水体、废弃地、绿地修复，通过自然恢复和人工修复相结合的措施，实施城市生态修复示范工程项目。

调控环首都地区开发建设强度。严格控制首都周边地区建设用地蔓延式扩张态势，包括廊坊北三县（三河市、大厂回族自治县以及香河县）和天津蓟州区、武清区、宝坻区的京津廊道地区，合理规划城市整体发展格局和扩张规模，避免无序扩张造成的资源环境和生态保护问题。科学合理划定城乡建设用地规模和扩展边界，促进集约和节约用地。

7.4.3 冀中南地区生态保护对策

区域主要生态问题是河流断流和人工渠化非常普遍，平原河流几乎全部为季节性和分段式河流，生态功能丧失，河流生态基流难以保障。湖泊生态退化严重，衡水湖湿地面积大幅萎缩，内部水文联系被人工沟渠等排灌系统取代，水库化和池塘化趋势明显。农区灌溉以地下水为主，地下水超采严重，污灌区土壤污染问题较为突出。

应转变用水方式，促进工业和农业高效节水。加快发展绿色产业，鼓励技术创新，防范生态环境风险。建立节水经济示范区，淘汰落后的高耗水设备和工艺，大力推广工业水循环利用、高效冷却、热力系统节水、洗涤节水等通用节水工艺和技术。优化农作物种植结构，推广耐旱低耗水农作物，调减高耗水作物种植面积，将需抽水灌溉的冬小麦休耕，只种植雨热同季的春玉米、马铃薯和耐旱耐贫瘠的杂粮杂豆。加大高效节水灌溉工程建设力度，推广工程节水和农艺节水措施，推广集成农艺节水技术、水肥一体化技术。

开展地下水超采控制与修复工程，地下水超采现象得到控制，基本农田得到有效保护，维持良好的农业生态和耕地土壤的微生态环境。对地下水漏斗区划定限采区和禁采区，全面取缔禁采区地下水开采。对于地下水超采区域，根据超采程度划定一定比例的禁采区。实施地下水替代水源工程、封填井工程和地下水人工回灌工程，治理地下水超采区域。建设七里河、白马河、滹沱河、沙河及一亩泉等回灌补源工程，利用“南水北调”中线工程退水补给地下水。

试点休耕、轮作制度，将天津南运河污灌区、衡水东部、沧州西部的滏阳河、江河衡水控制单元和北排河沧州控制单元划为休耕区，建议区域内每年休耕面积比例不低于20%。衡水、沧州和廊坊三地作为轮作区，远期推广到京津冀全域，从两年三熟转变为一年一熟的耕作制度，限制高耗水的水稻、蔬菜等种植面积。对于农业污灌引起的重金属污染地区，应该积极调整灌溉方式，再生水灌区上游应严控水源，避免工业废水混入，污水处理厂必须达到一级 A 排放标准，确保灌区农业灌溉用水符合《城市污水再生利用 农田灌溉用水水质》（GB 20922—2007）标准。

分类推进土壤环境治理与修复。强化未污染土壤保护，严控新增土壤污染。加大污灌区、设施农业集中区域土壤环境监测和监管。对中轻度污染的农用地土壤优先采取以农艺措施为主的修复治理措施。对重度污染的农用地土壤划定“农产品禁止生产区”，开展种植结构调整。对污染地块集中分布的地区，要规范、有序地开展再开发利用污染地块治理与修复。

7.4.4 东部沿海地区生态保护对策

区域主要的生态问题是污染和围填海等海岸工程导致海岸带与近岸海域生态系统严重退化，滨海湿地破坏严重，自然岸线退化，生物多样性资源严重丧失。沿海临港产业带的建设将加快岸线开发活动，持续的填海造地工程将对滨海湿地和自然岸线保护造成威胁。人口和产业的集聚将增大对淡水的需求量，进一步削减入海生态淡水，影响河口湿地生态系统的稳定性。陆源污染物的大量排放将加剧海洋环境污染和生态破坏的风险。

应严格执行海洋生态红线，不得新建有污染自然环境、破坏自然资源和自然景观的生产设施及建设项目，现有的排污企业必须实施停产整治或搬迁。禁止围海造地活动，清理不合理岸线占用项目，实施岸线整治修复工程，实施人工岸线生态化工程，强化自然岸线保护与修复。实施滨海湿地和河口湿地生态修复工程，加快受损近岸海域生态系统生态功能恢复。加强海洋自然保护区、海洋特别保护区和水产种质资源保护区建设。实施海域生物多样性保护与生境多样化建设工程，强化以珊瑚礁、海草床、湿地等为主体的沿海生态带建设，大力实施海域生境多样化建设工程，提高近岸海域生态系统生物多样性。以陆源防治为重点，加强重点河口、海湾综合整治，严格控制陆源污染物排放。鼓励对化工、钢铁、有色金属加工等产业进行淘汰和提升改造，严格控制养殖业发展数量和规模。优化生产、生活功能区布局，在居住区和工业功能区、工业企业之间设置隔离带，确保人居环境安全和群众身体健康。

7.5 积极推进雄安新区生态环境保护建设

7.5.1 生态规划先行，充分发挥规划引领作用

编制实施生态保护规划。编制并实施《白洋淀生态环境治理和保护规划》及《雄安新区生态环境保护规划》等，科学确定“生态红线”“环境底线”“资源上线”和“环境准入负面清单”，将生态优先、绿色低碳和新型经济增长模式贯穿于新区建设发展规划中。以环境质量改善和绿色新区建设为重点，科学谋划生态环境领域重点工程，推动区域生态安全格局建设，构建新区环境保护和风险防范体系。

坚持生态优先绿色发展。通过规划设计，建立完备一流的城市基础设施，提供优质高效的社会公共服务，在建设标准上、公共服务上着力赶超北京，提升新区吸引力。统筹好新区内重大基础设施项目和重点功能疏解项目建设。

建设先进环保技术与装备集成创新应用示范区。在新区建设先进环保技术与装备集成创新应用示范区和国家生态环境保护研究基地，设立国家级雾霾形成机理基础研究重点实验室；建立北方草型湖、湿地富营养化控制研究基地及非常规补给河流生态修复研究基地；设立京津冀地区联合生态环境监测中心，构建统一的生态环境监测系统总平台，设立国家空气质量监测超级站。

7.5.2 强化白洋淀生态修复，恢复白洋淀自然生态功能

建立引水补水长效机制。加快实施引黄入冀补淀工程，利用现有河渠，实施清淤疏浚，改（扩）建主输水线路 482 km，实现向白洋淀年均生态补水 1.1 亿 m^3，完善常态化补水机制。强化入淀水总量动态管理，强化西大洋水库、王快水库、岳城水库、岗黄水库等临时调水水源保障，统筹调度流域区域内水库水、雨洪水、中水等水资源。加强输水廊道建设和淀区水资源管理，大幅缩短泄水周期，加快淀区水资源更替频率。

开展淀区生态修复。严禁在湿地内从事开垦、填埋、取土等破坏湿地的行为，禁止各类非法围堤围埝行为，坚决遏止水面碎片化趋势，对淀区内现有养殖、种植和经营的围堤围埝，依法进行彻底清除，恢复湿地水面。将被圈占的原有湿地洼地退耕还湿、退养还湿、退居还湿、退田还淀，拓展湿地空间。开展沼泽化平衡收割、底泥清淤等工程，控制淀区内源释放污染，减轻水体富营养化程度。实施生态调控工程，重点在藻苲淀、

烧车淀、池鱼淀、小北淀等白洋淀重点淀泊，开展增殖放流，逐步恢复白洋淀水域生物多样性。开展生态调控、湖滨带建设等工程，加速淀区生态恢复。种植浮萍、菱角等浮水植物和荷花、莲花等挺水植物以及马来眼子菜、金鱼藻等沉水植物，扩大芦苇、莲藕等水生植物种植面积，减轻淀区内源性营养物负荷的积累，为鱼类自然繁殖提供栖息地，改善淀区水生生态系统。开展藻苲淀、马棚淀芦苇湿地净化系统建设项目，规划建设湿地规模 45 km^2，有效改善入淀水质。

加强入淀河流综合整治。加强入淀河流及引水河渠入河排污口监管，封堵所有非法入河排污口，严禁新增入河排污口。清理整顿行洪区内私搭乱建的小工厂、小作坊、养殖场等违法设施。严禁河道围堰、堆放弃置物，及时清运河渠沿线垃圾。对府河焦庄至安州断面近 40 km 的河道进行清淤，对沿岸居民生活垃圾进行清理和集中无害化处理。实施孝义河、白沟引河河道综合整治，加强岸边垃圾清理和边坡植被、污染负荷生态截留等工程建设。加强唐河/漕河、潴龙河等河道疏浚清淤，控制垃圾污水进河入淀。在府河、孝义河、唐河和白沟引河等河道两岸建设生态保护林带，营造河流水系周边防护林体系。

严禁淀区地下水超采。调整淀区周边的种植结构，禁止种植耗水量高的农作物。改变灌溉方式，从以前粗放的漫灌向节水的滴灌和喷灌方式转变。严格执行地下水开采规定，保证新区地下水采补平衡。

7.5.3 加强新区污染防治和生态保护，构建新区生态安全格局

环带森林建设。环新区、环白洋淀、环新城一定范围内建设林带，其中沿新区边界建设森林公园、郊野公园、道路绿化带，防止周边无序开发影响新区规划实施；重点在新城北部和东部水土保持重要地区建设成片森林公园，以生态公益林为主。环白洋淀生态过渡带为围绕白洋淀建设的植被带，实施退耕还湿还林还草工程，必要的地区实施生态搬迁，适度发展生态林果业和生态旅游业，实现生态调节、淀区保护、休闲旅游、绿色发展相统一。环新城林带为依托新城防洪圈，建设 200～1 000 m 宽的绿化隔离带，因地制宜建设郊野公园、市区体育公园、湿地公园、植物园等，控制城镇开发边界引导规范城镇建设开发秩序。

生态廊道保护与建设。沿出入淀河流两岸一定宽度范围建设的生态保护区域，包括白沟引河廊道区、萍河廊道区、瀑河廊道区、漕河廊道区、府河廊道区、唐河廊道区、孝义河廊道区、潴龙河廊道区、赵王新河廊道区、大清河古道生态廊道区、大清河廊道

区等。以河、湖沿线生态环境脆弱区为主体，结合白洋淀湿地保护，沿水体建设防护林带，逐步恢复河道水体功能，改善水质，使森林与河流、沟渠、塘坝、水库等连为一体，形成综合的防护林体系。

工业污染源治理。搬迁雄安新区工业企业，取缔淀区与生态保护无关的排污企业。对高能耗、高污染企业和小作坊依法实施关停，实施企业退淀进园。加强雄安新区上游和上游—雄安新区两翼工业污染防控和治理。加快淘汰落后工艺和产能，有序推进污染企业升级改造，积极推进清洁生产、资源循环利用和污染深度治理。推行在线实时监控，凡不能达标排放的工业企业，一律停产整顿，经整顿仍不能达标的坚决关闭。加大经济处罚和法律惩处力度，坚决杜绝污染直排现象。

城镇及村庄污水垃圾处理。雄安新区所有村庄都要建设小型污水处理设施，实施集中处理，坚决杜绝污水直排入淀。加快雄安新区上游和上游—雄安新区两翼现有城镇污水处理厂升级改造，大力推进城镇雨污分流管网建设和现有合流管网系统改造。雄安新区所有村庄都要建设垃圾收集设施，配备专职保洁队伍；所有乡镇都要建设转运站，统一配备转运车辆和设施。充分发挥现有垃圾焚烧发电厂作用，力争将所有垃圾用于焚烧发电，实现无害化处理和资源化利用。

农业污染治理。优化淀区及上游流域农业种植结构，大力发展绿色有机农业。推广测土配方施肥技术，有效降低无机化肥施用量，到 2020 年测土配方施肥耕地面积占比达到 90%以上。推广病虫综合防治技术，以生物防治、物理防治部分替代化学防治，施用低毒、低残留高效农药，实行精准施药。实施农田污染物生态拦截工程，将排水渠改造为生态沟渠，通过种植氮磷高效富集植物，对农田损失的氮磷养分进行有效拦截，减轻农田流失氮磷养分对水体的污染。在雄安新区全面实施清养行动，禁止从事各类规模养殖活动，2018 年年底全部完成雄安新区养殖清除任务。

构建“一淀、三环、十廊”的新区生态安全格局。“一淀”为白洋淀湿地保护区；“三环”为环新区、环新城、环白洋淀生态林带；“十廊”为依托白沟引河、萍河、瀑河、漕河、府河、唐河、孝义河、潴龙河、赵王新河、大清河等出入淀河流建设生态廊道区域。通过对白洋淀大型生态斑块的保护与抚育，沿河生态廊道的修复与建设以及区域其他生态要素的综合整治，组合、串联多元自然生态空间和绿色开敞空间，打造蓝绿交织、自然和谐的生态空间，让城市融入大自然，让山水嵌入城市。

7.5.4 推进土地资源集约高效利用，严格新区环境准入政策

开展村镇建设用地整合，实施高效集约利用，改变村镇零散布局、景观破碎的格局。严格按照规划时序和管理规定征用农用地，保障新城内绿地湿地公园绿化带与城镇开发同步规划同步建设，保障功能完善的生态基础设施网络，严格控制城镇开发边界，营造与生态安全格局相融相生、宜居宜业的人居环境空间。

建立以改善环境质量为目标的环境准入政策。对大清河流域白洋淀上游区域和空间单元，重点控制造纸、有色金属冶炼、焦化、制革、电镀等行业的环境准入要求。支持雄安新区建设河湖整治工程、防洪治涝和引水工程，以及城镇基础设施、高端智能机械制造、新材料研发、可再生能源开发利用等产业落地。实施最严格的流域水环境管控政策措施，制定大清河水系流域环境标准，保障白洋淀上游地表水环境稳定达到环境功能区标准要求，为雄安新区环境和自然生态优化提供保障。

7.6 强化生态保障机制建设

7.6.1 建立一体化生态监测预警体系

建立京津冀地区生态综合监测网络体系。支持生态监测预警网络系统及关键技术装备研发、遥感监测技术、数据分析与服务产品等研发。充分发挥地面生态系统、环境、气象、水文水资源、水土保持、海洋等监测站点和卫星的生态监测能力，布设相对固定的生态监控点位，对生态系统及其服务的变化状况进行定期评估，建立监测预警平台。重点关注天然湿地保有量、河流生态系统破碎化、天然林面积、草场质量等，以及区域重要渔业资源、珍稀濒危生物种群的调查。

建立京津冀地区生态环境突发事件监测预警体系。支持京津冀地区生态环境突发事故监测预警及应急处置技术、高端环境监测仪器等研发。依托气象、林业、水利预报平台，及时发布干旱预警，当大中型水库蓄水总量不能满足区域全年生活用水量时，应发布用水预警。依托气象、林业、水利预报平台，科学预测各流域防洪能力、水源涵养区和集水区的水资源蓄积能力。加强城市气象和水文信息监测和预警系统建设，提高暴雨、洪水预测预报的时效性和准确率。完善排涝和防洪应急预案，加强城市内涝和洪水风险管理。当遇到 10 年一遇、20 年一遇、50 年一遇、甚至 100 年一遇的洪水时，应合理确

定周边分蓄洪区启用方案，对下游地区可能的洪涝灾害进行预警。

7.6.2 完善生态补偿机制

建立并完善生态补偿机制。建立完善京津冀地区生态保护补偿机制，将北京、天津支持河北开展生态建设与环境保护制度化。

完善流域生态补偿制度建设。对滦河流域、张承地区官厅水库与密云水库上下游地区之间全面开展生态补偿，适当提高生态补偿标准。

重点生态功能区生态转移支付机制。对于河北张承地区、冀西山区、白洋淀、东淀、文安洼、天津于桥水库等生态涵养区，建立生态转移支付机制，用以补偿地区为保护水资源、湿地、森林等生态系统所做出的贡献，适当提高生态补偿标准，弥补地区发展机会的丧失。

积极探索产业等替代补偿。研究税收优惠、对口协作、产业转移、共建园区等方式对生态贡献区域进行补偿，帮助京津冀上游流域及生态涵养区立足生态优势发展替代产业，对无污染产业、生态产业发展给予补助。

7.6.3 建立统一的生态监管体制

基于“山水林田湖”统一保护的理念，切实落实“尊重自然、顺应自然、保护自然”的生态系统方式管理思路，将生态建设、开发审批、执法监管、生态修复工程等建立统一的生态监管体制。研发生态环境监测预警、生态修复、生物多样性保护、生态保护红线评估管理、生态廊道构建等关键技术，建立一批生态保护与修复科技示范区。

7.6.4 加强跨界地区生态保护管理一体化

京津冀地区统筹制定空间规划，建立区域一体化的规划和生态保护建设体系，逐步打破行政边界，执行统一的生态环境空间管控和负面清单管理制度。切实落实生态红线制度，保障自然资本对经济社会发展的支撑作用，加强生态空间管控力度，开展生态红线考核。

附表 1 京津冀地区生态保护红线地区名录

类型	名称	面积/km²	所在地	级别
自然保护区	北京百花山国家级自然保护区	217.43	北京市门头沟区	国家级
	北京松山国家级自然保护区	46.60	北京市延庆区	国家级
	天津古海岸与湿地国家级自然保护区	359.13	天津市滨海新区、津南区、宝坻区、宁河区	国家级
	天津八仙山国家级自然保护区	53.60	天津市蓟州区	国家级
	天津蓟州区中、上元古界国家级自然保护区	9	天津市蓟州区	国家级
	雾灵山国家级自然保护区	142.469	承德市兴隆县	国家级
	红松洼国家级自然保护区	79.70	承德市围场满族蒙古族自治县	国家级
	滦河上游国家级自然保护区	506.374	承德市围场满族蒙古族自治县	国家级
	塞罕坝国家级自然保护区	200.298	承德市围场满族蒙古族自治县	国家级
	茅荆坝国家级自然保护区	400.38	承德市隆化县	国家级
	小五台山国家级自然保护区	218.33	张家口市蔚县、涿鹿县	国家级
	泥河湾地址遗迹国家级自然保护区	10.15	张家口市阳原县	国家级
	大海坨国家级自然保护区	112.249	张家口市赤城县	国家级
	黄金海岸国家级自然保护区	300	秦皇岛市昌黎县	国家级
	柳江盆地地质遗迹国家级自然保护区	13.95	秦皇岛市抚宁县	国家级
	衡水湖国家级自然保护区	187.87	衡水市桃城区、冀州市	国家级
	驼梁国家级自然保护区	213.119	石家庄市平山县	国家级
	青崖寨国家级自然保护区	151.64	邯郸武安市	国家级
	喇叭沟门市级自然保护区	18 482.50	北京市怀柔区	市级
	野鸭湖市级湿地自然保护区	6 873	北京市延庆区	市级
	云蒙山市级自然保护区	4 388	北京市密云区	市级
	云峰山市级自然保护区	2 233	北京市密云区	市级
	雾灵山市级自然保护区	4 152.40	北京市密云区	市级
	四座楼市级自然保护区	19 997	北京市平谷区	市级
	蒲洼市级自然保护区	5 396.50	北京市房山县	市级
	汉石桥市级湿地自然保护区	1 900	北京市顺义区	市级
	拒马河市级水生野生动物自然保护区	1 125	北京市房山区	市级
	怀沙河怀九河市级水生野生动物自然保护区	111.20	北京市怀柔区	市级
	石花洞市级自然保护区	3 650	北京市房山区	市级

类型	名称	面积/km²	所在地	级别
自然保护区	朝阳寺市级木化石自然保护区	1 662	北京市延庆区	市级
	大黄堡湿地自然保护区	112	天津市武清区	市级
	青龙湾固沙林自然保护区	4.16	天津市宝坻区	市级
	北大港湿地自然保护区	348.87	天津市滨海新区	市级
	静海团泊鸟类自然保护区	60.40	天津市静海区	市级
	灵寿漫山省级自然保护区	120.28	石家庄市灵寿县	省级
	赞皇嶂石岩省级自然保护区	237.72	石家庄市赞皇县	省级
	井陉南寺掌省级自然保护区	30.585	石家庄市井陉县	省级
	丰宁滦河源省级自然保护区	215	承德市丰宁满族自治县	省级
	丰宁古生物化石省级自然保护区	52.56	承德市丰宁满族自治县	省级
	围场御道口省级自然保护区	326.2	承德市围场满族蒙古族自治县	省级
	平泉辽河源省级自然保护区	452.252	承德市平泉县	省级
	宽城千鹤山省级自然保护区	140.375	承德市宽城满族自治县	省级
	宽城都山省级自然保护区	196.48	承德市宽城满族自治县	省级
	滦平白草洼省级自然保护	176.8	承德市滦平县	省级
	兴隆六里坪省级自然保护区	149.7	承德市兴隆县	省级
	承德县北大山省级自然保护区	101.85	承德市承德县	省级
	宣化黄羊滩省级自然保护区	110.35	张家口市宣化县	省级
	乐亭石臼坨诸岛省级自然保护区	37.747	唐山市乐亭县	省级
	唐海湿地与鸟类省级自然保护区	100.814	唐山市曹妃甸区	省级
	保定白洋淀省级自然保护区	296.96	保定市安新县、沧州任丘市	省级
	保定金连山褐马鸡省级自然保护区	339.4	保定市涞源县、涞水县	省级
	阜平银河山省级自然保护区	362.109	保定市阜平县	省级
	唐县大茂山省级自然保护区	13.533 3	保定市唐县	省级
	易县摩天岭省级自然保护区	351	保定市易县	省级
	黄骅古贝壳堤省级自然保护区	1.17	沧州黄骅市	省级
	南大港湿地和鸟类省级自然保护区	98	沧州市南大港管理区	省级
	海兴小山火山地质遗迹省级自然保护区	13.81	沧州市海兴县	省级
	海兴湿地和鸟类省级自然保护区	168	沧州市海兴县	省级
	临城三峰山省级自然保护区	54.644	邢台市临城县	省级
风景名胜区	八达岭—十三陵风景名胜区	286.00	北京市延庆区、昌平区	国家级
	石花洞风景名胜区	84.66	北京市房山区	国家级
	盘山风景名胜区	106	天津市蓟州区	国家级
	承德避暑山庄外八庙风景名胜区	2 394	承德市	国家级
	秦皇岛北戴河风景名胜区	366	秦皇岛市	国家级
	野三坡风景名胜区	520	保定市涞水县	国家级
	苍岩山风景名胜区	63	石家庄市井陉县	国家级

类型	名称	面积/km²	所在地	级别
风景名胜区	嶂石岩风景名胜区	120	石家庄市赞皇县	国家级
	西柏坡—天桂山风景名胜区	255.91	石家庄市平山县	国家级
	崆山白云洞风景名胜区	250	邢台市临城县	国家级
	太行大峡谷风景名胜区	17.3	邢台市邢台县	国家级
	响当山风景名胜区	41	邯郸市峰峰矿区	国家级
	娲皇宫风景名胜区	240	邯郸市涉县	国家级
	十渡风景名胜区	301.00	北京市房山区	市级
	东灵山—百花山风景名胜区	300.00	北京市门头沟区	市级
	金海湖—大峡谷—大溶洞风景名胜区	285.00	北京市平谷区	市级
	龙庆峡—松山—古崖居风景名胜区	223.00	北京市延庆区	市级
	云蒙山风景名胜区	209.00	北京市密云区	市级
	慕田峪长城风景名胜区	90.80	北京市怀柔区	市级
	潭柘—戒台风景名胜区	73.00	北京市门头沟区	市级
	云居寺风景名胜区	42.30	北京市房山区	市级
	青松岭大峡谷风景名胜区	20	承德市兴隆县	省级
	白云古洞风景名胜区	10	承德市丰宁满族自治县	省级
	京北第一草原风景名胜区	500	承德市丰宁满族自治县	省级
	水母宫风景名胜区	10	张家口市桥东区	省级
	鸡鸣山风景名胜区	17.5	张家口市桥东区	省级
	板厂峪风景名胜区	35	秦皇岛市抚宁县	省级
	唐山市南湖风景名胜区	30	唐山市区	省级
	开滦国家矿山公园风景名胜区	0.245	唐山市区	省级
	石臼坨岛风景名胜区	88	唐山市乐亭县	省级
	白羊峪风景名胜区	15.68	唐山迁安市	省级
	景忠山风景名胜区	15	唐山市迁西县	省级
	青山关风景名胜区	28	唐山市迁西县	省级
	五虎山风景名胜区	3.85	唐山市迁西县	省级
	喜峰雄关大刀园风景名胜区	0.209	唐山市迁西县	省级
	滦州古城风景名胜区	5.19	唐山市滦县	省级
	青龙山风景名胜区	300	唐山市滦县	省级
	白石山风景名胜区	215	保定市涞源县	省级
	陵山—抱阳山风景名胜区	100	保定市满城县	省级
	白洋淀风景名胜区	366	保定市安新县、容城县、雄县、高阳县，沧州任丘市	省级
	古北岳风景名胜区	200	保定市曲阳县、唐县、涞源县、阜平县	省级
	封龙山风景名胜区	124	石家庄鹿泉市	省级
	黑山大峡谷风景名胜区	17	石家庄市平山县	省级
	藤龙山风景名胜区	8	石家庄市平山县	省级

类型	名称	面积/km²	所在地	级别
风景名胜区	清凉山风景名胜区	13.65	石家庄市井陉矿区	省级
	棋盘山风景名胜区	20.873	石家庄市赞皇县	省级
	赵州桥—柏林禅寺风景名胜区	0.051	石家庄市赵县	省级
	铁佛寺风景名胜区	5	沧州市东光县	省级
	白云山—小西天风景名胜区	500	邢台市邢台县	省级
	九龙峡风景名胜区	64	邢台市邢台县	省级
	天河山风景名胜区	30	邢台市邢台县	省级
	云梦山风景名胜区	15	邢台市邢台县	省级
	天梯山风景名胜区	16	邢台市邢台县	省级
	紫金山风景名胜区	19	邢台市邢台县	省级
	秦皇湖—北武当山风景名胜区	58	邢台沙河市	省级
	王硇风景名胜区	5	邢台沙河市	省级
	冀南山底抗日地道遗址风景名胜区	1.27	邯郸市峰峰矿区	省级
	滏泉湖风景名胜区	67.8	邯郸市磁县	省级
	广府古城风景名胜区	166.8	邯郸市永年县	省级
森林公园	霞云岭国家森林公园	214.87	北京市房山区	国家级
	喇叭沟门国家森林公园	111.71	北京市怀柔区	国家级
	蟒山国家森林公园	85.82	北京市昌平区	国家级
	西山国家森林公园	59.33	北京市海淀区	国家级
	崎峰山国家森林公园	42.90	北京市怀柔区	国家级
	黄松峪国家森林公园	42.74	北京市平谷区	国家级
	八达岭国家森林公园	29.40	北京市延庆区	国家级
	云蒙山国家森林公园	22.08	北京市密云区	国家级
	大杨山国家森林公园	21.07	北京市昌平区	国家级
	小龙门国家森林公园	15.95	北京市门头沟区	国家级
	大兴古桑国家森林公园	11.65	北京市大兴区	国家级
	北宫国家森林公园	9.14	北京市丰台区	国家级
	鹫峰国家森林公园	7.75	北京市海淀区	国家级
	天门山国家森林公园	6.69	北京市门头沟区	国家级
	上方山国家森林公园	3.53	北京市房山区	国家级
	天津九龙山国家森林公园	21.26	天津市蓟州区	国家级
	灵寿县五岳寨国家级森林公园	44	石家庄市灵寿县	国家级
	平山县驼梁山国家级森林公园	158.7	石家庄市平山县	国家级
	井陉县仙台山国家级森林公园	15.22	石家庄市井陉县	国家级
	涿鹿县黄羊山国家级森林公园	21.07	张家口市涿鹿县	国家级
	赤城县黑龙山国家级森林公园	70.344	张家口市赤城县	国家级
	承德市磬槌峰国家级森林公园	40.2	承德市双桥区	国家级
	平泉县辽河源国家级森林公园	118.86	承德市平泉县	国家级
	滦平县白草洼国家级森林公园	53.96	承德市滦平县	国家级
	隆化县茅荆坝国家级森林公园	194	承德市隆化县	国家级
	兴隆县六里坪国家级森林公园	22.5	承德市兴隆县	国家级

类型	名称	面积/km^2	所在地	级别
森林公园	丰宁国家级森林公园	88.39	承德市丰宁满族自治县	国家级
	北戴河区海滨国家级森林公园	16.666 7	秦皇岛市北戴河区	国家级
	山海关区山海关国家级森林公园	48.533	秦皇岛市山海关区	国家级
	遵化市清东陵国家级森林公园	22.333 3	唐山遵化市	国家级
	乐亭县翔云岛国家级森林公园	24	唐山市乐亭县	国家级
	阜平县天生桥国家级森林公园	116	保定市阜平县	国家级
	涞水野三坡国家级森林公园	228.5	保定市涞水县	国家级
	涞源县白石山国家级森林公园	34.78	保定市涞源县	国家级
	涿州市石佛国家森林公园	3.333	保定涿州市	国家级
	易州国家级森林公园	84.46	保定市易县	国家级
	唐县古北岳国家级森林公园	48.733 3	保定市唐县	国家级
	邢台县前南峪国家级森林公园	26	邢台市邢台县	国家级
	临城县蝎子沟国家级森林公园	46.341 5	邢台市临城县	国家级
	峰峰矿区响堂山国家森林公园	63.488	邯郸市峰峰矿区	国家级
	武安市武安国家级森林公园	405	邯郸武安市	国家级
	塞罕坝国家级森林公园	940	承德市围场满族蒙古族自治县	国家级
	木兰围场国家级森林公园	53.51	承德市围场满族蒙古族自治县	国家级
	妙峰山森林公园	22.65	北京市门头沟区	市级
	南石洋大峡谷森林公园	21.24	北京市门头沟区	市级
	五座楼森林公园	13.67	北京市密云区	市级
	丫髻山森林公园	11.44	北京市平谷区	市级
	森鑫森林公园(顺鑫绿色度假村)	9.81	北京市顺义区	市级
	白虎涧森林公园	9.33	北京市昌平区	市级
	西峰寺森林公园	3.81	北京市门头沟区	市级
	马栏森林公园	2.81	北京市门头沟区	市级
	龙山森林公园	1.41	北京市房山区	市级
	井陉县南寺掌省级森林公园	7.133 3	石家庄市井陉县	省级
	平山县西柏坡省级森林公园	21.733 3	石家庄市平山县	省级
	平山县高山寨省级森林公园	10.39	石家庄市平山县	省级
	平山县沕沕水省级森林公园	11	石家庄市平山县	省级
	平山县佛光山省级森林公园	14	石家庄市平山县	省级
	平山县腾龙山省级森林公园	7.33	石家庄市平山县	省级
	平山县九陀山省级森林公园	12.05	石家庄市平山县	省级
	赞皇县棋盘山省级森林公园	10.503 8	石家庄市赞皇县	省级
	井陉县藏龙山省级森林公园	10	石家庄市井陉县	省级
	井陉县洞阳坡省级森林公园	6.933	石家庄市井陉县	省级
	鹿泉市海山岭省级森林公园	1	石家庄鹿泉市	省级
	行唐龙洲湖省级森林公园	20	石家庄市行唐县	省级
	新乐赤之省级森林公园	13.333 3	石家庄新乐市	省级
	元氏县松鼠岩省级森林公园	8.67	石家庄市元氏县	省级

类型	名称	面积/km^2	所在地	级别
森林公园	鹿泉市封龙山省级森林公园	12.6	石家庄鹿泉市	省级
	张家口市桥西区安家沟省级森林公园	7	张家口市桥西区	省级
	下花园区石佛山省级森林公园	16.866	张家口市下花园区	省级
	张北县坝头省级森林公园	1.666 7	张家口市张北县	省级
	张北县桦皮岭省级森林公园	78.6	张家口市张北县	省级
	张北县仙那都省级森林公园	193	张家口市张北县	省级
	崇礼县和平省级森林公园	39.533 3	张家口市崇礼县	省级
	赤城县金阁山省级森林公园	10.063	张家口市赤城县	省级
	赤城县泉林省级森林公园	270	张家口市赤城县	省级
	怀来县官厅省级森林公园	18	张家口市怀来县	省级
	怀来县黄龙山庄省级森林公园	8	张家口市怀来县	省级
	沽源县金莲山省级森林公园	92.45	张家口市沽源县	省级
	蔚县飞狐峪—空中草原省级森林公园	110.392	张家口市蔚县	省级
	小五台山省级森林公园	169.866 7	张家口市蔚县	省级
	尚义县大青山省级森林公园	25.333	张家口市尚义县	省级
	万全县云松雾柳省级森林公园	6.65	张家口市万全县	省级
	怀安县熊耳山省级森林公园	63.89	张家口市怀安县	省级
	宣化区卧佛山省级森林公园	6.933	张家口市宣化区	省级
	灵山省级森林公园	41.179 8	张家口市涿鹿县	省级
	涿鹿县水谷峪省级森林公园	7	张家口市涿鹿县	省级
	双滦区双塔山省级森林公园	32.066 7	承德市双滦区	省级
	承德县雾灵东谷省级森林公园	10.715 2	承德市承德县	省级
	承德县承德石海省级森林公园	17.448 4	承德市承德县	省级
	承德县松云岭省级森林公园	0.82	承德市承德县	省级
	隆化县郭家屯省级森林公园	40	承德市隆化县	省级
	雾灵山省级森林公园	143.733 3	承德市兴隆县	省级
	木兰管局南大天省级森林公园	34.21	承德市围场满族蒙古族自治县	省级
	木兰管局敖包山省级森林公园	60.02	承德市围场满族蒙古族自治县	省级
	宽城县都山省级森林公园	15	承德市宽城满族自治县	省级
	滦平县三峰山省级森林公园	35.442 9	承德市滦平县	省级
	青龙县祖山省级森林公园	64.933 3	秦皇岛市青龙满族自治县	省级
	青龙县南山省级森林公园	6.798	秦皇岛市青龙满族自治县	省级
	抚宁县渤海省级森林公园	25.733 3	秦皇岛市抚宁县	省级
	昌黎县黄金海岸省级森林公园	129.666 7	秦皇岛市昌黎县	省级
	丰润区御带山省级森林公园	4.8	唐山市丰润区	省级
	迁西县景忠山省级森林公园	2.413 3	唐山市迁西县	省级
	遵化市鹫峰山省级森林公园	6.92	唐山遵化市	省级
	遵化市小渤海寨省级森林公园	1.35	唐山遵化市	省级

类型	名称	面积/km^2	所在地	级别
森林公园	迁安市徐流口省级森林公园	7.333	唐山迁安市	省级
	迁安市山叶口省级森林公园	12.407	唐山迁安市	省级
	清苑县清苑省级森林公园	3.53	保定市清苑县	省级
	唐县后七峪省级森林公园	6.67	保定市唐县	省级
	省林业示范场西陵省级森林公园	1	保定市易县	省级
	阜城县千顷洼省级森林公园	5.466 7	衡水市阜城县	省级
	故城县里老省级森林公园	4	衡水市故城县	省级
	景县景洲省级森林公园	1.378	衡水市景县	省级
	临城县天台山省级森林公园	2.6	邢台市临城县	省级
	沙河市老爷山省级森林公园	14.933 3	邢台沙河市	省级
	清河县快活林省级森林公园	6	邢台市清河县	省级
	邢台省级森林公园	5.842	邢台市邢台县	省级
	邯郸县紫山省级森林公园	6.67	邯郸市邯郸县	省级
	涉县省级森林公园	52.762	邯郸市涉县	省级
地质公园	河北涞水野三坡国家地质公园	258	保定市涞水县	世界级
	河北涞源白石山国家地质公园	64	保定市涞源县	世界级
	北京十渡国家地质公园	301.00	北京市房山区	国家级
	北京密云云蒙山国家地质公园	280.00	北京市密云区	国家级
	北京延庆硅化木国家地质公园	226.00	北京市延庆区	国家级
	北京平谷黄松峪国家地质公园	64.00	北京市平谷区	国家级
	北京石花洞国家地质公园	36.50	北京市房山区	国家级
	天津蓟州区国家地质公园	342	天津市蓟州区	国家级
	河北阜平天生桥国家地质公园	32	保定市阜平县	国家级
	河北秦皇岛柳江国家地质公园	650	秦皇岛市抚宁县、山海关区、青龙满族自治县	国家级
	河北赞皇嶂石岩国家地质公园	43.5	石家庄市赞皇县	国家级
	河北临城崆山白云洞国家地质公园	298	邢台市临城县	国家级
	河北武安国家地质公园	412	邯郸武安市	国家级
	河北迁西—迁安国家地质公园	145.25	唐山迁安市	国家级
	河北兴隆国家地质公园	187.2	承德市兴隆县	国家级
	河北承德丹霞地貌省级地质公园	267	承德市双桥区、双滦区、承德县	国家级
	河北邢台省级地质公园	301.25	邢台市邢台县	国家级
	圣莲山市级地质公园	28.00	北京市房山区	市级
	河北灵寿五岳寨省级地质公园	444.6	石家庄市灵寿县	省级
	河北赤城侏罗纪省级地质公园	200	张家口市赤城县	省级
	海兴小山火山省级地质公园	23.3	沧州市海兴县	省级
湿地公园	北京野鸭湖国家湿地公园	68.73	北京延庆区	国家级
	河北省丰宁海留图国家湿地公园	21.6	承德县丰宁满族自治县	国家级
	河北坝上闪电河国家湿地公园	41.2	张家口市沽源县	国家级
	河北康保康巴诺尔国家湿地公园	6.67	张家口市康保县	国家级

类型	名称	面积/km^2	所在地	级别
湿地公园	河北尚义察汗淖尔国家湿地公园	54	张家口市尚义县	国家级
	河北北戴河国家湿地公园	3.5	秦皇岛市区	国家级
	唐山市南湖国家城市湿地公园	6.69	唐山市区	国家级
	保定市涞源县拒马源国家城市湿地公园	6	保定市涞源县	国家级
	河北永年洼国家湿地公园	30.7	邯郸市永年县	国家级
	河北清凉湾省级湿地公园	2.4	石家庄市井陉矿区	省级
	河北冶河省级湿地公园	45.76	石家庄市平山县	省级
	河北丰宁滦河源省级湿地公园	0.5	承德市丰宁满族自治县	省级
	河北清水河省级湿地公园	5.98	张家口市区	省级
	河北洋河河谷省级湿地公园	12	张家口市区	省级
	河北沽源葫芦河省级湿地公园	67.9	张家口市沽源县	省级
	河北坝上察汗淖尔省级湿地公园	114.07	张家口市尚义县	省级
	河北南宫群英湖省级湿地公园	3.33	邢台南宫市	省级
	河北滏泉湖省级湿地公园	18.6	邯郸市磁县	省级
	河北青塔湖省级湿地公园	1.2	邯郸市涉县	省级
	河北玉泉湖省级湿地公园	0.96	邯郸市涉县	省级
水产种质资源保护区	阜平中华鳖国家级水产种质资源保护区	67	阜平县王快水库	国家级
	白洋淀国家级水产种质资源保护区	81.44	安新县白洋淀	国家级
	衡水湖国家级水产种质资源保护区	21.25	衡水市衡水湖	国家级
	秦皇岛海域国家级水产种质资源保护区	31.25	秦皇岛市北戴河海域	国家级
	昌黎海域国家级水产种质资源保护区	115.68	昌黎县黄金海岸东南部海域	国家级
	南大港国家级水产种质资源保护区	48.24	南大港管理区南大港水库	国家级
	南戴河海域国家级水产种质资源保护区	62.68	抚宁县南戴河海域	国家级
	柳河特有鱼类国家级水产种质资源保护区	12	兴隆县、承德县范围内柳河流域	国家级
	滦河特有鱼类国家级水产种质资源保护区	18	承德市御道口小滦河水系	国家级
	柏坡湖国家级水产种质资源保护区	42.725	平山县柏坡湖	国家级
	沙漳河红鳍原鲌青虾国家级水产种质资源保护区	23.94	曲周县沙漳河	国家级

类型	名称	面积/km^2	所在地	级别
水产种质资源保护区	永年洼黄鳝泥鳅国家级水产种质资源保护区	11.06	永年县永年洼	国家级
	山海关海域国家级水产种质资源保护区	30.19	山海关海域	国家级
	永定河中华鳖青虾黄颡鱼国家级水产种质资源保护区	50	张家口市怀来县	国家级
	沽源闪电河水系坝上高背鲫国家级水产种质资源保护区	22.135	张家口市沽源县	国家级
	迁西栗香湖鲤黄颡鱼国家级水产种质资源保护区	20	唐山市迁西县	国家级
	曹妃甸中华绒螯蟹国家级水产种质资源保护区	54.63	唐山市曹妃甸区西南部	国家级
自然文化遗产	长城			世界级
	北京故宫	0.78	东城区	世界级
	周口店北京猿人遗址	2.40	房山区	世界级
	天坛	2.73	东城区	世界级
	颐和园	3.00	海淀区	世界级
	明清皇家陵寝	120.00	昌平区	世界级
	清东陵文物保护区	80	唐山市遵化市	世界级
	避暑山庄	5.64	承德市区	国家级
	普陀宗乘之庙	0.22	承德市区	国家级
	普乐寺	0.024	承德市区	国家级
	普宁寺	0.033	承德市区	国家级
	安远庙	0.026	承德市区	国家级
	须弥福寿之庙	0.037 9	承德市区	国家级
	殊像寺	0.023	承德市区	国家级
	溥仁寺	0.032 5	承德市区	国家级
	金山岭长城		承德市滦平县	国家级
	普佑寺	0.009	承德市区	国家级
	承德城隍庙		承德市区	国家级
	会州城	0.000 813	承德市平泉县	国家级
	金界壕遗址		承德市丰宁满族自治县	国家级
	井陉窑遗址	0.97	石家庄市井陉县	国家级
	井陉古驿道		石家庄市井陉县	国家级
	福庆寺		石家庄市井陉县	国家级
	净觉寺	0.018 45	唐山市玉田县	国家级
	邢台大峡谷旅游区	18	邢台市邢台县	国家级
	紫金山旅游区	28	邢台市邢台县	国家级
	九龙峡旅游区	64	邢台市邢台县	国家级
	天梯山旅游区	18	邢台市邢台县	国家级
	前南峪旅游区	116.8	邢台市邢台县	国家级
	鹊山风景区	9.8	邢台市内邱县	国家级

类型	名称	面积/km^2	所在地	级别
自然文化遗产	李大钊故居	1.010 1	唐山市乐亭县	国家级
	乐亭县李大钊纪念馆	8.658	唐山市乐亭县	国家级
	潘家戴庄惨案纪念馆	7.3	唐山市滦南县	国家级
	玉皇阁	0.003 168	张家口市蔚县	国家级
	南安寺塔		张家口市蔚县	国家级
	释迦寺	0.005 16	张家口市蔚县	国家级
	灵岩寺	0.003 431	张家口市蔚县	国家级
	真武庙	0.001 9	张家口市蔚县	国家级
	常平仓	0.001 32	张家口市蔚县	国家级
	华严寺	0.003 4	张家口市蔚县	国家级
	西古堡	0.052 9	张家口市蔚县	国家级
	代王城城址	7.48	张家口市蔚县	国家级
	玉皇阁		张家口市万全县	国家级
	鸡鸣驿古驿城	0.026 5	张家口市怀来县	国家级
	万全卫城		张家口市万全县	国家级
	土城子北魏柔玄镇遗址	1.1	张家口市尚义县	国家级
	元中都		张家口市张北县	国家级
	昭化寺	0.023	张家口市怀安县	国家级
	八贝楼别墅	0.15	秦皇岛市北戴河区	国家级
	白兰士别墅	0.2	秦皇岛市北戴河区	国家级
	北戴河秦行宫遗址		秦皇岛市北戴河区	国家级
	布吉瑞别墅	0.32	秦皇岛市北戴河区	国家级
	常德立别墅	0.2	秦皇岛市北戴河区	国家级
	大佛顶尊胜陀罗尼经幢	0.625	秦皇岛市卢龙县	国家级
	东金草燕别墅	0.14	秦皇岛市北戴河区	国家级
	东领会教堂	0.33	秦皇岛市北戴河区	国家级
	段芝贵别墅	0.14	秦皇岛市北戴河区	国家级
	海关楼别墅	0.2	秦皇岛市北戴河区	国家级
	汉纳根别墅	0.14	秦皇岛市北戴河区	国家级
	来牧师别墅	0.33	秦皇岛市北戴河区	国家级
	乔和别墅	0.3	秦皇岛市北戴河区	国家级
	山海关八国联军军营旧址		秦皇岛市山海关区	国家级
	万里长城——九门口	6.3	秦皇岛市抚宁县	国家级
	万里长城——山海关		秦皇岛市山海关区	国家级
	王振民别墅	0.15	秦皇岛市北戴河区	国家级
	五凤楼别墅		秦皇岛市北戴河区	国家级
	武鼎昌别墅	0.22	秦皇岛市北戴河区	国家级
	徐世章别墅	0.14	秦皇岛市北戴河区	国家级
	源影寺塔	0.002	秦皇岛市昌黎县	国家级
	章瑞延别墅		秦皇岛市北戴河区	国家级
	燕下都遗址		保定市易县	国家级
	清西陵		保定市易县	国家级

类型	名称	面积/km^2	所在地	级别
自然文化遗产	开元寺塔		保定市定州市	国家级
	义慈惠石柱		保定市定兴县	国家级
	冉庄地道战遗址		保定市清苑县	国家级
	北岳庙		保定市曲阳县	国家级
	定窑遗址		保定市曲阳县	国家级
	中山靖王墓		保定市满城县	国家级
	长城——紫荆关		保定市易县	国家级
	龙兴观——道德经幢		保定市易县	国家级
	晋察冀边区政府及军区司令部旧址		保定市阜平县	国家级
	南庄头遗址		保定市徐水县	国家级
	汉中山王墓		保定市定州市	国家级
	庆化寺花塔		保定市涞水县	国家级
	涿州双塔		保定市涿州市	国家级
	乌龙沟长城		保定市涞源县	国家级
	古莲花池		保定市区	国家级
	药王庙		保定市安国市	国家级
	腰山王氏庄园		保定市顺平县	国家级
	定州贡院		保定市定州市	国家级
	北福地遗址		保定市易县	国家级
	钓鱼台遗址		保定市曲阳县	国家级
	南阳遗址		保定市容城县	国家级
	刘伶醉烧锅遗址		保定市徐水县	国家级
	所药壁画墓		保定市望都县	国家级
	张柔墓		保定市满城县	国家级
	贤亲王墓		保定市涞水县	国家级
	解村兴国寺塔		保定市博野县	国家级
	修德寺塔		保定市曲阳县	国家级
	静志寺塔基地宫		保定市定州市	国家级
	净众院塔基地宫		保定市定州市	国家级
	圣塔院塔		保定市易县	国家级
	西岗塔		保定市涞水县	国家级
	兴文塔		保定市涞源县	国家级
	永济桥		保定市涿州市	国家级
	大道观玉皇殿		保定市定州市	国家级
	伍仁桥		保定市安国市	国家级
	金门闸		保定市涿州市	国家级
	大慈阁		保定市区	国家级
	保定育德中学旧址		保定市区	国家级
	保定陆军军官学校旧址		保定市区	国家级
	高阳布里留法工艺学校旧址		保定市高阳县	国家级
	晏阳初旧居		保定市定州市	国家级

类型	名称	面积/km^2	所在地	级别
自然文化遗产	普彤塔、普彤寺	0.08	邢台市南宫市	国家级
	冀南烈士陵园	0.25	邢台市南宫市	国家级
	义和团领袖赵三多故居	0.000 7	邢台市威县	国家级
	中山灵寿古城遗址		石家庄市灵寿县	国家级
	幽居寺塔	0.005 2	石家庄市灵寿县	国家级
	常山郡故城	4	石家庄市元氏县	国家级
	冶平寺石塔	0.18	石家庄市赞皇县	国家级
	中共中央旧址	0.016	石家庄市平山县	国家级
	中山古城遗址	0.18	石家庄市平山县	国家级
	万寿寺塔林	0.002	石家庄市平山县	国家级
	磁山文化遗址		邯郸市武安市	国家级
	赵邯郸故城		邯郸市区	国家级
	战国赵王陵墓群		邯郸市永年县、邯郸县	国家级
	邺城遗址		邯郸市临漳县	国家级
	磁县北朝墓群		邯郸市磁县	国家级
	娲皇宫及石刻		邯郸市涉县	国家级
	129 师司令部旧址		邯郸市涉县	国家级
	磁州窑遗址		邯郸市峰峰矿区、磁县	国家级
	响堂山石窟		邯郸市峰峰矿区	国家级
	永年城		邯郸市永年县	国家级
	弘济桥		邯郸市永年县	国家级
	石北口遗址		邯郸市永年县	国家级
	中共晋冀鲁豫中央局和军区旧址		邯郸市武安市	国家级
	纸坊玉皇阁		邯郸市峰峰矿区	国家级
	成汤庙山门、戏楼		邯郸市涉县	国家级
	五礼记碑		邯郸市大名县	国家级
	大名府遗址		邯郸市大名县	国家级
	讲武城遗址		邯郸市磁县	国家级
	凤山戏楼（关帝庙）		承德市丰宁满族自治县	省级
	郭小川故居		承德市丰宁满族自治县	省级
	四角城址		承德市丰宁满族自治县	省级
	燕秦长城		承德市丰宁满族自治县	省级
	西汉长城		承德市丰宁满族自治县	省级
	木兰围场：西庙宫旧址	0.002 216	承德市隆化县	省级
	木兰围场：于木兰作碑		承德市隆化县	省级
	木兰围场：入崖口有作碑		承德市围场满族蒙古族自治县	省级
	木兰围场：古长城说碑	0.000 389	承德市围场满族蒙古族自治县	省级
	木兰围场：永安莽喀碑		承德市围场满族蒙古族自治县	省级

类型	名称	面积/km^2	所在地	级别
自然文化遗产	木兰围场：虎神枪记碑		承德市围场满族蒙古族自治县	省级
	木兰围场：木兰记碑		承德市围场满族蒙古族自治县	省级
	木兰围场：永安湃围场殪虎碑		承德市围场满族蒙古族自治县	省级
	木兰围场：东庙宫	0.002 4	承德市围场满族蒙古族自治县	省级
	木兰围场：岳乐围场		承德市围场满族蒙古族自治县	省级
	木兰围场：摩崖		承德市围场满族蒙古族自治县	省级
	起仙院	0.000 582	承德市围场满族蒙古族自治县	省级
	燕秦长城		承德市围场满族蒙古族自治县	省级
	半截塔		承德市围场满族蒙古族自治县	省级
	半截塔村古城		承德市围场满族蒙古族自治县	省级
	北梁遗址	0.02	承德市围场满族蒙古族自治县	省级
	城子古城	0.04	承德市围场满族蒙古族自治县	省级
	岱尹城址	0.044	承德市围场满族蒙古族自治县	省级
	热河都统府旧址	0.014	承德市区	省级
	兴洲古城址	0.139 83	承德市滦平县	省级
	兴洲行宫	0.01	承德市滦平县	省级
	小城子古城址	0.192 888	承德市滦平县	省级
	穹览寺	0.006	承德市滦平县	省级
	庆成寺	0.005 6	承德市滦平县	省级
	后台子遗址	0.03	承德市滦平县	省级
	小城子西山古墓群	0.06	承德市滦平县	省级
	万里长城承德县段		承德市承德县	省级
	白河南遗址	0.034	承德市承德县	省级
	岔沟门遗址	0.036	承德市承德县	省级
	土城子城	0.034 5	承德市承德县	省级
	汤泉行宫	0.06	承德市承德县	省级
	台吉营普宁寺	0.002 1	承德市隆化县	省级
	石佛口摩崖造像	0.000 018	承德市隆化县	省级
	土城子城址	0.414	承德市隆化县	省级

类型	名称	面积/km^2	所在地	级别
自然文化遗产	栲栳山遗址	0.045	承德市隆化县	省级
	十八里汰戏楼		承德市隆化县	省级
	万里长城兴隆县段		承德市兴隆县	省级
	梓木林子古墓		承德市兴隆县	省级
	小西天三壮士墓		承德市兴隆县	省级
	雾灵山清凉界石刻		承德市兴隆县	省级
	石羊石虎墓群	0.026 575	承德市平泉县	省级
	顶子城遗址	0.015	承德市平泉县	省级
	八王沟墓群		承德市平泉县	省级
	清真寺	0.003 806	承德市平泉县	省级
	黄崖寺塔群		承德市宽城县	省级
	四方洞遗址		承德市鹰手营子矿区	省级
	寿王坟铜冶遗址		承德市鹰手营子矿区	省级
	罗汉堂	0.013	承德市区	省级
	董存瑞烈士陵园		承德市隆化县	省级
	井陉旧城	0.235 6	石家庄市井陉县	省级
	井陉文庙大殿		石家庄市井陉县	省级
	井陉县城隍庙		石家庄市井陉县	省级
	千佛崖石窟	0.148 5	石家庄市井陉县	省级
	龙窝寺石窟		石家庄市井陉县	省级
	彪村兴隆寺		石家庄市井陉县	省级
	于家村古村落	0.121	石家庄市井陉县	省级
	通济桥		石家庄市井陉县	省级
	柿庄壁画墓	0.026 4	石家庄市井陉县	省级
	井陉长城		石家庄市井陉县	省级
	成兆才先生墓	0.925	唐山市滦南县	省级
	彩亭石桥	0.000 714	唐山市玉田县	省级
	江浩故居	0.000 364	唐山市玉田县	省级
	孟家泉遗址	0.002 4	唐山市玉田县	省级
	滦河大铁桥	0.67	唐山市滦县	省级
	明长城遗址		张家口市宣化县	省级
	老龙湾汉墓群		张家口市万全县	省级
	明长城		张家口市万全县	省级
	“八〇二”观礼台		张家口市万全县	省级
	关子口遗址	0.03	张家口市宣化县	省级
	小白阳墓群	0.003 45	张家口市宣化县	省级
	柏林寺	0.003	张家口市宣化县	省级
	佛真猞猁迤逻尼塔		张家口市宣化县	省级
	张家屯辽墓	0.008 05	张家口市怀安县	省级
	耿家屯汉墓	23.201	张家口市怀安县	省级
	赵家夭汉墓		张家口市怀安县	省级
	西大崖遗址		张家口市怀安县	省级

类型	名称	面积/km^2	所在地	级别
自然文化遗产	水沟口遗址	0.317	张家口市怀安县	省级
	关帝庙	0.009 4	张家口市蔚县	省级
	天齐庙	0.004 896	张家口市蔚县	省级
	吉星楼		张家口市蔚县	省级
	苑庄灯影台		张家口市蔚县	省级
	赵长城遗址		张家口市蔚县	省级
	金河寺塔林		张家口市蔚县	省级
	单堠石旗杆		张家口市蔚县	省级
	杨赟碑		张家口市蔚县	省级
	重泰寺	0.006 58	张家口市蔚县	省级
	庄窠遗址	0.13	张家口市蔚县	省级
	三关遗址	0.35	张家口市蔚县	省级
	东坡遗址	0.15	张家口市蔚县	省级
	太子梁汉墓群	12.95	张家口市蔚县	省级
	代王城汉墓群	15	张家口市蔚县	省级
	明长城遗址		张家口市怀安县	省级
	小兰城城址	0.04	张家口市康保县	省级
	金长城	0.78	张家口市康保县	省级
	赐儿山	0.147 7	张家口市区	省级
	明长城遗址		张家口市尚义县	省级
	大青沟贲贲淖遗址	0.068	张家口市尚义县	省级
	大苏计村北遗址	0.176	张家口市尚义县	省级
	白衣庵		秦皇岛市卢龙县	省级
	白云山庆福寺遗址		秦皇岛市抚宁县	省级
	板厂峪明长城砖窑群遗址		秦皇岛市抚宁县	省级
	板厂峪塔		秦皇岛市抚宁县	省级
	傍水涯古战场碑刻		秦皇岛市抚宁县	省级
	宝峰禅寺		秦皇岛市抚宁县	省级
	背牛顶太清观		秦皇岛市抚宁县	省级
	观音寺		秦皇岛市北戴河区	省级
	贵贞女学馆贵贞楼		秦皇岛市昌黎县	省级
	韩文公祠		秦皇岛市昌黎县	省级
	红山长城采石场遗址		秦皇岛市卢龙县	省级
	孟姜女庙		秦皇岛市山海关区	省级
	南大街绸布庄		秦皇岛市山海关区	省级
	秦皇岛港口近代建筑群——大、小码头		秦皇岛市海港区	省级
	秦皇岛港口近代建筑群——津榆铁路基址		秦皇岛市海港区	省级
	秦皇岛港口近代建筑群——开滦矿务局秦皇岛电厂		秦皇岛市海港区	省级

类型	名称	面积/km²	所在地	级别
自然文化遗产	秦皇岛港口近代建筑群——开滦路老街		秦皇岛市海港区	省级
	秦皇岛港口近代建筑群——开平矿务局秦皇岛经理处办公楼		秦皇岛市海港区	省级
	秦皇岛港口近代建筑群——老船坞		秦皇岛市海港区	省级
	秦皇岛港口近代建筑群——老港站磅房		秦皇岛市海港区	省级
	秦皇岛港口近代建筑群——南山饭店		秦皇岛市海港区	省级
	秦皇岛港口近代建筑群——南山高级引水员住房		秦皇岛市海港区	省级
	秦皇岛港口近代建筑群——南山特等一号房		秦皇岛市海港区	省级
	秦皇岛港口近代建筑群——南山信号台		秦皇岛市海港区	省级
	秦皇岛港口近代建筑群——南栈房		秦皇岛市海港区	省级
	秦皇岛港口近代建筑群——秦皇岛开滦矿务局车务处		秦皇岛市海港区	省级
	秦皇岛港口近代建筑群——秦皇岛开滦矿务局高级员司俱乐部		秦皇岛市海港区	省级
	秦皇岛港口近代建筑群——秦皇岛开滦矿务局高级员司特等房		秦皇岛市海港区	省级
	秦皇岛港口近代建筑群——秦皇岛开滦矿务局外籍高级员司特等房		秦皇岛市海港区	省级
	秦皇岛港口近代建筑群——日本三菱、松昌洋行秦皇岛办事处及开滦矿务局办公楼		秦皇岛市海港区	省级
	山海关副都统衙署遗址		秦皇岛市山海关区	省级
	山海关近代铁路附属建筑——津榆铁路山海关机务段、山海关车站旧址		秦皇岛市山海关区	省级
	山海关近代铁路附属建筑——日本行车公寓		秦皇岛市山海关区	省级
	山海关近代铁路附属建筑——英式公寓		秦皇岛市山海关区	省级
	双阳塔		秦皇岛市昌黎县	省级
	水岩寺遗址		秦皇岛市昌黎县	省级
	天马山石刻		秦皇岛市抚宁县	省级
	天主教永平主教府修道院		秦皇岛市卢龙县	省级

类型	名称	面积/km^2	所在地	级别
自然文化遗产	田中玉公馆		秦皇岛市山海关区	省级
	五峰山李大钊革命活动旧址		秦皇岛市昌黎县	省级
	西山场赵家老宅		秦皇岛市昌黎县	省级
	先师庙		秦皇岛市山海关区	省级
	永平府城墙		秦皇岛市卢龙县	省级
	定州东关遗址		保定市定州市	省级
	北庄汉墓石刻		保定市定州市	省级
	定州文庙		保定市定州市	省级
	镇江塔		保定市涞水县	省级
	皇甫寺塔		保定市涞水县	省级
	大龙门摩崖石刻		保定市涞水县	省级
	半壁店墓群		保定市涿州市	省级
	高官庄墓群		保定市涿州市	省级
	史邱庄古墓		保定市涿洲市	省级
	卧龙岗遗址		保定市定兴县	省级
	从葬墓群		保定市易县	省级
	双塔庵双塔		保定市易县	省级
	燕子村塔		保定市易县	省级
	五勇士跳崖处		保定市易县	省级
	孟良河遗址		保定市曲阳县	省级
	八会寺石佛龛		保定市曲阴县	省级
	刘伶墓		保定市徐水县	省级
	张华墓		保定市徐水县	省级
	北城子遗址		保定市唐县	省级
	倒马关		保定市唐县	省级
	晋察冀边区烈士陵园		保定市唐县	省级
	子城遗址		保定市顺平县	省级
	伍候塔		保定市顺平县	省级
	晾马台遗址		保定市容城县	省级
	上坡遗址		保定市容城县	省级
	留村遗址		保定市安新县	省级
	梁庄遗址		保定市安新县	省级
	苍山石佛堂		保定市阜平县	省级
	夜借遗址		保定市满城县	省级
	要庄遗址		保定市满城县	省级
	大宋台古墓		保定市蠡县	省级
	百尺遗址		保定市蠡县	省级
	影三郎墓		保定市蠡县	省级
	王子坟		保定市博野县	省级
	彭越墓		保定市清苑县	省级
	清河道署		保定市区	省级
	淮军公所		保定市区	省级

类型	名称	面积/km²	所在地	级别
自然文化遗产	保定天主教堂		保定市区	省级
	光园		保定市区	省级
	定州赵村遗址		保定市定州市	省级
	定州西甘德遗址		保定市定州市	省级
	定州东关墓群		保定市定州市	省级
	定州大屯墓群		保定市定州市	省级
	定州石佛寺遗址		保定市定州市	省级
	定州碑刻群		保定市定州市	省级
	总司屯墓群		保定市定州市	省级
	定州南城门		保定市定州市	省级
	王灏庄园		保定市定州市	省级
	北边桥遗址		保定市涞水县	省级
	北庄遗址		保定市涞水县	省级
	富位遗址		保定市涞水县	省级
	张家洼遗址		保定市涞水县	省级
	金山寺舍利塔		保定市涞水县	省级
	涞水城隍庙		保定市涞水县	省级
	娄村三义庙大殿		保定市涞水县	省级
	下胡良桥		保定市涿州市	省级
	涿州清行宫		保定市涿州市	省级
	涿州学宫（文庙）		保定市涿州市	省级
	楼桑庙三义宫		保定市涿州市	省级
	镇国寺石佛		保定市易县	省级
	塔峪村千佛宝塔		保定市易县	省级
	易县清真寺		保定市易县	省级
	清化寺石佛		保定市曲阳县	省级
	三霄圣母殿		保定市曲阳县	省级
	防陵汉墓		保定市徐水县	省级
	遂城遗址		保定市徐水县	省级
	明伏石窟		保定市唐县	省级
	关汉卿墓		保定市安国市	省级
	南屯遗址		保定市涞源县	省级
	甲村遗址		保定市涞源县	省级
	颜习斋祠堂		保定市博野县	省级
	宋辽边关地道		保定市雄县	省级
	定州清真寺		保定市定州市	省级
	清风店战役旧址		保定市定州市	省级
	青岗遗址		保定市涿州市	省级
	东仙坡杜村遗址		保定市涿州市	省级
	涿州药王庙		保定市涿州市	省级
	行善寺佛殿及假楼		保定市曲阳县	省级
	济渎岩摩崖石刻		保定市曲阳县	省级

类型	名称	面积/km^2	所在地	级别
自然文化遗产	大赤鲁遗址		保定市徐水县	省级
	野场惨案遗址		保定市顺平县	省级
	黄土岭战役旧址		保定市涞源县	省级
	陈调元庄园		保定市安新县	省级
	天佑寺观音像		保定市高碑店市	省级
	方顺桥		保定市满城县	省级
	李恕谷墓		保定市蠡县	省级
	齐盖墓		保定市蠡县	省级
	小西天旅游区	40	邢台市邢台县	省级
	张果老山旅游区	10	邢台市邢台县	省级
	官署正堂	0.005 9	邢台市广宗县	省级
	沙丘平台遗址	0.010 5	邢台市广宗县	省级
	巨鹿县故宋城遗址	6.5	邢台市巨鹿县	省级
	白圭墓	0.25	邢台市南宫市	省级
	后底阁遗址	0.2	邢台市南宫市	省级
	平乡文庙大成殿	0.73	邢台市平乡县	省级
	邹氏墓群	9	邢台市平乡县	省级
	小架梅花拳创始人张从富墓	22.5	邢台市平乡县	省级
	北柴村选像碑	0.1	邢台市平乡县	省级
	杜村商代遗址	0.041 6	邢台市清河县	省级
	贝州城	0.061 2	邢台市清河县	省级
	冢子村古墓	0.022 8	邢台市清河县	省级
	石牌坊	0.007 5	石家庄市灵寿县	省级
	陈庄歼灭战	0.004	石家庄市灵寿县	省级
	龙泉寺经幢		石家庄市鹿泉市	省级
	铁行会馆		石家庄市鹿泉市	省级
	蛟龙洞、摩崖石刻		石家庄市鹿泉市	省级
	高氏民宅		石家庄市鹿泉市	省级
	高庄汉墓		石家庄市鹿泉市	省级
	金河寺大殿		石家庄市鹿泉市	省级
	土门关		石家庄市鹿泉市	省级
	深泽县文庙		石家庄市深泽县	省级
	深泽县北极台（真武庙）		石家庄市深泽县	省级
	李氏墓群	0.001 6	石家庄市赞皇县	省级
	万坡顶遗址	0.06	石家庄市赞皇县	省级
	西门外遗址	0.022	石家庄市平山县	省级
	平山文庙	0.007	石家庄市平山县	省级
	东西林山石和尚		石家庄市平山县	省级
	瑜伽山摩崖造像		石家庄市平山县	省级
	文庙大殿		邯郸市永年县	省级
	滏阳河西八闸		邯郸市永年县	省级
	朱山石刻		邯郸市永年县	省级

类型	名称	面积/km²	所在地	级别
自然文化遗产	方头固冢		邯郸市永年县	省级
	温窑陵台		邯郸市永年县	省级
	易阳城址		邯郸市永年县	省级
	昭惠王祠遗址		邯郸市永年县	省级
	杨露禅、武禹襄故居		邯郸市永年县	省级
	千佛洞石窟		邯郸市武安市	省级
	武安舍利塔		邯郸市武安市	省级
	北丛井造像碑		邯郸市武安市	省级
	古嵷山寺重起为铭记碑		邯郸市武安市	省级
	定晋岩		邯郸市武安市	省级
	古炼铁炉		邯郸市武安市	省级
	磁山遗址		邯郸市武安市	省级
	牛洼堡遗址		邯郸市武安市	省级
	赵窑遗址		邯郸市武安市	省级
	午汲古城		邯郸市武安市	省级
	固镇古城		邯郸市武安市	省级
	西店子古城		邯郸市武安市	省级
	固镇铁冶遗址		邯郸市武安市	省级
	法华洞石窟		邯郸市武安市	省级
	沿平寺石塔		邯郸市武安市	省级
	西营井经幢		邯郸市武安市	省级
	天青寺大殿		邯郸市武安市	省级
	武安城隍庙		邯郸市武安市	省级
	西万年遗址		邯郸市武安市	省级
	东大河遗址		邯郸市武安市	省级
	念头遗址		邯郸市武安市	省级
	东万年遗址		邯郸市武安市	省级
	北田村遗址		邯郸市武安市	省级
	徘徊遗址		邯郸市武安市	省级
	安二庄遗址		邯郸市武安市	省级
	邑城古城		邯郸市武安市	省级
	紫罗古墓群		邯郸市武安市	省级
	南岗塔		邯郸市武安市	省级
	九江圣母庙		邯郸市武安市	省级
	净明寺		邯郸市武安市	省级
	贺进十字阁		邯郸市武安市	省级
	禅房寺		邯郸市武安市	省级
	南河底南阁		邯郸市武安市	省级
	郭家庄园		邯郸市武安市	省级
	白家庄摩崖造像		邯郸市武安市	省级

类型	名称	面积/km^2	所在地	级别
自然文化遗产	王顺庄园		邯郸市武安市	省级
	八路军一二九师司令部、政治部旧址		邯郸市涉县	省级
	晋冀鲁豫军区西达兵工厂旧址		邯郸市涉县	省级
	晋冀鲁豫抗日殉国烈士公墓旧址		邯郸市涉县	省级
	千佛洞石窟		邯郸市涉县	省级
	娲皇宫		邯郸市涉县	省级
	清泉寺		邯郸市涉县	省级
	林旺石窟		邯郸市涉县	省级
	佛岩脑石佛龛		邯郸市涉县	省级
	玉泉寺大殿		邯郸市涉县	省级
	崇庆寺		邯郸市涉县	省级
	西戌昭福寺		邯郸市涉县	省级
	固新洞阳观		邯郸市涉县	省级
	涂氏先茔		邯郸市涉县	省级
	艾叶交石窟		邯郸市涉县	省级
	堂沟石窟		邯郸市涉县	省级
	邺城遗址		邯郸市临漳县	省级
	曹奂墓		邯郸市临漳县	省级
	马头古墓		邯郸市区	省级
	邯郸起义指挥部旧址		邯郸市区	省级
	吕仙祠（黄粱梦）		邯郸市邯郸县	省级
	三陵墓群		邯郸市邯郸县	省级
	林村墓群		邯郸市邯郸县	省级
	北张庄桥墓群		邯郸市邯郸县	省级
	涧沟遗址		邯郸市邯郸县	省级
	龟台遗址		邯郸市邯郸县	省级
	圣井岗龙神庙		邯郸市邯郸县	省级
	东魏、北齐至元		邯郸市峰峰矿区	省级
	寺后坡石窟		邯郸市峰峰矿区	省级
	苍龙山石窟		邯郸市峰峰矿区	省级
	老爷山石佛龛		邯郸市峰峰矿区	省级
	窦默墓碑		邯郸市肥乡县	省级
	平原君赵胜墓		邯郸市肥乡县	省级
	狄仁杰祠堂碑		邯郸市大名县	省级
	罗让碑		邯郸市大名县	省级
	马文操神道碑		邯郸市大名县	省级
	朱熹写经碑		邯郸市大名县	省级
	万堤古墓		邯郸市大名县	省级
	大名天主教堂		邯郸市大名县	省级
	磁州窑遗址		邯郸市磁县、峰峰矿区	省级
	城隍庙大殿		邯郸市磁县	省级

类型	名称	面积/km^2	所在地	级别
自然文化遗产	下七垣遗址		邯郸市磁县	省级
	磁县北朝墓群		邯郸市磁县	省级
	磁县崔府君庙		邯郸市磁县	省级
	赵王庙石刻		邯郸市磁县	省级
	左权墓		邯郸市区	省级
	武灵丛台		邯郸市区	省级
	赵邯郸故城		邯郸市区	省级
	王郎城址		邯郸市区	省级
	插箭岭遗址		邯郸市区	省级
	插箭岭墓群		邯郸市区	省级
	邯郸展览馆建筑群		邯郸市区	省级
水源地保护区	岗南水库水源地	一级保护区：135.3 二级保护区：1 188.47	石家庄市区	地表水源
	黄壁庄水库水源地			
	滹沱河地下水水源地	一级保护区：308.42 二级保护区：219.31	石家庄市区	地下水源
	磁河地下水水源地	一级保护区：47.18 二级保护区：105.13	石家庄市区	地下水源
	沙河地下水水源地	一级保护区：60.12 二级保护区：94.76	石家庄市区	地下水源
	新乐市一水厂水源地	一级保护区：4.80	新乐市	地下水源
	新乐市二水厂水源地			
	藁城市地下水源地	一级保护区：0.533 8	藁城市	地下水源
	晋州市地下水源地	一级保护区：0.089 9 二级保护区：1.76	晋州市	地下水源
	鹿泉市地下水源地	一级保护区：1.44	鹿泉市	地下水源
	辛集市地下水水源地	一级保护区：0.23	辛集市	地下水源
	辛集市北水厂一期工程水源地			
	承德市一水厂水源地	一级保护区：0.60 二级保护区：0.28	承德双桥区、双滦区	地下水源
	承德市二水厂水源地	一级保护区：3.20 二级保护区：3.10	承德双桥区、双滦区	地下水源
	承德市三水厂水源地	一级保护区：0.70 二级保护区：1.00	承德双桥区、双滦区	地下水源
	承德市四水厂水源地	一级保护区：1.50 二级保护区：1.00	承德双桥区、双滦区	地下水源
	承德市五水厂水源地	一级保护区：1.00 二级保护区：1.00	承德双桥区、双滦区	地下水源
	大龙庙水源地	一级保护区：0.70 二级保护区：2.00	承德双桥区、双滦区	地下水源
	城建水源地	一级保护区：0.07 二级保护区：0.28	承德市营子区	地下水源

类型	名称	面积/km^2	所在地	级别
水源地保护区	董庄水源地	一级保护区：0.50 二级保护区：1.80	承德市营子区	地下水源
	马圈水源地	一级保护区：0.50 二级保护区：1.80	承德市营子区	地下水源
	老厂子水源地	一级保护区：0.50 二级保护区：1.80	承德市营子区	地下水源
	元宝山水源地	一级保护区：0.50 二级保护区：10.50	张家口市区	地下水源
	腰站堡水源地	一级保护区：3.75 二级保护区：37.75	张家口市区	地下水源
	陶北营水源地	一级保护区：2.30 二级保护区：20.95	张家口市区	地下水源
	孤石水源地	一级保护区：3.75 二级保护区：20.00	张家口市区	地下水源
	吉家房水源地	一级保护区：1.50 二级保护区：36.00	张家口市区	地下水源
	桃林口水库水源地	一级保护区：38.40 二级保护区：186.72	秦皇岛市	地表水源
	洋河水库水源地	一级保护区：2.97 二级保护区：20.00	秦皇岛市	地表水源
	石河水库水源地	一级保护区：14.60 二级保护区：22.00	秦皇岛市	地表水源
	陡河水库水源地	一级保护区：63.37 二级保护区：70.24	唐山市区	地表水源
	北郊水源地	一级保护区：0.14 二级保护区：4.468	唐山市区	地下水源
	荆各庄水源地	一级保护区：0.027 5	唐山市区	地下水源
	龙王庙水源地	一级保护区：0.074 5 二级保护区：3.515	唐山市区	地下水源
	大洪桥水源地	一级保护区：0.134 二级保护区：9.12	唐山市区	地下水源
	开平水源地	一级保护区：0.031 4 二级保护区：1.064	唐山市区	地下水源
	新区第一水源地 丰润区第一水源地	一级保护区：0.109 二级保护区：4.729	唐山市区	地下水源
	新区第二水源地	一级保护区：0.067 二级保护区：3.428	唐山市区	地下水源
	丰润区第二水源地	一级保护区：0.026 5 二级保护区：1.358	唐山市区	地下水源
	西郊水源地	一级保护区：0.019 二级保护区：1.340	唐山市区	地下水源
	大张刘水源地	一级保护区：0.017 5	唐山市区	地下水源

类型	名称	面积/km²	所在地	级别
水源地保护区	巍峰山水源地	一级保护区：0.093 7 二级保护区：3.023	唐山市区	地下水源
	南沙河水源地	一级保护区：0.023 8 二级保护区：2.913	唐山市区	地下水源
	海子沿水源地	一级保护区：0.065 9 二级保护区：1.241	唐山市区	地下水源
	丰南区第一水源地	一级保护区：0.016 9 二级保护区：1.124	唐山市区	地下水源
	刘家套水源地	一级保护区：0.084 二级保护区：4.990	唐山市区	地下水源
	遵化上关水源地	一级保护区：1.033 二级保护区：33.956	遵化市	地表水源
	遵化教厂水源地	一级保护区：2.97 二级保护区：32.95	遵化市	地下水源
	遵化堡子店水源地	一级保护区：1.13 二级保护区：60.201	遵化市	地下水源
	迁安第一水厂水源地	一级保护区：0.15 二级保护区：17.97	迁安市	地下水源
	迁安第二水厂水源地	一级保护区：0.12 二级保护区：17.97	迁安市	地下水源
	廊坊市新水源地	一级保护区：0.28 二级保护区：22	廊坊市区	地下水源
	廊坊市城区水源地	一级保护区：0.11 二级保护区：18	廊坊市区	地下水源
	廊坊市经济技术开发区水源地	一级保护区：0.06 二级保护区：13	廊坊市区	地下水源
	城区现有水源地	一级保护区：0.05	霸州市	地下水源
	南孟水源地	一级保护区：0.17	霸州市	地下水源
	三河市泃河湾水源地	一级保护区：0.008 5	三河市	地下水源
	三河市李秉全水源地	一级保护区：0.011 3	三河市	地下水源
	西大洋水库水源地	一级保护区：61 二级保护区：44	保定市区	地表水源
	王快水库水源地	一级保护区：41 二级保护区：65	保定市区	地表水源
	一亩泉水源地	一级保护区：0.02 二级保护区：179.34	保定市区	地下水源
	涿州市城区水源地	一级保护区：0.5	涿州市	地下水源
	涿州市泗各庄水源地	一级保护区：2.18 二级保护区：28.87	涿州市	地下水源
	燕家佐水源地	一级保护区：0.028 二级保护区：2.82	定州市	地下水源
	安国市水源地	一级保护区：0.007 85 二级保护区：0.785	安国市	地下水源

类型	名称	面积/km²	所在地	级别
水源地保护区	高碑店市水源地	一级保护区：5.85	高碑店市	地下水源
	大浪淀水库水源地	一级保护区：17 二级保护区：20	沧州市	地表水源
	泊头市水源地	一级保护区：0.2 二级保护区：15.43	泊头市	地下水源
	石家营	一级保护区：0.024 二级保护区：1.19	任丘市	地下水源
	冀中水厂	一级保护区：0.06 二级保护区：4.77	任丘市	地下水源
	河间市	一级保护区：0.02 二级保护区：6.22	河间市	地下水源
	衡水湖水源地	一级保护区：32.4 二级保护区：95.99	衡水市	地表水源
	衡水市地下水源地	一级保护区：0.2	衡水市	地下水源
	冀州市地下水源地	一级保护区：0.085	冀州市	地下水源
	深州市地下水源地	一级保护区：0.09	深州市	地下水源
	朱庄水库水源地	一级保护区：18 二级保护区：39	邢台市	地表水源
	紫金泉	一级保护区：0.7 二级保护区：205	邢台市	地下水源
	韩演庄			
	董村水厂			
	群英水库水源地	一级保护区：1.142 二级保护区：0.954	南宫市	地表水源
	南宫市地下水源地	一级保护区：0.24	南宫市	地下水源
	沙河市地下水源地	一级保护区：0.055 二级保护区：6.75	沙河市	地下水源
	岳城水库水源地	一级保护区：136.2 二级保护区：107.5	邯郸市	地表水源
	滏阳河水源地	一级保护区：5.6 二级保护区：82	邯郸市	地表水源
	羊角铺水源地	一级保护区：3.5 二级保护区：39.97	邯郸市	地下水源
	四里岩水源地	一级保护区：5.12 二级保护区：29.44	武安市	地表水源
	杜家庄鼓山井群水源地	一级保护区：0.03 二级保护区：3.16	武安市	地下水源
	密云水库	一级保护区：273	北京市	地表水源
	京密引水渠			
	怀柔水库	一级保护区：21	北京市	地表水源
	于桥水库水源保护区	165.6	天津蓟州区	地表水源
	尔王庄水库水源保护区	17.2	天津宝坻区、北辰区	地表水源
	引滦输水明渠水源保护区	67.4	天津宝坻区、北辰区	地表水源
	子牙河水源保护区	5	天津红桥区、北辰区、西青区	地表水源

类型	名称	面积/km^2	所在地	级别
生态功能极重要区	坝上高原防风固沙红线	14 436	张家口市：张北县、康保县、沽源县、尚义县、万全县、怀安县；承德市：丰宁满族自治县、围场满族蒙古族自治县	
	燕山山地水源涵养与土壤保持红线	17 329	北京市：密云区、怀柔区北部、平谷区、延庆区；天津市：蓟州区、宁河区；张家口市：宣化县、蔚县、阳原县、怀安县、万全县、怀来县、涿鹿县、赤城县、崇礼县；承德市：承德县、兴隆县、滦平县、宽城满族自治县；唐山市：迁西县；秦皇岛市：青龙满族自治县	
	太行山山地水源涵养与土壤保持红线	24 809	北京市：房山区、门头沟区、昌平区西北部、怀柔区南部；保定市：易县、涞水县、涞源县、唐县、阜平县、曲阳县、顺平县；石家庄市：井陉县、灵寿县、赞皇县、平山县；邢台市：邢台县、临城县、内丘县、沙河市的西部；邯郸市：涉县、武安市西部	
	平原水源涵养红线	883	北京市：海淀区、昌平区、顺义区、大兴区；天津市：西青区、津南区、北辰区、静海区；张家口市：市辖区；承德市：市辖区；唐山市：市辖区、遵化市、迁安市、滦县；沧州市：任丘市；石家庄市：正定县、鹿泉市；衡水市：市辖区、冀州市；邯郸市：市辖区、磁县、永年县	

类型	名称	面积/km^2	所在地	级别
生态环境极敏感/脆弱区	山前水土流失敏感红线	298	承德市：隆化县、平泉县	
	沿海土地沙化敏感红线	130	天津市：滨海新区； 秦皇岛市：海港区、山海关区、北戴河区、昌黎县、抚宁县； 唐山市：丰南区、曹妃甸区、滦南县、乐亭县； 沧州市：黄骅市、海兴县	

附表2　产业调控的负面清单

<table>
<tr><th rowspan="2">生态空间管控</th><th colspan="2">负面清单</th></tr>
<tr><th>类别</th><th>主要工业行业</th></tr>
<tr><td>生态保护红线</td><td>所有开发建设活动</td><td>所有开发建设活动</td></tr>
<tr><td rowspan="2">生态功能保障区</td><td>二类工业项目</td><td>31. 黑色金属采选（含单独尾矿库）；
35. 黑色金属压延加工；
36. 有色金属采选（含单独尾矿库）；
39. 有色金属压延加工；
D 煤炭（不含19. 焦化和电石，20. 煤炭液化和气化）；
E 电力（不含燃煤发电）；
I 金属制品（不含有电镀或钝化工艺的热镀锌的金属制品表面处理及热处理加工）；
J 非金属矿采选及制品制造（不含47. 水泥制造）</td></tr>
<tr><td>三类工业项目</td><td>19. 焦化、电石；
20. 煤炭液化、气化；
22. 火力发电（燃煤）；
32. 炼铁、球团、烧结；
33. 炼钢；
34. 铁合金冶炼，锰、铬冶炼；
37. 有色金属冶炼（含再生有色金属冶炼）；
38. 有色金属合金制造；
40. 金属制品表面处理及热处理加工（电镀、有钝化工艺的热镀锌）；
47. 水泥制造；
75. 原油加工、天然气加工、油母页岩提炼原油、煤制原油、生物质油及其他石油制品；
76. 基本化学原料制造，肥料制造；农药制造，涂料制造等；
77. 日用化学品制造（有化学反应过程的）；
79. 化学药品制造；
100. 纸浆制造、造纸（含废纸造纸）；
106. 皮革、皮毛、羽毛制品；
107. 化学纤维制造；
108. 纺织品制造（有染整工段的）等重污染行业项目</td></tr>
</table>

注：①以上工业项目分类目录和编号基于《建设项目环境影响评价分类管理名录》（2015）编制，与国民经济行业分类目录标准进行了衔接；

②该目录根据实施情况可以定期进行调整完善。

附表 3　各地市生态空间管控方案和控制单元对应表

地市	空间管控分区	控制单元	面积/km^2	管控方向
北京市	生态保护红线	密云区、怀柔区、平谷区、延庆区、房山区、门头沟区、昌平区、丰台区、海淀区、顺义区	6 668	实施强制性保护，禁止与区域保护无关的项目进入
	生态功能保障区	密云区、怀柔区、平谷区、延庆区、房山区、门头沟区、昌平区西北部	4 818	加强流域综合治理，提升水源涵养功能
	城镇和农业空间	东城区、西城区、朝阳区、丰台区、海淀区、通州区、昌平区、顺义区、大兴区、石景山区	4 925	建设城市湿地公园，提升城市绿地功能，扩大城市生态空间，疏解非首都核心功能
天津市	生态保护红线	蓟州区、宁河区、滨海新区、津南区、宝坻区、北辰区、红桥区、西青区、静海区、武清区	2 494	实施强制性保护，禁止与区域保护无关的项目进入
	生态功能保障区	蓟州区、宁河区	2 298	加强流域综合治理，提升水源涵养功能
	城镇和农业空间	和平区、河东区、河西区、南开区、河北区、红桥区、东丽区、西青区、津南区、北辰区、武清区、宝坻区、静海区、滨海新区	7 128	建设城市湿地公园，提升城市绿地功能，扩大城市生态空间
石家庄市	生态保护红线	井陉县、灵寿县、赞皇县、平山县、藁城市、鹿泉市、行唐县、深泽县、元氏县、赵县、新乐市、辛集市	3 806	实施强制性保护，禁止与区域保护无关的项目进入
	生态功能保障区	井陉县、灵寿县、赞皇县、平山县	2 180	推进造林绿化、退耕还林和围栏封育等生态工程建设，提高水源涵养和水土保持功能
	城镇和农业空间	深泽县、无极县、晋州市、赵县、行唐县、元氏县、长安区、桥东区、桥西区、新华区、裕华区、正定县、栾城区、高邑县、辛集市、藁城区、新乐市、鹿泉区	14 249	加强基本农田保护，提升耕地质量；实施地下水超采控制，改善地下水漏斗问题；强化产业结构优化升级，发展绿色产业
保定市	生态保护红线	易县、涞水县、涞源县、唐县、阜平县、曲阳县、顺平县、安国市、安新县、容城县、雄县、高阳县、博野县、定兴县、定州市、高碑店市、蠡县、满城县、清苑县、望都县、徐水县、涿州市	7 749	实施强制性保护，禁止与区域保护无关的项目进入

地市	空间管控分区	控制单元	面积/km^2	管控方向
保定市	生态功能保障区	易县、涞水县、涞源县、唐县、阜平县、曲阳县、顺平县	2 835	推进造林绿化、退耕还林和围栏封育等生态工程建设，提高水源涵养和水土保持功能
	城镇和农业空间	新市区、北市区、南市区、涿州市、定州市、高碑店市、清苑县、徐水县、望都县、安国市、定兴县、高阳县、容城县、安新县、蠡县、博野县、雄县、满城县西部	11 575	加强基本农田保护，提升耕地质量；实施地下水超采控制，改善地下水漏斗问题；扩大生态空间，构建环首都生态圈
沧州市	生态保护红线	黄骅市、海兴县、任丘市、南大港区、东光县、泊头市、河间市	329	实施强制性保护，禁止与区域保护无关的项目进入
	生态功能保障区	—	0	—
	城镇和农业空间	任丘市、肃宁县、南皮县、吴桥县、献县、泊头市、河间市、黄骅市、海兴县、新华区、运河区、沧县、青县、盐山县、孟村回族自治县	13 090	加强基本农田保护，提升耕地质量；实施海域海岛海岸带整治修复保护工程，构建海岸生态防御体系
邯郸市	生态保护红线	涉县、武安市、磁县、峰峰矿区、永年县、邯郸县、临漳县、大名县、肥乡县、邯郸市区、曲周县	1 578	实施强制性保护，禁止与区域保护无关的项目进入
	生态功能保障区	涉县、武安市西部	1 128	保护水源涵养功能，提高森林覆盖率，禁止过度放牧、无序采矿、毁林开荒等行为
	城镇和农业空间	临漳县、大名县、磁县、肥乡县、邱县、鸡泽县、广平县、馆陶县、魏县、曲周县、邯山区、丛台区、复兴区、邯郸县、成安县、永年县、武安市东部	9 381	开展地下水超采控制与修复工程，地下水超采现象得到控制，基本农田得到有效保护，强化产业结构优化升级，发展绿色产业
衡水市	生态保护红线	桃城区、冀州市、阜城县、故城县、景县、晋州市、深州市	229	实施强制性保护，禁止与区域保护无关的项目进入
	生态功能保障区	—	0	—
	城镇和农业空间	枣强县、武邑县、武强县、饶阳县、安平县、故城县、景县、阜城县、深州市、桃城区、冀州市	8 586	保护基本农田，提高耕地质量，强化产业结构优化升级，发展绿色产业
廊坊市	生态保护红线	廊坊市区、霸州市、三河市	222	实施强制性保护，禁止与区域保护无关的项目进入
	生态功能保障区	—	0	—
	城镇和农业空间	安次区、广阳区、固安县、永清县、香河县、大城县、文安县、大厂回族自治县、霸州市、三河市	6 278	严控城市过快扩张，构建环首都生态圈，保障生态空间

地市	空间管控分区	控制单元	面积/km²	管控方向
秦皇岛市	生态保护红线	青龙满族自治县、海港区、山海关区、北戴河区、昌黎县、抚宁县、卢龙县	3 553	实施强制性保护，禁止与区域保护无关的项目进入
	生态功能保障区	青龙满族自治县	1 285	保护植被，强化水源涵养功能
	城镇和农业空间	卢龙县、海港区、山海关区、北戴河区、昌黎县、抚宁县	2 974	严格控制岸线开发强度，构建海岸生态防御体系
唐山市	生态保护红线	迁西县、丰南区、曹妃甸区、滦南县、乐亭县、昌黎县、迁安市、丰润区、玉田县、遵化市	1 851	实施强制性保护，禁止与区域保护无关的项目进入
	生态功能保障区	迁西县	645	保护植被，强化水源涵养功能
	城镇和农业空间	玉田县、路南区、路北区、古冶区、开平区、遵化市、迁安市、滦县、丰润区、丰南区、曹妃甸区、滦南县、乐亭县	10 976	严格控制城市人口规模，严格控制岸线开发强度，构建海岸生态防御体系
邢台市	生态保护红线	邢台县、临城县、内丘县、沙河市、清河县、南宫市、广宗县、巨鹿县、平乡县、威县	1 520	实施强制性保护，禁止与区域保护无关的项目进入
	生态功能保障区	邢台县、临城县、内丘县、沙河市的西部	611	推进造林绿化、退耕还林和围栏封育等生态工程建设，提高水源涵养和水土保持功能
	城镇和农业空间	柏乡县、隆尧县、南和县、宁晋县、巨鹿县、新河县、广宗县、平乡县、威县、清河县、临西县、南宫市、桥东区、桥西区、临城县西部、内丘县西部、任县西部、沙河市东部	10 355	加强基本农田保护，提升耕地质量；实施地下水超采控制，改善地下水漏斗问题；强化产业结构优化升级，发展绿色产业
承德市	生态保护红线	丰宁满族自治县、围场满族蒙古族自治县、承德县、兴隆县、滦平县、宽城满族自治县、双桥区、双滦区、营子区、隆化县、平泉县	19 313	实施强制性保护，禁止与区域保护无关的项目进入
	生态功能保障区	丰宁满族自治县、围场满族蒙古族自治县、承德县、兴隆县、滦平、宽城满族自治县	10 996	推进水源涵养、水土保持、造林绿化、农田水利建设，提高防风固沙和水源涵养功能
	城镇和农业空间	隆化县、平泉县、双桥区、双滦区	9 210	大力发展生态文化旅游和休闲度假产业，有序开发煤铁等矿产资源，加强节水工程建设和基本农田保护

地市	空间管控分区	控制单元	面积/km^2	管控方向
张家口市	生态保护红线	张北县、康保县、沽源县、尚义县、万全县、怀安县、宣化县、蔚县、阳原县、涿鹿县、赤城县、崇礼县、怀来县、桥东区、桥西区、下花园区	18 774	实施强制性保护，禁止与区域保护无关的项目进入
	生态功能保障区	张北县、康保县、沽源县、尚义县、万全县、怀安县、宣化县、蔚县、阳原县、怀来县、涿鹿县、赤城县、崇礼县	16 593	加强天然草场保护和人工草场建设，改善风口地区和沙化土地集中地区生态环境，保障防风固沙功能
	城镇和农业空间	桥东区、桥西区、宣化区、下花园区	1 492	控制高耗水农业面积和用水总量，大力发展节水种植业